新时代高校思想政治工作理论创新与实践探索

丁瑞兆 著

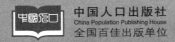

中国人口出版社
China Population Publishing House
全国百佳出版单位

图书在版编目（CIP）数据

新时代高校思想政治工作理论创新与实践探索/丁瑞兆著. -- 北京：中国人口出版社，2022.1

ISBN 978 - 7 - 5101 - 8532 - 8

Ⅰ. ①新… Ⅱ. ①丁… Ⅲ. ①高等学校 - 思想政治教育 - 研究 - 中国 Ⅳ. ①G641

中国版本图书馆 CIP 数据核字（2022）第 013095 号

新时代高校思想政治工作理论创新与实践探索
XINSHIDAI GAOXIAO SIXIANG ZHENGZHI GONGZUO LILUN CHUANGXIN YU SHIJIAN TANSUO

丁瑞兆　著

责 任 编 辑	王建昌	
封 面 设 计	魏大庆	
版 面 设 计	张春生	
责 任 印 制	王艳如　林　鑫	
责 任 校 对	李　梓　雷永军	
出 版 发 行	中国人口出版社	
印　　　刷	河北赛文印刷有限公司	
开　　　本	710 毫米 ×1000 毫米　1/16	
印　　　张	19.25	
字　　　数	267 千字	
版　　　次	2022 年 12 月第 1 版	
印　　　次	2024 年 1 月第 1 次印刷	
书　　　号	ISBN 978 - 7 - 5101 - 8532 - 8	
定　　　价	96.00 元	

网　　　址	www.rkcbs.com.cn
电 子 信 箱	rkcbs@126.com
总编室电话	（010）83519392
发行部电话	（010）83510481
传　　　真	（010）83518190
地　　　址	北京市西城区广安门南街 80 号中加大厦
邮 政 编 码	100054

目　录

第八讲　方向引领：
以"四个正确认识"引导青年学生明辨是非

第九讲　与时俱进：
新时代高校思想政治工作创新途径

第十讲　文化育人：
以文化为中心全面加强高校校园文化建设

第十一讲 全媒时代:
新媒体、新技术带来的挑战与机遇

第十二讲 百花齐放:
全国高校落实中央精神优秀实践参考

第一讲 高举旗帜：

进一步加强和改进高校思想政治工作

　　习近平总书记多次发表重要讲话，对加强和改进新形势下高校思想政治工作提出明确要求，作出重大安排部署。同时，中共中央、国务院印发《关于加强和改进新形势下高校思想政治工作的意见》，就加强和改进新形势下高校思想政治工作的总体要求、工作重点进行了部署。习近平总书记的重要讲话和中央的安排部署，在我国高校改革发展、党的建设和思想政治工作中具有重要的里程碑意义，充分体现了以习近平同志为核心的党中央对高校思想政治工作的高度重视，为做好新形势下高校思想政治工作指明了前进方向。

第一节　以习近平同志为核心的党中央
高度重视高校思想政治工作

党的十八大以来，以习近平同志为核心的党中央把高校思想政治工作摆在突出位置，作出一系列重大决策部署，强调高校思想政治工作只能加强不能削弱，只能前进不能停滞，只能积极作为不能被动应对。

党中央对高校思想政治工作的部署，是在整体推进宣传思想工作的基础上不断强化的。2013 年 8 月 19 日，习近平总书记出席全国宣传思想工作会议并发表重要讲话。他强调，要把意识形态工作领导权和话语权牢牢掌握在手中，不断巩固马克思主义在意识形态领域的指导地位，巩固全党全国人民团结奋斗的共同思想基础。① 其中，特别点出党校、干部学院、社会科学院、高校、理论学习中心组等都要把马克思主义作为必修课，成为马克思主义学习、研究、宣传的重要阵地。这一讲话对各部门、各层面在思想政治工作中的任务使命提出了要求，对新时期思想政治工作的主要内容作出了规定，也明确了"两个巩固"的目标。

2014 年，中共中央办公厅、国务院办公厅印发《关于进一步加强和改进新形势下高校宣传思想工作的意见》，强调指出，意识形态工作是党和国家一项极端重要的工作，高校作为意识形态工作前沿阵地，肩负着学习研究宣传马克思主义，培育和弘扬社会主义核心价值观，为实

---

① 中共中央宣传部：《习近平总书记系列重要讲话读本》，学习出版社、人民出版社 2016 年版，第 193 页。

现中华民族伟大复兴的中国梦提供人才保障和智力支持的重要任务。做好高校宣传思想工作，加强高校意识形态阵地建设，是一项战略工程、固本工程、铸魂工程，事关党对高校的领导，事关全面贯彻党的教育方针，事关中国特色社会主义事业后继有人，对于巩固马克思主义在意识形态领域的指导地位、巩固全党全国人民团结奋斗的共同思想基础，具有十分重要而深远的意义。这个文件可以说是高校系统贯彻落实习近平总书记在全国宣传思想工作会议上的重要讲话精神的直接举措，是党中央关于意识形态工作在普遍部署之上的特殊部署，充分体现了党中央对高校思想政治工作的重视。

时隔两年以后，2016 年 12 月 7 日至 8 日，中央在京召开全国高校思想政治工作会议，习近平总书记出席会议并发表重要讲话。这篇重要讲话是中国特色社会主义教育理论的又一重大创新成果，是加强和改进新形势下高校思想政治工作、办好中国特色社会主义高校的纲领性文献。讲话在充分肯定高等教育改革发展和高校思想政治工作取得成绩的同时，对加强和改进新形势下高校思想政治工作作出了全方位的部署。习近平总书记的这篇重要讲话，把加强高校思想政治工作的逻辑从育人的一个维度拓展到办学、育人两个维度，鲜明地提出办什么样的大学、怎样办大学及培养什么样的人、怎样培养人和为谁培养人的问题，并且系统回答了这些根本问题。归纳起来就是要办中国特色社会主义大学，办好这样的大学必须完成好为人民服务、为中国共产党治国理政服务、为巩固和发展中国特色社会主义制度服务、为改革开放和社会主义现代化建设服务这"四个服务"，必须做到坚持不懈传播马克思主义科学理论、坚持不懈培育和弘扬社会主义核心价值观、坚持不懈促进高校和谐稳定、坚持不懈培育优良校风和学风这"四个坚持不懈"，必须加强党对高校的领导，牢牢掌握党对高校的领导权，高校党委必须牢牢掌握思想政治工作的主导权。高校要把立德树人作为中心环节，紧紧围绕人才培养这个核心点，培养德才兼备、全面发展的中国特色社会主义合格建设者和可靠接班人。培养好这样的人，必须引导广大学生做到正确认识世界和中国发展大势、正确认识中国特色和国际比较、正确认识时代责任和历史使命、正确认识远大抱负和脚踏实地这"四个正确认识"；必须引导广大教师做到坚持教书和育人相统一、坚持言传和身教相统一、坚持潜心问道和关注社会相统一、坚持学术自由和学术规范相统一这"四个相统一"，必须紧紧围绕用好课堂教学这个主渠道、加快构建中国特色哲学社会科学学科体系和教材体系、更加注重以文化人以文育人、运用新媒体新技术使工作活起来这四个方面创新思想政治工作。

2019 年 3 月 18 日，习近平在学校思想政治理论课教师座谈会上发表重要讲话《思政课是落实立德树人根本任务的关键课程》。文章强调，青少年是祖国的未来、民族的希望。青少年教育最重要的是教给他们正确的思想，引导他们走正路。思政课是落实立德树人根本任务的关键课程，思政课作用不可替代，思政课教师队伍责任重大。办好思政课，最根本的是要全面贯彻党的教育方针，解决好培养什么人、怎样培养人、为谁培养人这个根本问题。办好思政课，就是要开展马克思主义理论教育，用新时代中国特色社会主义思想铸魂育人，引导学生增强中国特色社会主义道路自信、理论自信、制度自信、文化自信，厚植爱国主义情怀，把爱国情、强国志、报国行自觉融入坚持和发展中国特色社会主义、建设社会主义现代化强国、实现中华民族伟大复兴的奋斗之中。

文章指出，办好思政课，要放在世界百年未有之大变局、党和国家事业发展全局中来看待，要从坚持和发展中国特色社会主义、建设社会主义现代化强国、实现中华民族伟大复兴的高度来对待。我们党立志于中华民族千秋伟业，必须培养一代又一代拥护中国共产党领导和我国社会主义制度、立志为中国特色社会主义事业奋斗终身的有用人才。在大中小学循序渐进、螺旋上升地开设思政课非常必要，是培养一代又一代社会主义建设者和接班人的重要保障。

文章指出，讲好思政课不容易，因为这个课要求高。"经师易求，人师难得。"办好思想政治理论课关键在教师，关键在发挥教师的积极性、主动性、创造性。思政课教师，要给学生心灵埋下真善美的种子，引导学生扣好人生第一粒扣子。第一，政治要强，要让有信仰的人讲信仰。第二，情怀要深，要有家国情怀、传道情怀、仁爱情怀。第三，思维要新，学会辩证唯物主义和历史唯物主义，创新课堂教学。第四，视野要广，有知识视野、国际视野、历史视野。第五，自律要严，做到课上课下一致、网上网下一致。第六，人格要正，用高尚的人格感染学生、赢得学生。

文章指出，要推动思想政治理论课改革创新，不断增强思政课的思想性、理论性和亲和力、针对性。推动思政课改革创新，要做到以下几个"统一"。坚持政治性和学理性相统一；坚持价值性和知识性相统一；坚持建设性和批判性相统一；坚持理论性和实践性相统一；坚持统一性和多样性相统一；坚持主导性和主体性相统一；坚持灌输性和启发性相统一；坚持显性教育和隐性教育相统一。

文章强调，要加强党对思想政治理论课建设的领导。各级党委要把思政课建设摆上重要议程，在工作格局、队伍建设、支持保障等方面采取有效措施。要推动形成全党全社会努力办好思政课、教师认真讲好思政课、学生积极学好思政课的良好氛围。学校党委要坚持把从严管理和科学治理结合起来，学校党委书记、校长要带头走进课堂，带头推动思政课建设，带头联系思政课教师。要把统筹推进大中小学思政课一体化建设作为一项重要工程，推动思政课建设内涵式发展。各地区各部门负责同志要积极到学校去讲思政课。

2021年7月1日，习近平在庆祝中国共产党成立100周年大会上的讲话中强调："新时代的中国青年要以实现中华民族伟大复兴为己任，增强做中国人的志气、骨气、底气，不负时代，不负韶华，不负党和人民的殷切期望！"我们要进一步深化用习近平新时代中国特色社会主义思想铸魂育人，大力加强理想信念教育、爱国主义教育和社会主义核心价值观教育，引导广大学生树立为党为国为人民永久奋斗、赤诚奉献的坚定理想，努力在真刀真枪的实干中成就一番事业。我们要用好庆祝建党百年这堂最生动的"大思政课"，教育引导广大青年学生深刻领会伟大建党精神的重大意义、丰富内涵，更好弘扬光荣传统、赓续红色血脉，以伟大建党精神润心正气，把伟大建党精神继承下去、发扬光大。要进一步加强和改进学校思想政治工作，把思想政治工作体系贯通于学科体系、教学体系、教材体系、管理体系建设之中，着力找准课程教学切入点，深入构建网上网下同心圆，持续强化制度、队伍和环境保障，不断建立健全全员全程全方位育人体制机制。要全力推进"大思政课"教学，引领广大学生与新时代同向同行，促进广大学生立大志、明大德、成大才、担大任，引导广大学生把"请党放心、强国有我"的铮铮誓言转化为实际行动。以贯彻落实《中国共产党普通高等学校基层组织工作条例》为抓手，指导和推动高校健全完善党委领导下的校长负责制，坚持全面从严治党，坚持党建与事业发展深度融合，健全党的组织体系、制度体系和工作机制，把党的领导落实到办学治校全过程各方面，确保党的教育方针和党中央决策部署始终得到贯彻落实。要以政治建设为统领，提升高校党员干部师生的政治判断力、政治领悟力、政治执行力，推动高校领导干部常态化深入基层联系师生，确保党的领导纵到底、横到边、全覆盖。要进一步夯实基层基础，深入开展高校党建示范创建和质量创优工作，全面实施教师党支部书记"双带头人"培育工程，推动民办高校党建工作各项重点任务落实，切实发挥基层党组织战斗堡垒作用和党员先锋模范作用。要指导各地各高校贯彻落实全面从严治党主体责任制、基层党建工作责任制、意识形态工作责任制，把党对高校全面领导的制度优势持续转化为治理效能，更好地担负起培养社会主义建设者和接班人的光荣职责。

第二节　必须坚定中国特色高校思想政治工作自信

正是由于党中央对高校思想政治工作始终进行不间断的顶层设计，

使我国的高校思想政治工作在整体上逐渐形成了突出的优势。如果从深层次看，中国高校思想政治工作的优势，实际上根本来自中国共产党领导的优势，来自中国特色社会主义制度的优势。

一、我国高校思想政治工作的指导思想是科学的

我国高校思想政治工作坚持以马克思列宁主义、毛泽东思想和中国特色社会主义理论体系为指导，深入学习贯彻习近平总书记系列重要讲话精神和治国理政新理念新思想新战略。全面贯彻党的教育方针，紧密结合经济社会发展实际，坚持解放思想、实事求是、与时俱进、求真务实，坚持以人为本，贴近实际、贴近生活、贴近师生，努力提高工作的针对性、实效性和吸引力、感染力，努力培育和弘扬社会主义核心价值观，不断坚定广大师生中国特色社会主义道路自信、理论自信、制度自信、文化自信，培养德、智、体、美全面发展的中国特色社会主义合格建设者和可靠接班人。因此，坚持以马克思主义为指导，是中国高校思想政治工作的灵魂。

反观西方资本主义国家，其高校思想政治工作一直走在科学与神学相杂糅的道路上。15 世纪，西欧封建体制开始逐渐瓦解，许多新兴的民族国家确立了以王权为中心的中央集权制度，新兴的资产阶级开始反抗旧有的封建神权统治。18 世纪，资产阶级在欧洲全面胜利，思想方面开始崇尚理性、自由，批判旧的观念和思想。资产阶级的思想政治工作除按照惯性继续重视宗教渠道外，也开始注重世俗渠道，逐渐形成了权威教育方法、学科方法等。但总体来看，西方资本主义国家仍是通过改良宗教教育，继续运用宗教服务思想政治工作。马克斯·韦伯在《新教伦理与资本主义精神》一书中，系统论述和考证了新教伦理与资本主义精神的密切关系，揭示了新教对资本主义精神形成发挥的作用，相当于论证了新教对于资产阶级实施思想政治工作发挥的根本作用。马克斯·韦伯首先指出了宗教改革后仍发挥着重要的思想控制作用，他认为"但必须切记又常被忽略的是：宗教改革并不意味着解除教会对日常生活的控制，相反却只是用一种新型的控制取代先前的控制"①，进而提出资本主义精神就是类似"认为个人有增加自己的资本的责任，而增加资本本身就是目的"② 这样的一种独特精神气质。他考察了"职业"概念的本意，"在德语的 Beruf（职业、天职）一词中，以及或许更明确地在英语的 calling（职业、神召）一词中，至少含有一个宗教的概念：上帝安排的任务"，并将"职业"一词考证为宗教改革的结果，提出"职业思想便引出了所有新教教派的核心教理：上帝应许的唯一生存方式，不是要人们以苦修的禁欲主义超越世俗道德，而是要人完成个人在现世里所处地位赋予他的责任和义务。这是他的天职"③。马克斯·韦伯逻辑严密的论述，为我们展示了改良后的宗教适应了资本主义的需求，继续从宗教的渠道发挥着强大的思想政治工作功能。但是，随着形势的变化，特别是从当前资本主义经济危机及其引发的社会动荡来看，资本主义国家思想政治工作效果并不理想。虽然如此，由于在西方国家中"宗教与道德有着血肉联系，基督教孕育了道德的基本范畴，规定了道德的基本准则，确立了道德教育的基本方法"④，所以在今后较长的时期内，宗教都将继续服务于西方社会的高校思想政治工作。

总体来说，目前西方资本主义国家高校思想政治工作的指导思想仍是神学与科学相混杂，而在中国共产党领导下的当代中国，思想政治工作已经在坚持运用马克思主义这一科学理论作指导。毛泽东同志在纪念中国共产党成立 28 周年的《论人民民主专政》一文中曾说："谢谢马克思、恩格斯、列宁和斯大林，他们给了我们以武器。这武器不是机关枪，而是马克思列宁主义。"⑤ 在当代中国，马克思主义与中国实际相结合，不断得到创

---

① ［德］马克斯·韦伯著：《新教伦理与资本主义精神》，于晓、陈维纲等译，陕西师范大学出版社 2006 年版，第 4 页。

② 同上书，第 14 页。

③ 同上书，第 33—34 页。

④ 张耀灿、郑永廷、吴潜涛、骆郁廷等著：《现代高校思想政治工作学》，人民出版社 2006年版，第 437—438 页。

⑤ 《毛泽东选集》第 4 卷，人民出版社 1991 年版，第 1469 页。

新发展。习近平总书记系列重要讲话精神和治国理政新理念新思想新战略，是马克思主义中国化的最新理论成果，也蕴含了对中华优秀传统文化的创造性转化和创新性发展，可以说是高校思想政治工作的内容也是方法，特别是他在全国高校思想政治工作会议上的重要讲话精神，是高校思想政治工作的最新科学指导，必将有力地指引高校思想政治工作科学发展。

二、我国高校思想政治工作的发展经验是丰富的

高校是意识形态工作的前沿阵地，高校思想政治工作是为统治阶级服务的。正如马克思所指出的那样，"统治阶级的思想在每一个时代都是占统治地位的思想，那些没有精神生产资料的人的思想，一般是隶属于这个阶级的"①。我国高校思想政治工作就是要大力宣传马克思主义主流意识形态，大力宣传共产主义远大理想和中国特色社会主义共同理想，以达到统一师生思想、凝聚共识、形成推动事业发展合力的目的，就是要不断坚定师生对中国特色社会主义的道路自信、理论自信、制度自信和文化自信。要实现这样的目标，并非易事。

一方面，"中国特色社会主义是在经济文化比较落后的基础上形成和发展的，它所面临的许多理论和实践问题，是马克思主义经典著作中没有的，也是社会主义发展史上罕见的"②。因此，中国特色社会主义必然是一个充满艰辛的探索过程。在此背景下开展高校思想政治工作，需要超前性地描绘社会发展前景，并且要使师生相信这一前景，其中的复杂性艰巨性不言自明。同时，在社会主义初级阶段的这一国情下，"我们还面临很多没有弄清楚的问题和待解的难题，对许多重大问题的认识和处理都还处在不断深化的过程之中，这一点也不容置疑"③。这就要求高校思想政治工作不断研究实践的发展，不断推动理论创新。也就是说，我国的高校思想政治工作，既要努力讲清楚中国特色社会主义

---

① 《马克思恩格斯列宁经典著作选读》（2013 年修订版），高等教育出版社 2013 年版，第 32 页。
② 中共中央宣传部：《中国特色社会主义学习读本》，学习出版社 2013 年版，第 160 页。
③ 同上。

是什么、为什么、怎么办，还要讲清楚其在不同阶段的发展目标，譬如"两个一百年"的奋斗目标，这样才能发挥应有作用、履行历史职责。

另一方面，由于我国高校思想政治工作是基于社会主义意识形态背景，必须唱响社会主义好的主旋律，而世界社会主义 500 年充满曲折的发展历程，使唱响这一主旋律充满压力和挑战。从 16 世纪初到 19 世纪三四十年代，世界社会主义主要是处于空想社会主义阶段。空想社会主义作为"乌托邦社会主义"，"是人们对未来社会的美好向往与憧憬，同时也是一种缺乏现实力量和正确途径方法的理论设想或空想的学说"①。空想社会主义诞生 300 多年后，马克思、恩格斯创立了科学社会主义。科学社会主义发展至今也就 160 多年，我国搞社会主义也就几十年的时间。100 多年来，社会主义的发展并不是一帆风顺的。列宁把马克思主义基本原理与时代特征和俄国实际相结合，创立了列宁主义，带领俄国人民取得了十月革命的伟大胜利，把社会主义从理论、运动发展为制度，建立了世界首个社会主义国家。此后，社会主义逐渐从一国发展到多国，鼎盛时期"社会主义国家的人口占世界人口的 1/3，领土面积占世界陆地面积的 1/4"②。但是，20 世纪 80 年代末 90 年代初，世界社会主义运动中发生了东欧剧变、苏联解体的大事件，"有着 90 多年历史、执政 70 多年的苏联共产党最终解散，第一个社会主义大国苏联最终解体，东欧社会主义国家接连垮台，社会主义制度在这些地区整体消失，东欧社会主义阵营的大厦轰然倾覆"③。面临这种情况，我国高校思想政治工作仍要继续讲清楚社会主义的优越性和强大生命力，这在理论和实践上都是空前的难题。现在回过头来看，在进行具有许多新的历史特点的伟大斗争、全面推进党的建设伟大工程、推进中国特色社会主义伟大事业的过程中，高校思想政治工作打过一系列大仗硬仗，为巩

---

① 中共中央宣传部理论局：《世界社会主义五百年（党员干部读本）》，党建读物出版社、学习出版社 2014 年版，第 1 页。

② 中共中央宣传部理论局：《世界社会主义五百年（党员干部读本）》，党建读物出版社、学习出版社 2014 年版，第 102 页。

③ 同上书，第 111 页。

固马克思主义在意识形态领域的指导地位、巩固全党全国人民团结奋斗的共同思想基础，作出了不可替代的重大贡献，是功不可没的。因此，我们有理由相信，我国高校思想政治工作必将越来越成熟。

三、我国高校思想政治工作的理论支撑是坚实的

思想政治工作是一门科学，既要靠经验示范，也要靠理论支撑。做好我国高校思想政治工作，离不开对马克思主义基本原理的运用，离不开对马克思主义中国化最新成果的运用。在实践层面，我国高校在开展思想政治工作的过程中，也具有相当的理论自觉。在这一方面，在与国外高校的交流过程中更令人感受深刻。国外高校介绍学生工作，主要是讲做法及流程，很少讲经验和体会。而中国高校在介绍清楚工作情况后，往往要总结几条经验体会，实际上是把工作自觉上升到规律层面认识，是透过现象看本质的自觉，体现了高校思想政治工作的理论自觉。

高校思想政治工作理论支撑有力，源自中央对其理论平台建设的高度重视。2004年，中央启动实施马克思主义理论研究和建设工程。实施这个工程，就是要结合世界变化和中国实践发展，加强马克思主义中国化研究，加强对马克思主义经典著作的编译和研究，进一步明确必须长期坚持的马克思主义基本原理，结合新的实际不断推动理论创新，破除对马克思主义的教条式理解，及时澄清附加在马克思主义名下的错误观点，用科学的态度对待马克思主义。同时，还要建设具有时代特征的马克思主义理论的学科体系，编写充分反映马克思主义中国化成果的哲学社会科学教材。马克思主义理论研究和建设工程的实施，源源不断地为高校思想政治工作提供理论武器。2005年，为加强高校思想政治理论课建设、培养高校思想政治工作队伍，根据中共中央、国务院《关于进一步加强和改进大学生思想政治教育的意见》和中共中央《关于进一步繁荣发展哲学社会科学的意见》精神，经专家论证，国务院学位委员会、教育部决定在《授予博士、硕士学位和培养研究生的学科、专业目录》中增设马克思主义理论一级学科及所属二级学科。目前，

全国高校拥有 37 个马克思主义理论一级学科博士点，为加强和改进高校思想政治工作提供了坚实的理论支撑，源源不断地培养后备人才。此外，全国高校已有 400 多家马克思主义学院正式挂牌，这也是推动高校思想政治工作的重要智库。

四、我国高校思想政治工作的专门队伍是有力的

我国高校思想政治工作有一支完备的显性从业队伍，具有从上至下整齐划一的建制。中共中央设有宣传部、组织部等部门，国务院设有教育部等部门，具体负责高校思想政治工作的组织实施。中宣部设有理论局、宣教局等专门司局，教育部设有思想政治工作司、社会科学司等专门司局，直接负责组织高校思想政治工作。此外，还有共青团作为高校思想政治工作重要的方面军。高校内部设立党委宣传部、学工部、研工部及团委等部门，高校的院系也设有专人负责思想政治工作。直接面对学生的工作界面，还有一支训练有素的辅导员、班主任、思想政治理论课教师队伍，并且每个班级都配备 1 名班主任。目前，高校辅导员队伍总数已达 18 万人，思想政治理论课专职教师队伍近 8 万人。教育部等部门专门印发文件推动高校思想政治工作队伍专业化职业化，《普通高等学校辅导员队伍建设规定》《普通高等学校思想政治理论课教师队伍培养规划》《关于加强和改进高校宣传思想工作队伍建设的意见》等文件对队伍的专业化、职业化建设提出了鲜明路径，设计了丰富平台，给予了发展支撑。可以说，我国高校思想政治工作队伍具备完备的体系，自觉以德立身、以德立学、以德施教，在关键时刻靠得住、冲得上，招之即来、来之能战、战之能胜。

有人会说，资本主义国家没有专人从事高校思想政治工作，这是没有看到事物的本质。在社会层面，宗教是资本主义国家进行思想政治工作的基本途径，宗教人员、宗教团体及相关社团组织是其进行思想政治工作的重要力量。在高校层面，从事大学生心理咨询、就业指导等学生事务管理的工作人员就是其高校思想政治工作队伍的成员，从事"西

方思想与制度""美国的民主"等"通识教育"课程教学的教师也是其高校思想政治工作队伍的成员。但总的来讲，中国高校的思想政治工作队伍更胜一筹。

第三节　以改革创新精神加强和改进
新时代高校思想政治工作

改革创新是高校思想政治工作的动力源泉，是保持其生机活力，不断增强针对性实效性、吸引力感染力的重要法宝。现在，高校思想政治工作顶层设计的创新已经完成。下一步，除了在具体工作层面、在思想政治工作运行系统进行改革创新外，还要高度重视中观层面的创新。

一、要进一步健全高校思想政治工作的政策体系

党的十八大以来，统筹推进"五位一体"总体布局和协调推进"四个全面"战略布局，决胜全面建成小康社会，推动实现"两个一百年"的奋斗目标、实现中华民族伟大复兴的中国梦，必须进一步凝聚全党全国人民的力量，这对高校思想政治工作提出了新的期待。"十三五"时期，党中央、国务院相继印发《关于加强和改进新形势下高校思想政治工作的意见》《新时代公民道德建设实施纲要》《新时代爱国主义教育实施纲要》等纲领性文件，为新时代高校思想政治工作指明了前进方向。教育部和相关部委坚决贯彻党中央、国务院的决策部署，全面落实习近平新时代中国特色社会主义思想，健全"全员、全过程、全方位"育人的体制机制，将思想政治工作贯穿高校教育管理服务全过程，遵循思想政治工作规律、教书育人规律、学生成长规律，不断推动高校思想政治工作改革创新。在完善顶层设计方面，制定《关于加强高校党的政治建设的若干措施》《关于加快构建高校思想政治工作体系的意见》《高校思想政治工作质量提升工程实施纲要》《关于深化新

时代学校思想政治理论课改革创新的意见》《高等学校课程思政建设指导纲要》《普通高校辅导员队伍建设规定》等一系列文件，对高校思政工作进行了统筹性规划、制度化安排。

二、新时代创新高校思想政治工作的主要举措

强化思想引领，扎实推动习近平新时代中国特色社会主义思想进课堂进教材进头脑，组织编写《习近平新时代中国特色社会主义思想三十讲》，举办"全国大学生同上一堂思政大课"，开展"我们都是收信人"全国高校学习交流网络"@大接龙"等主题教育活动，组建优秀师生理论宣讲团，常态化开展"网络巡礼、校园巡讲"活动，推动高校学生学习教育全覆盖。

汇聚各方合力，会同中组部、中宣部深化地方党政领导干部上讲台，十九大以来，各省（区、市）党政领导班子成员上讲台作报告已形成制度性安排。2019 年，会同国资委开展"国企领导上讲台、国企骨干担任校外辅导员"，推动 50 位国企领导进高校讲授 100 场公开课，遴选 100 名央企骨干担任校外辅导员，帮助学生了解国情、党情、世情、企情。联合中宣部等七部委开展"奋斗的我，最美的国"新时代先进人物进校园工作，形成校内校外育人工作联动的长效机制，引领广大学生听党话、跟党走。会同团中央推动高校学生会、学生社团改革，强化党对学生组织领导的具体化。各地各高校党委聚焦实现全员全过程全方位育人，不断创新教育方式、拓展教育载体、挖掘教育资源、完善体制机制，着力提升工作亲和力和针对性，取得了显著育人成效。

聚焦重点难点，深入开展"三全育人"综合改革，持续推动党建示范创建和质量创优，实施"新时代高校思政课创优行动"，开展"一省一策思政课"集体行动，深化课程思政建设，推动党建和思政工作纳入"双一流"建设、政治巡视、领导班子考核、干部述职评议，切实把"软指标"变成"硬约束"。

营造良好氛围，举办大学生网络文化节，传播网络正能量，唱响网

上好声音。结合党的十九大召开、庆祝改革开放 40 周年、新中国成立 70 周年等重要时间节点，组织大型参观、报告、观影等活动，深入体会非凡成就。开展"小我融入大我，青春献给祖国"主题社会实践，引导百万学生在社会实践中受教育、长才干、做贡献。开展"青春告白祖国"工作，汇聚形成"千校万场大告白"的生动局面，成为了大学校园最靓丽的风景线。

扎实做好新冠肺炎疫情防控相关工作。2020 年年初新冠肺炎疫情防控阻击战打响以来，教育系统坚决贯彻习近平总书记重要指示精神，按照"坚定信心、同舟共济、科学防治、精准施策"的总要求，自觉把思想和行动统一到党中央要求上来，以战时状态、战时思维、战时方法、战时机制全力做好高校党建和思想政治工作，确保组织生活不断线、立德树人不停摆、服务关爱不缺席、阵地管理不放松，有效凝聚3300 余万高校师生同心战"疫"，为疫情防控提供坚强的政治保证、思想保证和组织保证。同时，疫情防控对广大青少年学生尤其是大学生而言，是一次难忘的人生体验，也是一次深刻的教育机会。教育部部署开展"共抗疫情、爱国力行"主题宣传教育和网络文化成果征集展示工作，深入推进爱国主义教育和制度自信教育。实施"让党旗在抗疫一线高高飘扬"高校基层党组织行动，组织动员党员干部、团结凝聚师生员工投入疫情防控和教育改革发展工作。疫情爆发以来，教育系统实现"严防扩散、严防暴发，确保一方净土、确保生命安全"的目标，有力支撑了打赢疫情防控阻击战全国大局。

三、高校思想政治工作取得的主要成效

1. 高校党的政治建设取得新发展。一是党对高校工作的全面领导更加有力。高校普遍修订党委全委会、常委会、校长办公会等制度，规范院系党组织会、党政联席会决策制度，强化对学术组织、群团组织的政治领导，从体制机制、基层基础、关键环节上保证党的全面领导有机贯穿融入管党治党、办学治校、立德树人、事业发展全过程。综合调查

表明，99.1％的学生赞同"习近平新时代中国特色社会主义思想是党和国家必须长期坚持的指导思想"。二是基层党组织组织力显著提高。实施"基层党建质量提升攻坚行动"，要求高校党委做到"4个过硬"，院（系）党组织做到"5个到位"，基层党支部做到"7个有力"。开展新时代高校党建示范创建和质量创优工作，目前已开展两批共培育创建党建工作示范高校20个、标杆院系199个、样板支部1655个，辐射带动党支部建设和思想政治工作质量整体提升。目前，全国高校教师党支部书记"双带头人"比例从2018年底的68％上升到2019年底的82％，其中党委书记和校长列入中央管理的高校普遍达到95％以上。组织开展全国高校基层党支部书记网络示范培训，实现全国民办高校党支部书记培训全覆盖。三是大学生党员发展质量得到保证。坚持十六字总要求，将发展大学生党员工作纳入高校党组织"对标争先"建设计划，指导高校普遍采取"两级党校、三次培训"等方式，抓好入党积极分子培养教育，有力促进了发展党员好中选好、优中选优。问卷调查显示，88.8％的学生认为，新发展的大学生党员质量"好"或"较好"，93.6％的非党员学生认为，学生党员先锋模范作用"能充分发挥"或"基本能够发挥"。

2. 思想政治工作呈现新气象。一是"三全育人"工作新格局逐步形成。《关于加快构建高校思想政治工作体系的意见》，从理论武装、学科教学、日常教育、管理服务、安全稳定、队伍建设、评估督导等七个方面，加快构建目标明确、内容完善、标准健全、运行科学、保障有力、成效显著的高校思想政治工作体系，推动形成"三全育人"工作格局。全面实施高校思想政治工作质量提升工程，在8个省区市、25所高校、92个院系开展"三全育人"综合改革试点。打造以高校思想政治工作网、易班网和中国大学生在线"三驾马车"为引领的校园网络新媒体传播矩阵，全面建立省级高校网络思政中心，形成"全国—省级—高校"三级网络思政体系。调查显示，广大师生"四个自信"十分高昂。99.4％的教师、99.3％的学生认同"中国特色社会主义道路是实现社会主义现代化、创造人民美好生活的必由之路";98.7%的教师、98.3%的学生认同"我们必须始终坚持以马克思主义为指导";99.5%的教师、99.3%的学生认同"中国特色社会主义制度是当代中国发展进步的根本制度保障";99.2%的教师、98.9%的学生认同"中华民族一定能创造新的文化辉煌"。二是形势政策教育更精准。紧紧围绕学生最为关注的当前热点敏感问题,组织开展全国高校思政课教师集体备课,推动领导干部上讲台、国企领导上讲台,讲清楚敏感问题的本质,帮助学生澄清认识,坚守正确政治立场。综合调查显示,99.3%的学生认同"中国特色社会主义道路是实现社会主义现代化、创造人民美好生活的必由之路"。三是主题教育活动更深入。组织全国高校开展"小我融入大我,青春献给祖国"主题暑期实践活动,引导广大学生在实践中认识国情、了解社会,受教育、长才干。在全国高校开展千万大学生"青春告白祖国"工作,让3000多万高校学生发出爱国奋斗自信的时代强音。四是网上文化活动更活跃。连续组织开展国家网络安全宣传周校园日活动,深入推进网络安全意识入脑入心,营造安全上网、依法上网的良好氛围。举办"大学生网络文化节"、"高校网络教育优秀作品推选展示"等活动,已连续多年千余所高校、数十余万名师生参与,创作作品累计上百万件。连续7年开展全国大学生网络安全知识竞赛,培育知网、懂网的校园好网民,参与学生连年增长。

第二讲 根本保证：

牢牢掌握党对高校工作的领导权

　　"办好我国高等教育，必须坚持党的领导，牢牢掌握党对高校工作的领导权，使高校成为坚持党的领导的坚强阵地。"牢牢掌握党对高校工作的领导权，是加强和改进新形势下高校思想政治工作的根本要求，只有牢牢掌握党对高校工作的领导权，才能保证高校的正确办学方向，把握高校思想政治工作主导权，巩固马克思主义在高校意识形态领域的主导地位，使高校始终成为培养社会主义事业建设者和接班人的坚强阵地。

第一节　掌握党对高校工作的领导权是办好中国特色社会主义大学的根本保证

中国共产党的领导是中国特色社会主义最本质的特征，这一本质特征体现在道路选择、理论体系和制度设计中，落实在党政军民学、东西南北中、党和国家事业的各个领域各个方面。高等教育事业是中国特色社会主义事业的重要组成部分，没有党的领导，一切都无从谈起。牢牢掌握党对高校工作的领导权是办好中国特色社会主义大学的根本保证。

一、坚持党的领导是确保中国特色社会主义大学属性的本质要求

高等教育是一种社会存在，不同的社会制度决定着不同的教育目的。从存在属性上讲，大学是社会物质生活条件发展到一定程度，为传授创新知识、培养理性公民和服务社会进步而建设和发展的。作为国民教育体系中的高等教育，大学既要立足社会发展的既有物质基础，又要彰显所属社会形态的特有精神价值；既具有教育性、学术性、创新性、开放性、国际性等一般属性，又拥有意识形态教育和人才培养立场的特殊功能。不同性质的社会形态，发展各异的经济基础，其所孕育出的大学的性质、功能及人才培养目标就会有所不同，高等教育的发展之路也就存在差别。在这个世界上，没有象牙塔式的大学，所有的大学都是有政治立场的，无论是哪一个国家的高等教育，其教育目的无不打上本国或政党（集团）所需人才的意识形态烙印。中国独特的历史、文化和

国情，坚持和发展中国特色社会主义伟大事业的内在要求，以及广大人民群众对子孙后代成长成才报效国家的期望，决定了中国高等教育必定要走自己独特的发展道路，中国高等教育的发展方向必须要同中国发展的现实目标和未来方向紧密相连，绝不可能照搬西方国家办学模式，更不能套用西方国家的办学标准。正如习近平总书记在北京大学的讲话中所强调的："办好中国的世界一流大学，必须有中国特色。"坚持社会主义大学的办学方向，就是中国大学最鲜明的特色。脱离了这个最大实际，高等教育就丢失了办学的根本，就很难办好。

人才培养、科学研究、服务社会、文化传承创新和国际交流合作是大学的重要使命，其中人才培养是首要功能，也是核心功能。人才培养立场、培养过程、教育内容以及培养目标等关键问题，都集中反映和体现了国家意志、意识形态及其培养立场和办学方向。所以培养什么人、如何培养人以及为谁培养人，是办学的根本问题。我们扎根中国大地办大学，办具有中国特色、中国风格和适应中国实际的大学，就要体现出大学的人民性和社会主义性质，就必须坚持以马克思主义为指导，为实现中华民族伟大复兴培养中国特色社会主义事业建设者和接班人。而要实现这些目标，核心就是要坚持党的领导。习近平总书记在强调要加强和改进高校党的建设时指出，高校肩负着学习研究宣传马克思主义、培养中国特色社会主义事业建设者和接班人的重大任务。加强党对高校的领导，加强和改进高校党的建设，是办好中国特色社会主义大学的根本保证。

只有坚持党的领导，坚持正确政治方向，巩固马克思主义在高校的指导地位，将我国高等教育发展方向同我国发展的现实目标和未来方向紧密联系在一起，坚持为人民服务、为中国共产党治国理政服务、为巩固和发展中国特色社会主义制度服务、为改革开放和社会主义现代化建设服务的办学理念，坚持培养德、智、体、美全面发展的社会主义事业建设者和接班人的办学目的和方针，才能体现和落实中国特色社会主义大学的本质，才能办好中国特色社会主义大学，办出世界一流大学。

二、坚持党的领导是确保意识形态前沿阵地牢固的坚强保证

意识形态工作是党和国家一项极端重要的工作，意识形态话语决定着一个国家的道路走向。新形势下的社会主义意识形态安全整体之链的构建关乎旗帜、关乎道路、关乎国家政治安全。高校人才汇聚、思想活跃、研究深入、学术繁荣，是思想生产过程和人才生产过程的汇集处，这里既生产思想又消费思想也传播思想，既生产舆论又消费舆论也传播舆论，既生产文化又消费文化也传播文化，同时社会上、国际上不同的思想、观点也会在这里交锋、交织和交融，所以高校是意识形态工作的独特战线，是意识形态工作的前沿阵地。又由于高等教育的人才培养的本质功能，高校是青年才俊的聚集地。习近平总书记指出："青年的价值取向决定了未来整个社会的价值取向，而青年又处在价值观形成和确立的时期，抓好这一时期的价值观养成十分重要。"所以，高校又是意识形态工作的重要基础，高校的意识形态阵地是否巩固既事关当下更事关未来。要使马克思主义理论、观点和方法始终占领高校这一重要的前沿阵地，培育和弘扬社会主义核心价值观，为实现中华民族伟大复兴的中国梦提供人才保障和智力支持，不发生任何颠覆性的错误，就必须坚持和加强党的领导。

当前，世界范围内各种思想文化交流交融交锋更加频繁，国际思想文化领域斗争更加深刻复杂，一些西方国家把我国的发展壮大视为对资本主义价值观和制度模式的挑战，加大对我国的战略围堵和牵制遏制力度，高校抵御和防范敌对势力渗透的任务更加繁重。从国内形势来看，随着我国经济社会发展进入新常态，随着改革进入攻坚期和深水区，国内各种社会矛盾和问题相互叠加、集中呈现，人们思想活动的独立性、选择性、多变性、差异性明显增加，高校用社会主义核心价值观引领广大师生的任务更加艰巨。

意识形态斗争是思想之战、灵魂之战，是一场看不见的、没有硝烟的战斗。敌对势力要搞乱一个社会、颠覆一个政权，往往先从意识形态

领域打开突破口，先从搞乱人们的思想下手。诸多事实一再证明必将继续证明，"颜色革命"带来的实际后果是国家分裂、政局混乱、经济滑坡、民不聊生。"颜色革命"不仅摧毁了一些国家的经济基础，还瓦解或消解了这些国家的意识形态。加强高校意识形态阵地建设，是一项战略工程、固本工程、铸魂工程。能否牢牢把握高校意识形态工作领导权，是衡量高校党建的重要标尺。只有坚持党的领导，在思想上、政治上、行动上与党中央保持高度一致，牢牢掌握党对高校工作的领导权，统筹校内校外、网上网下、课内课外各种资源，构建学校、社会、家庭联动，党政工团齐抓共管，教学、科研、管理、服务共同育人的高校意识形态工作大格局，才能做到寸土不失、片瓦不丢、丝毫不让，才能确保高校意识形态前沿阵地牢不可破。也只有意识形态阵地牢固了，高校才能确保全面贯彻党的教育方针，才能确保中国特色社会主义事业后继有人。

三、坚持党的领导是确保国家机器健康运转的应然之义

改革开放以来，我国高等教育从质量到规模都实现了快速提升甚至是跨越式发展。按照国际普遍认可的美国学者马丁·特罗（Maltin Trow）对高等教育的精英化教育阶段、大众化教育阶段和普及化教育阶段的划分，我国高等教育进入普及化教育阶段指日可待。到 2020 年，我国的高等教育基本进入普及化阶段。大学从"象牙塔"真正走向"社会轴心"，一批批学子从高校走出，进入社会各行各业各个岗位，成为国家机器的各个零部件和螺丝钉。与精英教育时代和大众化教育阶段不同，普及化阶段的高等教育实际上就是整体国民的素质教育。一个社会是否和谐，一个国家能否实现长治久安，在很大程度上取决于全体社会成员的素质，其中思想政治素质是最重要的素质，是个人信仰和价值取向的基础。因此，高等教育育人育才的质量特别是思想政治方面的价值取向，直接决定了国家的长治久安，决定了党和人民的事业代代相传。以国家公务员队伍为例，目前，"具有大专以上文化程度"是公务

员报考的必要条件，也就是说高等教育普及化以后，所有的国家公务人员全部来自接受过高等教育的群体，所以高等教育的优劣直接决定了国家各级各类公务人员的素质，间接决定了国家政策方针的制定和国家政策方针的执行。再比如基础教育教师队伍，高等教育普及化以后，接受过高等教育将成为进入中小学教师队伍的必要条件，高等教育的优劣也就直接决定了基础教育教师的整体素质，而基础教育的教师则是我们整个中华民族下一代的思想启蒙者，其重要地位和作用不言而喻。各行各业皆是如此，当高等教育到了普及化教育阶段，要想成为教师、律师、医生、公务员等各行各业的管理人员及执行者，大学文凭是必需的。如果高等教育走偏了，那么整个民族、整个国家也就走偏了。如果高等教育误导了学生，吞下苦果的将是整个国家。因此，办好普及化的高等教育，全面提升高校育人育才质量，确保毕业生的正确价值取向和政治认同，就更离不开坚持党的领导。

改革开放以来，尤其是党的十八大以来，各级各类高校坚持党的领导、坚持正确方向、坚持立德树人、坚持服务大局、坚持改革创新，实现了跨越式发展，在提高人民教育水平、培养高素质人才、促进经济社会发展、繁荣发展哲学社会科学、提高国家科技创新能力等方面都发挥了重要作用，为党和国家事业发展作出了巨大贡献。广大师生思想主流积极健康，趋势不断向好，对党的领导衷心拥护，对以习近平总书记为核心的党中央治国理政新理念新思想新战略高度认同，对中国特色社会主义和中华民族伟大复兴充满信心。成绩有目共睹，毋庸置疑。

同时，我们必须正视当前国际国内形势的深刻复杂变化和高校在党建与思想政治工作方面存在的薄弱环节。当前，社会思想文化和意识形态领域情况更加复杂，马克思主义指导思想地位面临多样化社会思潮的挑战，社会主义核心价值观面临市场逐利性的挑战，传统教育引导方式面临网络新媒体的挑战，培养社会主义事业建设者和接班人面临敌对势力渗透争夺的挑战。有的高校在办学方向上存在模糊认识，对我国高校发展目标要求的把握还不到位；有的高校存在重教书不重育人，在书本知识上发力，在思想政治教育上乏力；有的高校在马克思主义理论教育教学上改革力度不够，实效性不强；有的高校在培育和弘扬社会主义核心价值观方面只重理论不重实践，知行不一；有的学科缺乏学术创造力、当西方理论的"搬运工"；思想政治工作局限于"念红头文件，搞版面宣传"，党的建设工作缺乏吸引力和感染力；个别教师不能教书育人、为人师表，存在师德缺失；有的高校阵地建设存在薄弱环节，错误思想观点仍有传播空间，等等。要解决这些问题，首要的就是要加强党的领导，牢牢掌握好党在高校工作的领导权。只有抓住了党的领导这个"纲"，高校其他工作才能纲举而目张。

第二节　掌握党对高校工作的领导权必须抓住三个关键

我们的高校是中国共产党领导下的高校，是中国特色社会主义高校。党章总纲规定，党的领导主要是政治领导、思想领导和组织领导。这是我们党总结领导革命、建设和改革的历史经验，在长期执政实践中得出的基本结论，也是办好中国特色社会主义大学的根本遵循。政治领导，就是要保证高校正确的办学方向，保证党的领导在高校工作中全面发挥作用，保证高校的改革发展与党所确定的目标任务保持高度一致，保证党的路线方针政策和重大工作部署得到贯彻执行。思想领导，就是要掌握高校思想政治工作主导权，巩固马克思主义在高校意识形态的主导地位，培育和弘扬社会主义核心价值观，用科学理论培养人，用正确思想引导人，保证高校始终成为培养社会主义事业合格建设者和可靠接班人的坚强阵地。组织领导，就是要保证党的选人用人标准得到落实，建设高素质的干部队伍和专家人才队伍，坚持抓基层打基础，发挥基层党组织战斗堡垒作用和全体党员先锋模范作用，保证党的路线方针和重大部署不折不扣落实到基层。总之，牢牢掌握党对高校工作的领导权，使高校真正成为坚持党的领导的坚强阵地，必须把握住党管办学方向、党管改革发展和党管干部人才这三个关键，把深入细致的思想政治工作贯穿始终，才能确保立德树人的根本任务得到真正落实和圆满完成。

一、把握住党管办学方向的坚定立场

掌握好党对高校工作的领导权，首先要坚持社会主义大学的办学方向，坚持以马克思主义为指导，全面贯彻党的教育方针。一旦在办学方向上走错了，那就像一棵歪脖子树，无论如何都长不成参天大树。坚持社会主义办学方向，就必须要做到"四个坚持不懈"，即坚持不懈传播马克思主义科学理论、坚持不懈培育和弘扬社会主义核心价值观、坚持不懈促进高校的和谐稳定、坚持不懈培育优良校风和学风。

第一，要坚持不懈传播马克思主义科学理论。高校是孕育思想、发展理论、传播文化的地方。在历史和人民的选择中，马克思主义成为我们立党立国的根本指导思想，也成为中国特色社会主义大学的鲜亮底色。长期以来，高校在学习研究宣传马克思主义、培养马克思主义理论人才方面发挥了重要作用，为推进马克思主义中国化、时代化、大众化作出了重要贡献。

高校要把加强马克思主义学习研究宣传作为重要职责，让马克思主义主旋律唱得更响亮。要抓好课堂主渠道进行马克思主义理论教育，扎实推进马克思列宁主义、毛泽东思想学习教育，广泛开展中国特色社会主义理论体系学习教育，深入学习领会党中央治国理政新理念新思想新战略。改革教学内容、方法和手段，提高马克思主义理论教学的针对性和实效性。注重综合改革和整体思维，使各学科专业的学生、不同学段的学生都要学好马克思主义理论，掌握科学的世界观和方法论，为学生一生的成长奠定科学地认识世界和改造世界的基础。比如，上海高校探索构建全员、全课程的大思政教育体系，加强课堂主渠道建设，以"从思政课程到课程思政"的理念，构建"思想政治理论课""综合素养课""专业教育课"三位一体的教育体系，主渠道贯通效果显著。

高校要加强马克思主义理论研究，建设好马克思主义学院和马克思主义理论学科，发挥高校的学科和人才优势，对马克思主义经典理论进行深入研究和阐释，同时立足中国特色社会主义实践，解读和回答重大理论和现实问题，推动发展 21 世纪马克思主义和当代中国马克思主义。要重视理论人才的培养，下大决心大力气培养一批立场坚定、功底扎实、经验丰富的马克思主义学者，特别是要培养一大批青年马克思主义者。要加大马克思主义的宣传和普及力度，通过有效的改革举措和行之有效的方式方法，向广大民众宣传和普及马克思主义，使马克思主义基本原理由抽象到具体、由深奥到通俗，由被少数人掌握到被广大人民群众理解、接受和信仰，推动中国马克思主义大众化。

坚持以马克思主义为指导，最重要的是坚持马克思主义基本原理和贯穿其中的立场、观点、方法。研究各门具体学科，要善于运用马克思主义的立场、观点、方法去辨明研究方向、掌握科学思维，得出合乎规律的认识，而不是照搬现成结论，更不是代替具体学科的研究。在马克思主义指导下，应该提倡各种学术思想和学术派别切磋交流，提倡对各种思想文化广纳博鉴，形成百花齐放、百家争鸣、创新发展的生动局面。要旗帜鲜明地抵制以所谓"学术自由"为名诋毁马克思主义、否定马克思主义指导地位的言论。

第二，要坚持不懈培育和弘扬社会主义核心价值观。社会主义核心价值观有深厚的历史底蕴和坚实的现实基础，是当代中国精神的集中体现。它所倡导的价值理念具有强大的道义力量，所昭示的前进方向契合中国人民的美好愿景。培育和弘扬社会主义核心价值观，增强中国特色社会主义道路自信、理论自信、制度自信、文化自信，是保持民族精神独立性的重要支撑。用社会主义核心价值观教育学生，引导他们扣好人生的第一粒扣子，是高校思想政治工作的使命所在，是落实立德树人根本任务的核心要求。

高校必须把社会主义核心价值观纳入学生培养全过程，落实到教育教学和管理服务各个环节，覆盖到学校的所有教育者和受教育者，形成培育和践行社会主义核心价值观的长效机制，重点要在"融入"上下功夫，使广大师生自觉将社会主义核心价值观内化于心、外化于行。要把社会主义核心价值观融入教育教学，修订培养方案、完善课程体系、丰富教材内容、研制学生发展核心素养评价系统，把社会主义核心价值观的理念和要求融入教材编写、课程标准、考试评价、发展目标等日常教育教学的各个环节。加强中华优秀传统文化和革命文化、社会主义先进文化教育，加强党史、国史、改革开放史、社会主义发展史教育，加强国家意识、法治意识、社会责任意识教育和民族团结进步教育，使社会主义核心价值观成为社会主义大学的精神内核。要把社会主义核心价值观融入社会实践，整合社会资源、建立共建机制、发挥聚集效应，为学生搭建实践创新的平台，提升学生理论联系实际和创新实践能力，使学生在实践中深化对社会主义核心价值观的认识和理解，做到身体力行、知行合一。要把社会主义核心价值观融入校园文化，开展丰富多彩的校园文化活动，如经典诵读、艺术展演、电影动漫、歌咏朗诵等。扩大学生的参与面，形成积极向上、繁荣高雅的大学文化环境，润物细无声地滋养学生情操、提升素养气质。要把社会主义核心价值观融入制度建设，按照社会主义核心价值观的理念要求，完善学校规章制度，推进现代大学治理体系建设，完善教师管理和师德建设规范，完善学生守则公约和行为准则等，形成落实社会主义核心价值观的制度保障。

要深入开展理论研究，发挥高校系统的理论研究优势，系统研究社会主义核心价值观的历史渊源、重大意义、科学内涵、基本要素和实践途径，为培育和践行社会主义核心价值观提供理论基础和学理支撑。充分发挥网络新媒体的优势，线上线下广泛开展网络主题教育活动，扩大社会主义核心价值观宣传的覆盖面和影响力。

总之，要采取各种有效方式形成培育和践行社会主义核心价值观全面融入、整体推进的良好态势。党的十八大以来，各地各校认真探索、积极实践，社会主义核心价值观"进教材、进课堂、进头脑"，特别是"促行动"的态势基本形成。比如，北京市委教育工委在高校实施"思想引领"工程，广泛动员、精心组织、充分调动首都地区专家学者资源，帮助广大青年学子树立正确的世界观、人生观、价值观，探索出一条引领学生成长成才的新路径。山东省致力于"学生德育一体化"的综合改革，探索建立基础教育与高等教育纵向贯通，学校、社会、家庭横向协调推进的大德育体系，坚持思想政治理论课主导、学科专业课融合渗透、校园文化熏陶培育和实践活动感知体悟"四位一体"有机统一，引领推动全省高校德育综合改革热潮，为社会主义核心价值观在高校落地生根提供了保证。

第三，要坚持不懈促进高校的和谐稳定。高校不是封闭的孤岛，高校发生的事情会影响社会，社会上发生的事情也会影响高校。高校和谐稳定是社会和谐稳定的重要组成部分，也是国家安全稳定的重要风向标。习近平总书记在刚刚结束的国家安全工作座谈会上强调，要准确把握国家安全形势，牢固树立和认真贯彻国家总体安全观，以人民安全为宗旨，走中国特色国家安全道路，努力开创国家安全新局面，为实现中华民族伟大复兴中国梦提供坚实安全保障。认清国家安全形势，维护国家安全，要立足国际秩序大变局来把握规律，立足防范风险的大前提来统筹，立足我国发展重要战略机遇期大背景来谋划，突出抓好政治安全、经济安全、国土安全、社会安全、网络安全等方面的工作。而高校的安全稳定则直接关乎着国家的政治安全、社会安全和网络安全。所以，我们要从国家政治安全和意识形态安全的高度，认清维护高校和谐稳定的重大意义；要从增强核心意识和维护党中央的权威地位的要求，去理解维护高校和谐稳定的重要作用；要从加强和稳固共产党执政地位的责任，去完成高校和谐稳定的重要任务，把高校建设成为安定团结、和谐稳定的模范之地。

目前，高校安全稳定工作任务繁重。由于国际国内形势深刻变化，不同思想观点多元多样多变、社会利益群体的分化加剧、各种社会思潮对峙愈加明显、境内外敌对势力渗透日趋激烈，再加上网络新技术应用迅猛普及，使高校安全稳定形势呈现出一些新的特点。可以用三个关键词来概括："放大""迅速""联动"。

一是网络舆论的传播放大功能明显，事件一旦发生就会在不同媒体上得到放大，实际发生的"烟"可能会被传播放大成"火"，实际发生的个体可能会被传播放大成群体，而且舆论发酵初期，良莠不分、真假混乱，有图未必有真相，为解决问题和控制事态发展增加了难度。二是一旦事件发生，即以直播的速度传播出去，发生之时世人皆知，传播之迅速，不给解决问题留下任何思考的空间。三是不论事件发生在网络空间还是实际生活空间，都可能会引起线上线下的联动，不论事件发生在校内还是校外，都可能会引起校内校外的联动，如果事件的主题恰好符合境外某些组织的兴趣，国内国外联动也易如反掌。这些新的特点为妥善处理突发事件、维护高校和谐稳定安全增加了难度。

思想活跃是高校的重要特征，各种思想观点在这里交汇，各种价值观念在这里碰撞。我们既要秉持尊重差异、包容多样的态度，在多元中立主导，在多样中谋共识，在多变中定方向，让一切有益思想文化的涓涓细流汇入主流意识形态的浩瀚大海。同时，又要增强政治敏锐性和政治鉴别力，对鱼龙混杂的思想观点，要辨析甄别、过滤净化；对各种错误思潮，要保持警惕、有效防范；对别有用心的人和事，要主动出击，果断亮剑，防止各种形式的错误意识形态在高校抢滩登陆，同我们争夺阵地、争夺师生、争夺人心，确保高校的政治安全稳定。

培育理性平和的健康心态，是高校育人的重要方面。高校应该成为使人心静下来的地方，成为消解躁气的文化空间。教师要静心从教，学生要静心学习，通过研究学问提升境界，通过读书学习升华气质，以学养人、治心养性。目前，社会焦虑心态逐渐蔓延，不同群体不同年龄有不同的焦虑，对就业的焦虑、对健康的焦虑、对升学的焦虑、对成长的焦虑、对住房的焦虑、对收入的焦虑、对养老的焦虑等，各个阶层各个年龄段几乎都处于焦虑之中，焦虑的心理极其脆弱、一触即发，是引起社会不稳定的重要因素。一些学生在校期间出问题，往往也是由于抑郁、焦虑、烦躁等不良情绪的困扰和心理问题所致。这些问题不仅直接影响到他们在校期间的学习和生活，还将影响到他们毕业后的成长成才。所以心理健康教育与高校的和谐安全稳定直接相关。要把大学生心理健康教育工作纳入学校重要的议事日程，进一步明确高校心理健康教育的目标、任务和方向，帮助学生改善心理机能，培养良好的心理品质，塑造健全的人格，避免和减少各种心理问题、心理疾病的发生。要帮助学生锤炼坚强的意志和品格，培养奋勇争先的进取精神，历练应对困难和挫折的心理素质，保持乐观向上的人生态度。要加强人文关怀和心理疏导，把解决思想问题同解决实际问题结合起来，多做得人心、暖人心、稳人心的工作，在关心人帮助人中教育人、引导人。高校在保持和谐稳定方面把工作做好了，就能产生很强的辐射力，为社会和谐稳定注入正能量。

第四，坚持不懈培育优良校风和学风。教风和学风构成了一所学校校风的核心内容。一所高校的校风、教风和学风，犹如阳光和空气决定万物生长一样，直接影响着学生的学习和成长。好的校风、教风和学风，能够为学生学习成长营造好气候、创造好生态、提供好营养，好的思想政治工作也能润物无声地实施，给学生以人生启迪、智慧光芒、精神力量。

学习是学生的主要任务，学习过程也是学生锤炼心志的过程，学生的思想、品行、能力都要在学习中形成。高校思想政治工作必须同鼓励学生端正学风、严谨治学统一起来，让学生在刻苦学习中确立科学精神、锤炼品行情操。如果学风不好，学校管理混乱，教师心神不宁，学生心思不定，教书没有兴致，学习没有精神，歪门邪道的东西大行其道，那思想政治工作也是难以发挥作用的。

教风是校风的重要组成部分，没有好的教风就不会有好的学风。从某种意义上讲，好的教风也是一个学校崇高的精神旗帜，它对学生可以起到熏陶、激励和潜移默化的教育作用。传道者自己首先要明道、信道。高校教师要坚持教育者先受教育，要加强师德师风建设，把教育培养和自我修养结合起来，坚持教书和育人相统一，坚持言传和身教相统一，坚持潜心问道和关注社会相统一，坚持学术自由和学术规范相统一。要引导广大教师以德立身、以德立学、以德施教，以良好的教风带学风。

好校风来自师生共同努力，而其基础在于学校办学方向和治理水平。没有高质量的育人体系，没有高水平的管理体系，没有良好的学习风气，就不可能有科学的制度规范，就不可能有细致的思想政治工作引导，就不可能形成好的校风。要按照高等教育法和学校章程，用法规去规范办学方向和基本制度，依法依章运行，执行校纪校规，做到治理有方、管理到位、学术繁荣、风清气正。

二、把握住党管改革发展的目标任务

掌握好党对高校工作的领导权，就要坚持党管高校改革发展，全面贯彻党的十九大和十九届二中、三中、四中、五中、六中全会精神，把习近平总书记关于高校工作的新理念新思想新论断转化为改革发展的新部署新要求，统筹推进"五位一体"总体布局和协调推进"四个全面"战略布局，牢固树立创新、协调、绿色、开放、共享的发展理念，紧紧围绕学校办学定位，聚焦提高办学质量的战略主题，科学设计学校的发展规划，积极探索构建以党组织为核心的高校治理体系，大力推进综合改革，解放思想，大胆创新，勇于开拓，确保高校各项工作健康发展。

一是全面领导学校发展规划的科学论证和制定实施。高校的发展定位，决定着学校的发展方向和最终成败。要围绕着办什么样的大学、怎样办好大学和培养什么样的人、如何培养人以及为谁培养人这个根本问题，坚持立德树人根本任务，按照国家教育发展"十四五"规划纲要，根据国家和区域经济和社会发展的需要，自身条件和发展潜力，找准学校在人才培养中的位置，确定学校在一定时间内的总目标，培养人才的层次、类型和人才的主要服务方向，科学制定学校的发展规划。切实避免办学特点不够鲜明、突出，规划制定中定位不够准确，办学目标不够清晰、科学等问题。

二是全面领导学校内部治理结构的健全完善。积极探索构建以党组

织为核心的高等学校科学化治理体系，把党对高等学校的领导落实到把好办学方向、深化综合改革、推进依法治校、促进内涵发展、建设一流大学的全过程。要严格遵守国家相关法律法规，依据学校章程，加快完善中国特色现代大学制度，着力完善内部治理结构，切实加强自律机制建设，自觉履行社会责任，维护校园和谐稳定。

三是全面领导学校综合改革的统筹推进。全面贯彻党的教育方针，遵循教育规律，以立德树人为根本，以中国特色为统领，以支撑创新驱动发展战略、服务经济社会为导向，强化问题意识，聚焦顶层设计，突破思想束缚，凝聚改革共识，破除体制机制障碍，领导和推动学校综合改革发展。要深化内部管理体制改革，完善内部治理结构，加快推进学校治理体系和治理能力建设。深化人事制度改革，坚持以人为本，建立科学的聘用、考核、评价、激励和分配机制，努力形成广纳群贤、人尽其才、能上能下、充满活力的用人机制，要努力发挥好教师、管理人员、教辅人员和后勤保障人员四支队伍的作用，充分调动他们的积极性，使大家在各自的领域为学校发展积极贡献力量。深化人才培养体制改革，探索教学模式改革，进行创新创业、招生制度和党建思想政治教育改革，通过体制机制改革激发高校内生动力和活力。要切实增强改革定力、保持改革韧劲，加强思想引导，注重研究改革遇到的新情况新问题，锲而不舍、坚韧不拔，提高改革精确发力和精准落地能力，扎扎实实把改革举措落到实处。

三、把握住党管干部人才的根本原则

牢牢把握党对高校工作的领导权，就要坚持党管干部、党管人才的根本原则。在干部选拔任用、监督管理，在人才培养使用、交流引进等方面把好关口，为高校的改革发展和立德树人提供坚强的组织和人才保障。

一是选好配强学校领导干部和领导班子，确保高校领导权牢牢掌握在忠于马克思主义、忠于党和人民、忠于党的教育事业的人手中。要按照社会主义政治家、教育家的标准要求，选用那些既有正确的教育思想、深厚的学识学养、强烈的事业心，又有坚定的政治立场、崇高的理想信念、服务国家和人民的价值追求，既掌握教育工作规律，又善于从政治上看问题、把方向的优秀人才，担任高校的党委书记和校长。不能仅仅看重高校领导职位的某级级别，把高校的党委书记或校长的岗位作为解决干部级别待遇的中转站，把高校作为解决地方干部积压的消解地。

要注重选拔政治强、业务精的优秀人才担任高校各级党组织负责人，选强人配好各级领导班子。严格党的干部工作原则、程序、纪律，坚持德才兼备、以德为先，靠严格的标准选好人，坚持信念坚定、为民服务、勤政务实、敢于担当、清正廉洁的好干部标准，着力打破"四唯"，从严落实"凡提四必"要求，坚决防止干部"带病提拔"，围绕事业需要选拔忠诚干净担当的好干部，配备结构功能强的好班子，进一步增强班子整体功能。

二是要健全制度机制，从严监督管理，努力营造真管真严氛围和良好政治生态。全面从严治党，贵在久久为功，重在狠抓落实。要全面贯彻落实党的十九届六中全会和十九届中央纪委六次全会精神，加强和规范党内政治生活、加强党内监督。坚持真管真严、敢管敢严、长管长严，教育引导广大干部严规守纪、干净干事。以党章为根本遵循、以党纪为基本准绳，利剑高悬，让铁规发力、让禁令生威。让高校各级领导干部要心有所畏、言有所戒、行有所止，为办好一流大学打造风清气正的管理环境。

三是着力完善人才工作机制。要落实党管人才原则，发挥党委在人才工作中的领导核心作用，建立健全人才工作领导体制和工作机制，完善教师评聘和考核机制，切实加强人才队伍建设和师德师风建设。高校的人才工作目标为学生，关键是教师，教书育人是教师的第一要务。目前，教师队伍总体是好的，信念坚定、爱生敬业、以德施教、学识扎实的教师成为我国高校教师队伍的主体，培养了一批又一批社会主义合格建设者和可靠接班人。但是，有些现象也不容忽视，比如，有的教师只教书不育人，有的教师把科研当主业把教学当副业，有个别教师学术造假、道德缺失，等等。为此，要下大力气加强师资队伍建设，把政治标准放在首位，严格教师准入资格，探索建立教师淘汰制度，特别是思想政治理论课教师的准入和淘汰制，完善教师职业道德规范，引导广大教师以德立身、以德立学、以德施教，把师德规范要求融入人才引进、课题申报、职称评审、导师遴选等评聘和考核各环节，实施师德"一票否决"。认真做好党外知识分子工作，加强思想引导和团结教育，促进他们对党的理论和路线方针政策的内心认同，要探索完善外籍教师和海外引进人才使用管理办法。

第三节　掌握党对高校工作的领导权必须发挥好四个作用

加强党对高校的领导，就必须发挥好党委的领导核心作用、院（系）党委（党总支）的政治核心作用、基层党组织战斗堡垒作用和党员干部的先锋模范作用，才能牢牢把握高校意识形态工作领导权，才能确保高校党委对管党治党、办学治校的主体责任，才能切实把党要管党、从严治党落到实处，保证高校始终成为培养社会主义事业建设者和接班人的坚强阵地。

一、完善党委领导下的校长负责制，切实发挥党委领导核心作用

党委领导下的校长负责制是中国特色社会主义大学制度的核心内容，是高校加强党的领导的根本性制度，是党对高校领导的充分体现。加强党对高校的领导，就必须坚持和完善党委领导下的校长负责制。落实好党委领导下的校长负责制是牢牢掌握党对高校领导权的体制机制保证。

一是高校党委对学校工作实行全面领导，承担管党治党、办学治校主体责任，严格执行和维护政治纪律和政治规矩，落实党建工作责任制，把方向、管大局、作决策、保落实，切实发挥领导核心作用。党委书记主持党委全面工作，对党委工作负主要责任，校长和其他行政领导班子成员要自觉接受党委领导，贯彻执行党委决定。二是党委要贯彻民主集中制，议大事、谋大事，重大发展规划和重要事项决策、重要干部任免和重要人才使用、重要项目安排和重要阵地建设、大额资金使用和财务预算安排等，属"三重一大"事项范围的，由党委集体研究决定，形成党委统一领导、党政分工合作、协调运行的工作机制。三是要严格标准、认真把关、注重培养，选好配强各级领导干部，注重领导班子建设，重视梯队建设和后备干部培训培养。高校书记、校长都要成为社会主义政治家、教育家，各级领导班子成员都要业务精、政治强，善团结、能干事。彻底解决有的高校党委行政思想不统一、力量不凝聚，有的高校党委行政决策机制不健全，议而不决、决而不行等现象。

二、强化院（系）党的领导，突出发挥院（系）党委（党总支）的政治核心作用

院（系）是高校二级办学主体，是人才培养、科学研究、社会服务、文化传承创新和国际交流合作的直接组织者，是党的教育方针的直接贯彻执行者，强化二级院（系）党的领导，突出发挥院（系）党委（总支）的政治核心作用，是高校党建工作的重要任务，也是掌握党对高校工作领导权的重点工作。防止高校党建工作层层递减，防止贯彻党的大政方针时可能出现的"肠梗阻"，减少党的政策贯彻执行中的"过程衰减"等不良现象，关键也是要强化二级院（系）党委（党总支）建设。

一是要加强二级院（系）党委（党总支）领导班子建设，选聘政治强业务精能服众的骨干力量担任党政负责人。确保很好地履行政治责任，能在重大办学问题上把好政治关，把握好教学科研管理等重大事项中的政治原则、政治立场、政治方向，在干部队伍、教师队伍建设中发挥主导作用，保证党的路线方针政策及上级党组织决定的贯彻执行。二是理清二级院（系）党政工作关系，明确院（系）党政主要职责。明确党政共同负责的领导体制，书记和院长都是学院（系）工作的主要责任人，对学院（系）改革、发展和稳定负有共同责任。党政"共同负责"是既讲"共同"又讲"分工"，重要事项强调共同负责，具体事项则注重分工负责落实。三是坚持完善党政联席会议制度。要加强院（系）领导班子建设，完善党政联席会议制度和院（系）党委（党总支）会议，提升班子整体功能和议事决策水平。认真执行民主集中制原则，以院（系）党政联席会议为院（系）最高议事决策机构，通过院（系）党政联席会议讨论和决定本单位重要事项。

在高校综合改革发展建设中，二级学院（系）可以作为高校的重要组成部分承担改革和发展的关键任务整体推进，又可以作为相对独立的基层个体开展试点。

三、加强基层党建工作，充分发挥基层党组织战斗堡垒作用

基层组织是党的生命力、凝聚力、战斗力与创造力的不竭源泉。加强党对高校的领导，就要加强高校党的基层组织建设，充分发挥基层党组织的战斗堡垒作用。作为基层治理的重要载体，高校基层党的建设要积极创新体制机制，改进工作方式，坚持"高校党委、院（系）党组织、基层党支部"三级联动，着力增强党内政治生活的政治性、时代性、原则性、战斗性。

新一轮的巡视工作统计发现，目前高校基层党组织建设比较弱化，在大学生支部、研究生支部和教师党支部这些基层党组织中，教师党支部建设是高校党建的一个突出薄弱环节。巡视发现，有的高校基层党组织没有全覆盖，有的长期没有组织生活、组织形同虚设，以业务活动代替党内政治生活的现象更是普遍存在，这些问题必须重视和加强。

加强基层党组织建设，要重点把握好三个问题。一是创新做好党支部设置。建立健全高校基层党组织，做到哪里有党员哪里就有党组织，哪里有党组织哪里就有健全的组织生活和党组织作用的充分发挥。党支部是分布在教研室、实验室、教学科研团队、学生班级的"火车头"，也是党联系和团结师生、做思想政治工作的组织依托。要特别加强教师党支部建设，优化党支部设置，在按教学科研机构设置教师党支部的基础上，要探索依托重大项目组、课题组和教学团队建立党组织，探索把党组织建在学生公寓和学生社团中。二是选优配强支部书记。要注意从学科带头人、教学科研管理骨干、优秀辅导员、优秀大学生党员中选拔党支部书记，实施教师党支部"双带头人"培育工程，定期开展党支部书记轮训，强化党的基本知识、纪律规矩和党建工作方法学习培训，提高广大基层党务工作者的认识和能力。三是规范党内政治生活。坚持党的组织生活各项制度，创新方式方法，增强党的组织生活活力。严格党员领导干部参加双重组织生活制度，健全主题党日活动制度。深入开展"两学一做"学习教育，落实好"三会一课"、民主生活会和组织生活会、谈心谈话、民主评议党员等制度，加强党性培养锻炼，充分发挥党员先锋模范作用，发挥基层党组织战斗堡垒作用，更好地引领和助推高校改革发展。四是严格教育管理和党员发展。要注重在优秀青年教师、海外留学归国教师中发展党员，对于那些对党有感情、思想品行好、业务能力强、为人师表的优秀人才，安排专人联系，进行重点培养，条件成熟的及时吸收入党。认真做好学生党员发展工作，将"推荐优秀团员作为入党积极分子人选"作为重要渠道，重视发展少数民族学生入党。要抓在经常、严在平时，对不合格党支部精准施治、集中整顿。

四、坚持高标准严要求，激发增强党员干部的模范带头作用

牢牢掌握党对高校工作的领导权，就必须发挥好党员干部的先锋模范作用。在高校教师队伍中，党员占55%以上；每年全国新发展的党

员中，高校学生占 37% 以上。一个党员就是一面旗帜，党员做先锋、做示范，群众就会跟上来。

激发增强党员干部的先锋模范作用，要重点做好四个方面工作。一是要坚定理想信念教育。通过广泛持久地推进"两学一做"学习教育，使党内政治生活常态化制度化，坚持不懈抓好理论武装，增强广大党员先锋队意识，自觉爱党护党为党，敬业修德，奉献社会。当前，要组织党员干部认真学习全国高校思想政治工作会议精神，认识和把握加强和改进高校思想政治工作的重要意义、总体要求、指导思想、基本原则和主要任务，努力做到知行合一、教书育人。二是要做好双向融合。努力探索把有条件的党务工作者培养成学术带头人，把行政系统主要负责人、学科带头人培养成基层党组织负责人，逐步实现基层党组织负责人是懂政治的业务工作者、基层行政系统负责人是懂党建的行政领导者，做融合的文章，不做分割的文章。三是要加强党性锻炼，锤炼过硬作风。教育引导广大党员坚持更高标准、更严要求，增强政治意识、大局意识、核心意识、看齐意识，严肃党的政治纪律和政治规矩，把党员身份亮出来，把先进标尺立起来，把先锋形象树起来，努力走在前列、干在实处、当好表率，使每个师生党员都是一面能够号召群众、凝聚力量的光辉旗帜。比如，中国工程院院士、山东农业大学余松烈教授，从事农业高等教育教学与科研工作 60 余年，创新了小麦栽培理论和技术，奠定了我国现代小麦栽培学的基础，为小麦生产实现高产、优质、高效，为中国的农民、农村、农业的进步发展和脱贫致富做出了重要贡献，并为国家培养了一批又一批优秀的农业科技人才。在"院士""教授""党员"等众多的身份标签中，他最为看重的是"中国共产党党员"，毕生牢记自己共产党员身份，教书育人、为人师表，服务人民、献身科学，在他的身边聚集了一批又一批有理想信念，刻苦学习、努力攀登、爱岗敬业的学生，他的精神和力量通过毕业生辐射到了全国各地。余松烈院士去世后被追授为"齐鲁时代楷模"荣誉称号，成为广大党员和广大科技工作者学习的楷模。四是要抓好思想政治工作队伍建设。要拓展选拔视野，抓好教育培训，强化实践锻炼，健全激励机制，推动专业化、职业化建设，整体推进高校宣传思想教育队伍、思想政治理论课教师和哲学社会科学课教师、辅导员班主任和心理咨询教师等思想政治工作队伍建设。要建设好辅导员队伍，保证这支队伍高质量、高水准，后继有人、源源不断。同时，要像关心教学科研骨干的成长一样关心思想政治工作队伍成长，使他们工作有条件、干事有平台、待遇有保障、发展有空间，让他们有尊严、有地位、有奔头，腰杆硬、底气足、能力强，最大限度地调动他们工作的积极性、主动性、创造性。

"夫国大而政小者，国从其政；国小而政大者，国益大。"治校如治国，办好中国特色社会主义大学的根本保证，就是要加强党对高校的领导。只有牢牢掌握党对高校工作的领导权，持续不断推进高校党的建设，才能为中国特色社会主义高等教育事业构筑一道坚不可摧的防线。高校党的建设作为事关社会主义办学方向、事关全面贯彻党的教育方针、事关中国特色社会主义后继有人的战略工程、固本工程、铸魂工程，永远在路上，永远没有休止符。

第四节　强化党委主体责任，统揽全局
把握高校思想政治工作

高校党委对学校工作实行全面领导，承担管党治党、办学治校的主体责任。高校思想政治工作是否有成效，与高校党委的领导有直接关系。高校党委对于思想政治工作敢不敢领导、会不会领导，直接决定着高校思想政治工作的成败。高校党委在思想政治工作中发挥好领导作用，需要培育统揽全局的大视野。

高校党委领导在思想政治工作过程中既扮演教育家角色，又扮演政治家角色。作为教育家，高校党委领导应遵循教育规律，促进教学和研究工作发展，为广大师生创造良好的工作和学习条件，充

分调动他们的积极性、主动性、创造性。作为政治家，高校党委领导要有大局观、战略观，准确把握世界和中国发展大势，将教育发展方向同我国发展的现实目标和未来方向紧密联系在一起，积极探索高等教育为改革开放和社会主义现代化建设服务的路径、方法，制定有利于学校长远发展的目标、举措。高校思想政治工作关系高校培养什么样的人、如何培养人以及为谁培养人这些根本问题，从长远来看，更关系为中国特色社会主义培养合格建设者和可靠接班人这个重大问题。因而，必须把立德树人作为中心环节，将思想政治工作贯穿教育教学全过程。

思想政治工作的核心是解决理想信念问题，帮助人们树立正确的世界观、人生观、价值观，帮助人们形成对真善美的正确认识。因此，思想政治工作不像一般事务性工作那样能够立竿见影、迅速收到成效，而是如微风细雨，慢慢浸透人心，在润物无声的过程中实现育德化人的目标。高校党委在思想政治工作中一定要有十足的耐心和善于回旋的韧性，从长期性、持续性的角度来安排、落实思想政治工作，不可急于求成，更不可丧失信心。在摸清吃透高校思想政治工作规律的基础上，以具体的工作部署、扎实的工作作风、科学的工作方法，蹄疾步稳地推进工作。

思想政治工作是一项细致入微的工作，但这并不意味着它只涉及对具体事务的处理。恰恰相反，在社会环境日益复杂、信息传播日益迅捷的今天，思想政治工作如果没有宏观系统的顶层设计、没有统一的战略部署，是很难收到实效的。因此，在思想政治工作中应注重运用立体化的大思政工作理念和方法。所谓立体化的大思政工作理念和方法，就是不能把思想政治工作简单视为宣传部门、组织部门、学工部门的工作，不能认为思想政治工作就是讲讲话、写写文章、开开会，而要把学校各个部门、各个单位都纳入思想政治工作的范围，多方形成合力，实现全程育人、全方位育人。

政治信念、人文精神、科学精神是人类文明发展的基础。没有政治信念，社会不稳；没有人文精神，社会不美；没有科学精神，社会不强。有人认为，思想政治工作主要是培育政治信念，对培育人文精神、科学精神起不到太大作用。实际上，高校思想政治工作对于这三方面的培育都具有重要作用。高校思想政治工作要在传授科学知识与方法的过程中教育大学生，让他们从这些知识与方法中丰富和升华科学精神。同时，高校思想政治教育课程中有很多对于世界和中国历史文化的介绍，学习这些课程自然可以陶冶人文情怀。在科学精神和人文精神的双重哺育下，大学生有了对科学社会制度、治理方式、生活方式等的认知，继而就能形成正确的政治信念。高校思想政治工作应把政治信念、科学精神、人文精神的培育融为一体，这是做好高校思想政治工作的一条成功经验。

第三讲 把握规律：

深入贯彻"四个服务"与"四个坚持不懈"

我国高等教育要坚持正确政治方向，坚持为人民服务、为中国共产党治国理政服务、为巩固和发展中国特色社会主义制度服务、为改革开放和社会主义现代化建设服务，走好我国自己的高等教育发展道路。高校要全面贯彻党的教育方针，不断加强和改进思想政治工作，坚持不懈传播马克思主义科学理论，坚持不懈培育和弘扬社会主义核心价值观，坚持不懈促进高校和谐稳定，坚持不懈培育优良校风和学风。上述"四个服务"和"四个坚持不懈"揭示了我国高校办学规律和高校思想政治工作规律，是扎根中国大地办好中国特色社会主义大学的新指南。

第一节 "四个服务"和"四个坚持不懈":揭示了新时期高校思想政治工作研究根本规律

教育兴则国家兴,教育强则国家强。高等教育发展水平是一个国家发展水平和发展潜力的重要标志。改革开放以来,我国高等教育实现跨越式发展,为党和国家事业发展作出了重要贡献。今天,要从人口大国迈向人才强国,实现中华民族伟大复兴,我国对高等教育的需要比以往任何时候都更加迫切,对科学知识和卓越人才的渴求比以往任何时候都更加强烈。党中央作出加快建设世界一流大学和一流学科的战略决策,就是要提高我国高等教育发展水平,增强国家核心竞争力。

古往今来,高等教育都是一种社会存在,不同社会制度决定着不同教育目的,不同教育目的成就了大学不同的办学特色。世界上著名的大学,无论是美国的哈佛大学、英国的牛津大学,还是法国的巴黎大学、德国的慕尼黑大学、俄罗斯的莫斯科大学,概莫能外。发展好中国高等教育,办人民满意的大学,建设中国的世界一流大学,必须有中国特色。没有特色,跟在他人后面亦步亦趋,依样画葫芦,是不可能成功的。我国由中国共产党领导,是拥有五千多年历史的文明古国,是世界上人口最多的国家,是世界上最大的发展中国家。改革开放40多年,我国走完了发达国家几百年走过的历程,当前正处在全面建成小康社会的决胜阶段。独特的历史、独特的文化、独特的国情,决定了我国必须坚定不移地走自己的高等教育发展道路,把我国高等教育发展方向同我国发展的现实目标和未来方向紧紧联系在一起，坚持为人民服务、为中国共产党治国理政服务、为巩固和发展中国特色社会主义制度服务、为改革开放和社会主义现代化建设服务。这是扎根中国大地办好中国特色社会主义大学的根本保障。

"育才造士，为国之本"。我国高等教育肩负着培养德、智、体、美全面发展的社会主义事业建设者和接班人的重大任务，已经从精英教育阶段进入到大众化教育阶段。目前，全国普通高等学校有 2500 多所，在校学生 2800 多万人，比世界上很多国家的总人口都多。人无德不立，要把这么多青年人培养成优秀人才，既要抓好知识教育，更要抓好道德人品教育。提升大学生思想道德素质的关键在于做好高校思想政治工作。

高校思想政治工作既是我国高校的特色，又是办好我国高校的优势。这些年来，高校广大师生思想主流积极健康向上，对党的领导衷心拥护，对党中央治国理政新理念新思想新战略高度认同，对中国特色社会主义和中华民族伟大复兴的中国梦充满信心。面对各种噪音杂音、风吹草动，高校总体保持稳定，高校思想政治工作功不可没。当前，国际国内形势深刻变化，社会思想文化和意识形态领域情况更加复杂，马克思主义指导地位面临多样化社会思潮的挑战，社会主义核心价值观面临市场逐利性的挑战，传统教育引导方式面临网络新媒体的挑战。同时，高校思想政治工作中还存在一些亟待解决的问题。"有志始知蓬莱近，无为总觉咫尺远"。面对新形势新任务，加强高校思想政治工作，最重要的就是要在事关社会主义办学方向的问题上站稳立场，坚持不懈传播马克思主义科学理论，坚持不懈培育和弘扬社会主义核心价值观，坚持不懈促进高校和谐稳定，坚持不懈培育优良校风和学风，始终把立德树人作为中心环节，把思想政治工作贯穿教育教学全过程，实现全程育人、全方位育人。

总之，"四个服务"和"四个坚持不懈"从党和国家事业发展的全局和战略高度，深刻回答了我国办什么样的大学、怎样办大学、为谁办大学的重大问题，以及我国高校培养什么样的人、如何培养人、为谁培养人这个根本问题，深刻揭示了我国高等教育发展规律和我国高校思想政治工作规律，集中体现了以习近平同志为核心的党中央对我国高等教育和高校思想政治工作的深刻理论思考和理论提炼，是中国特色社会主义教育理论体系的又一重大创新成果，是扎根中国大地办好中国特色社会主义大学的新指南。

第二节　"四个服务"是新形势下办好中国特色社会主义大学的新定位

我国是在改革开放和社会主义现代化建设道路上快速前进的社会主义国家，在实现中华民族伟大复兴中国梦的新长征路上，坚持正确的政治方向是扎根中国大地办大学的必然要求。习近平总书记强调的"四个服务"，深刻回答了我国办什么样的大学、怎样办大学的重大问题，深刻揭示了中国特色社会主义大学的办学目的、办学方向、人才成长路径等我国高校办学规律，是新形势下办好中国特色社会主义大学的新定位。

一方面，"四个服务"从不同角度彰显了我国高等教育的政治定位。为人民服务是我国高等教育发展的根本目的，体现人民属性；为中国共产党治国理政服务是为执政党服务，体现政党属性；为巩固和发展中国特色社会主义制度服务是为社会制度服务，体现意识形态属性；为改革开放和社会主义现代化建设服务是发展我国高等教育的重要任务，体现时代属性。无论是人民属性、政党属性，还是意识形态属性、时代属性，都是一种政治定位。另一方面，"四个服务"既一脉相承，又形成有机统一。新中国成立初期，毛泽东同志指出，教育必须为无产阶级的政治服务，必须同生产劳动相结合；我们的教育方针，应该使受教育者在德育、智育、体育几方面都得到发展，成为有社会主义觉悟、有文化的劳动者。随着时代的变迁和实践发展的要求，邓小平同志强调，教育要面向现代化、面向世界、面向未来。在中国特色社会主义新的实践中，习近平总书记提出的"四个服务"和我们党一贯坚持的教育方针一脉相承，不仅体现了深刻的历史渊源，保持了连续性，反映了时代新要求，而且首次提出的为中国共产党治国理政服务、为巩固和发展中国特色社会主义制度服务，为新时期高等教育指针注入了新的内涵，体现了走有中国特色的高等教育发展道路的高度自信。与此同时，"四个服务"又形成了一个有机的统一体，为中国共产党治国理政服务、为巩固和发展中国特色社会主义制度服务、为改革开放和社会主义现代化建设服务统一于为人民服务，"四个服务"内在统一于中国特色社会主义大学的办学目的和办学方向，统一于办人民满意的大学。

一、为人民服务

全心全意为人民服务是中国共产党的根本宗旨，也是我国高等教育发展的出发点和归宿。《中国共产党章程》明确规定："党除了工人阶级和最广大人民的利益，没有自己特殊的利益。"对此，我党历代领导人均作过深刻的论述，一脉相承，矢志不渝。早在延安时期，毛泽东同志就多次明确要求，共产党员无论何时何地都不应以个人利益放在第一位，而应以个人利益服从于民族的和人民群众的利益。邓小平同志也曾多次指出，人民利益高于一切。习近平总书记多次强调，人民群众对美好生活的向往，就是我们的奋斗目标。众所周知，教育具有政治属性，教育为谁服务是事关教育方向的根本问题，高等教育也不例外。我们办社会主义大学，必须始终坚持为人民服务的根本要求，这既是关系广大人民群众切身利益的重大问题，更是事关中国特色社会主义高等教育性质和方向的根本问题。坚持以人民为中心、办人民满意的教育是社会主义大学的本质要求。大学连万家，大学办得好不好，人民满意不满意是根本检验标尺，人民群众"望子成龙"的美好愿望就是高校矢志不渝的奋斗目标。近年来，正是由于各地认真贯彻落实党和国家"建立完善的高等教育体系"等一系列重大战略部署，使高等教育毛入学率达到了40%以上，才不断赢得了人民群众的点赞。

高校为人民服务的首要任务就是坚持以学生为本，不断提高人才培养质量，满足广大学生和家长的需求。一是要一切为了学生。高校的教学、科研、社会服务和管理等各项工作都要贯彻以学生为本的理念，用心教育学生、细心管理学生、全心服务学生。在教育教学中，要讲好每一堂课、搞好每一项研究、策划好每一次活动；在管理服务中，要充分考虑学生的需求和对学生的影响，出台相关制度和政策之前要广泛征求学生意见。要从关心学生学习生活的一点一滴做起，从事关学生成长成才的一个个具体问题抓起，在科学严格的管理和细致入微的服务中，增强育人的实效。二是要为了一切学生。要把以学生为本的理念落实到每一个学生，一个都不能少，一个都不能例外，尊重每一个学生、关注每一个学生、服务每一个学生。要注意倾听学生的心声，认真了解他们的需求，切实解决他们的困难。要健全服务学生的规范制度，改善服务他们的物质条件，营造服务他们的校园氛围。要不断健全家庭经济困难学生资助体系，确保他们能够顺利完成学业。要切实做好毕业生的就业指导，教育引导他们树立正确的择业观念，不断拓宽就业渠道，让他们好就业、就好业。要深入推进大学生心理健康教育，培养他们积极、知足、感恩、达观的阳光心态，做一个健康的人、幸福的人。三是要为了学生的一切。要把以学生为本的理念落实到教育教学全过程，全面提升他们的综合素质。要培养学生正确的世界观、人生观和价值观。人以学而立，立以德为先。广大家长"望子成龙"，首先是希望自己的孩子成为一个品德良好的人。要培养学生的科学精神和人文情怀。广大家长都希望自己的孩子成为全面发展的人，而全面发展的人的重要标志是既有科学精神，又具备人文情怀。要培养学生的创新精神和实践能力。面对日益加剧的社会竞争，创新能力既是广大学生的必备素质，也是广大家长渴望自己的孩子立身社会的必备本领。

二、为中国共产党治国理政服务

中国共产党的领导地位和执政地位不是自封的，而是历史的必然选择，体现了广大人民群众的共同心愿。近代以来，许多优秀的中华儿女为了寻求救国救民的真理和道路，进行了前赴后继、英勇顽强的斗争。在这期间，先后出现过许许多多的政治实体，包括各色各类政党，但最终大都退出了历史的舞台。历史证明，只有中国共产党才能担负起领导中国革命的历史重任。正是在中国共产党的领导下，经过 28 年的顽强斗争，牺牲了两千多万革命先烈，终于推翻了压在中国人民头上的"三座大山"，实现了中华民族的独立和人民的解放，把一个贫困交加、四分五裂的旧中国，变成了一个团结统一、前途光明的新中国。新中国成立以后，党领导人民建立起社会主义基本制度，开始了大规模的社会主义建设。党的十一届三中全会以来，党作出改革开放的战略决策，带领人民走出了一条中国特色社会主义的崭新道路，取得了举世瞩目的伟大成就。要沿着这条道路继续走下去，最终实现中华民族的伟大复兴，仍然必须始终坚持中国共产党的领导。现在，贫穷落后的旧中国能够变成日益繁荣富强的新中国，中华民族伟大复兴能够展现出前所未有的光明前景，人民群众能够不断地朝着美好幸福生活迈进。这一切，都是由于有了中国共产党的领导，都是通过中国共产党治国理政来不断推进、逐步实现的。因此，中国高等教育坚持为中国共产党治国理政服务是理所当然、天经地义的。

作为高层次人才集聚的战略高地，高校应当通过人才培养、科学研究、社会服务、文化传承创新和国际交流合作等方式，充分发挥智力优势和先导作用，积极主动地承担党和国家发展战略赋予的神圣使命，努力当好党和政府治国理政的智囊参谋，成为经济社会发展的生力军。与此同时，要为中国共产党治国理政大力培养有用之才，这是极为重要的一方面，也是由高校的根本任务所决定的。一是要提高教育质量，培养更多高素质的中国特色社会主义事业的建设者。国无才不强。从古到今，治国理政，人才都是第一位的。高校是培养高素质建设人才的摇篮，特别是新中国成立以来，活跃在社会主义现代化建设各行各业的高水平技术人才和管理人才，绝大部分都是高校培养出来的。在高等教育进入大众化阶段后，加强内涵建设、提高人才培养质量是高校一切工作的重中之重。要着力提高大学生的创新精神、实践能力和社会责任感，特别是要全面贯彻党的教育方针，确保在人才培养的问题上不走偏，确保广大青年大学生成为中国特色社会主义事业的建设者。二是提高发展大学生党员质量，培养更坚定的中国特色社会主义事业的接班人。党无才不立，要把忠诚于党、忠诚于人民的优秀大学生发展成为党员，培养成为我们党治国理政的核心骨干力量和中国特色社会主义事业的接班人。事实上，各级党组织对把优秀的青年大学生吸引到党内看得很重，高校每年发展的学生党员占全社会发展党员总数的三分之一强，全国高校在校大学生党员总数超过了200万人，占全国高校学生总数的比例超过了7.7%。当前，高校尤其要注重提高大学生党员的发展质量，纯洁入党动机，坚定共产主义远大理想，牢固树立正确的世界观、人生观、价值观，自觉加强党性锻炼，增强党的观念，践行党的宗旨，在思想上政治上行动上同以习近平同志为核心的党中央保持高度一致，确保党的接班人源源不断。

三、为巩固和发展中国特色社会主义制度服务

中国特色社会主义制度是我们党在探索中国特色社会主义的伟大实践中确立的。众所周知，在中国的发展道路上，其他模式都没有走通：封建专制，国家封闭落后，人民群众生活苦不堪言；多党议政，国家积贫积弱，人民群众生灵涂炭。而中国特色社会主义制度显示出了无与伦比的优越性，自从历史和人民选择了中国特色社会主义制度，中国人民的生活一天比一天美好，国家经济发展如芝麻开花节节高。与此同时，中国特色社会主义制度发展了中国高等教育，促进和带来了我国高等教育事业翻天覆地的变化。抗日战争前夕，中国有大学100所左右，学生

4 万多人；改革开放以来，我国高等教育实现了跨越式发展，特别是进入新时代以来高等教育从精英阶段进入到大众化阶段，有高校 2500 多所，在校大学生达 2800 多万人，高考录取率超过了 80%。可以说，没有中国特色社会主义制度就没有中国现代高等教育的蓬勃发展，只有坚持发展中国特色社会主义制度，才能满足广大人民群众对中国高等教育的需求。高校不仅要教育和引导广大师生正确认识中国特色社会主义制度的强大优越性，而且要更加积极主动地为巩固和发展中国特色社会主义制度服好务。

一方面，高校要教育引导广大师生不断增强中国特色社会主义制度自信。这种自信不仅来自过往的历史，更来自活生生的现实，不仅是可比的，而且是我们很容易触摸得到的。放眼全球，中国特色社会主义制度不仅让广大中国人民的获得感与日俱增，而且正在影响着全世界，"中国模式""北京共识"已经成为国际政界、商界和学术界热议的话题。一直热衷于向中国输送"普世价值"和"三权分立"的西方国家，竟然也不断派人前来中国研究取经。高校要教育引导师生正确认识世界和中国发展大势，全面客观认识当代中国、看待外部世界，让他们真正体会到中国特色社会主义制度的优越性，不断增强制度自信，增强责任感和使命感，自觉地为巩固和发展中国特色社会主义制度努力成才、奋发有为。另一方面，高校要为巩固和发展中国特色社会主义制度提供好的成果。首先，要提供好的实践成果。办好中国特色社会主义大学，培养更多又红又专、德才兼备的人才就是对中国特色社会主义制度最好的巩固和发展，就是对中国特色社会主义制度最好的服务。其次，要提供好的理论成果。习近平同志指出："相比过去，新时代改革开放具有许多新的内涵和特点，其中很重要的一点就是制度建设分量更重，改革更多面对的是深层次体制机制问题，对改革顶层设计的要求更高，对改革的系统性、整体性、协同性要求更强，相应地建章立制、构建体系的任务更重。新时代谋划全面深化改革，必须以坚持和完善中国特色社会主义制度、推进国家治理体系和治理能力现代化为主轴，深刻把握我国发展要求和时代潮流，把制度建设和治理能力建设摆到更加突出的位置，继续深化各领域各方面体制机制改革，推动各方面制度更加成熟更加定型，推进国家治理体系和治理能力现代化。"① 毋庸置疑，即便是最好的社会制度，也是发展的社会制度，更是与时俱进的社会制度。要保持中国特色社会主义制度的强大生命力，就必须为其提供足够的理论支撑。高校是哲学社会科学研究的重镇，在推动中国特色社会主义制度发展方面的优势十分明显。高校要充分发挥这一优势，及时提出新的理论成果，指导完善社会主义制度，挖掘和发挥中国特色社会主义制度更大的优越性。

四、为改革开放和社会主义现代化建设服务

改革开放是时代的最强音，是中国特色社会主义的强国之路。40多年来，我们党领导中国人民坚持把改革开放作为推进中国特色社会主义事业的根本动力，截至 2020 年底人均国内生产总值从 300 多美元提升到 1.13 多万美元，经济总量已位居全球第二位，取得了"人类历史上从未有过的发展成就"，人民生活总体上实现了从温饱到小康的历史性跨越，中国人民从来没有像今天这样充满自信、生活幸福美好。社会主义现代化建设是中国特色社会主义发展的必经之路，既符合社会发展的矛盾运动规律，又集中体现广大人民的共同愿望。当前，我国已经进入改革深水区，只有加快社会主义现代化建设，才能破解产业结构性矛盾、就业和社会保障压力等深层次的矛盾和问题，不断增强人民的福祉。同时，我国正处在全面建成小康社会的决胜阶段，我们比以往任何时期都更加接近中华民族伟大复兴的目标，只有加快社会主义现代化建设，才能使中华民族和中国人民千年求索、百年奋斗的目标，在不远的将来变为现实。可以说，改革开放和社会主义现代化建设对高等教育提出了更高更新的要求，高校理当适应社会发展的需求、顺应广大人民群众的

---

① 2019 年 10 月，习近平关于《中共中央关于坚持和完善中国特色社会主义制度 推进国家治理体系和治理能力现代化若干重大问题的决定》的说明。

期盼，在为改革开放和社会主义现代化建设服务中有更新更有力的担当。

一方面，高校要教育引导大学生不断增强中国特色社会主义道路自信。诚如中国特色社会主义制度无与伦比的优越性一样，中国特色社会主义道路越走越宽广，不仅是可堪回首的，而且我们每天都是身临其境的。中国发展的历史事实已经雄辩地证明，只有社会主义才能救中国，只有中国特色社会主义才能发展中国。即便在苏联解体、东欧剧变和2008年国际金融危机爆发等"西风肆虐"的时刻，我们党团结带领全国各族人民不仅顶住了压力，而且依然取得了举世公认的巨大成就。所以说，中国特色社会主义不是外界强加于中国的，而是中国人民的共同选择；广大中国人民既不会走封闭僵化的老路，更不能走改旗易帜的邪路。习近平总书记强调："中国特色社会主义这条道路来之不易，它是在改革开放40多年的伟大实践中走出来的，是在中华人民共和国成立70多年的持续探索中走出来的，是在对近代以来180多年中华民族发展历程的深刻总结中走出来的，是在对中华民族5000多年悠久文明的传承中走出来的，具有深厚的历史渊源和广泛的现实基础。"① 高校要教育引导广大师生深刻认识到，找到中国特色社会主义这条道路不容易，既要好好珍惜，更要矢志不渝地走下去。另一方面，高校要坚定不移地与改革开放和社会主义现代化建设同向同行。首先，要广泛开展中国梦的宣传教育。实现中华民族伟大复兴的中国梦，是民族之梦，也是每个中国人之梦，更是高校广大学生的人生理想之梦。这个梦为广大高校学生提供了人生出彩的机会、共享梦想成真的机会。要教育引导大学生用中国梦激扬青春梦，点亮理想的灯，照亮前行的路，只有把个人的人生理想与民族的伟大复兴梦想紧密结合在一起，才会拥有更多同祖国和时代一起成长与进步的机会，才能实现人生的最大价值。其次，要加快建设世界一流大学和一流学科。高校应面向国家重大战略需求和经济社会建设主战场，不断凝练学科方向、调整专业结构，加强建设关系国

---

① 《习近平在中共中央政治局第七次集体学习时的讲话》，载《人民日报》2013年6月27日。

家安全和重大利益的学科，大力发展新兴学科和交叉学科，建设一批国家急需、支撑产业转型升级和区域发展的学科，打造一批市场急需、前景朝阳的专业，培养各行各业急需的一流人才，满足经济社会发展的迫切需要。另外，要面向世界科技发展前沿，大力实施创新驱动发展战略，以科技创新引领经济社会发展。事实上，高校一直是我国科学研究的生力军和科技创新的强劲引擎。仅以湖南省为例，全省80%以上的国家科技重大专项、国家"973""863"计划项目，90%以上的国家自然科学基金和国家社会科学基金项目，均由高校牵头承担。高校应进一步突出学科交叉融合和协同创新，突出与产业发展、社会需求、科技前沿紧密衔接，深入探索建立适应不同需求、形式多样的协同创新模式，促进校企、校地联动，推进产学研深度融合，产出一流的科研成果，支撑并引领行业发展，为提高国家科技创新能力、增强国家核心竞争力作出应有的新贡献。

第三节   "四个坚持不懈"是新形势下加强和改进我国高校思想政治工作的新导航

加强高校思想政治工作，最重要的就是要在事关办学方向的问题上站稳立场，确保在人才培养的问题上不走偏。如果一所高校在人才培养的问题上走偏了，那就像一棵歪脖子树，无论如何都长不成参天大树，更谈不上成为党和国家的栋梁。习近平总书记强调的"四个坚持不懈"，深刻回答了高校培养什么样的人、如何培养人、为谁培养人这个根本问题，揭示了立德树人、德育为先、全程育人、全方位育人等高校思想政治工作规律，是新形势下加强和改进我国高校思想政治工作的新导航。

一方面，"四个坚持不懈"侧重各有不同：坚持不懈传播马克思主义科学理论侧重于为学生一生成长奠定科学的思想基础，坚持不懈培育和弘扬社会主义核心价值观侧重于帮助学生把牢人生的"总开关"，坚持不懈促进高校和谐稳定侧重于为学生健康成长提供好的环境，坚持不懈培育优良校风和学风侧重于为学生学习成长营造好气候、创造好生态。另一方面，"四个坚持不懈"有机统一：统一于实现人的全面发展，让广大学生成为德才兼备、全面发展的人才；统一于坚持中国特色社会主义大学办学方向，培育德智体美全面发展的社会主义建设者和接班人，造就先进思想文化的传播者、治国理政的优秀人才。

一、坚持不懈传播马克思主义科学理论

马克思主义是科学真理，具有强大的真理力量。马克思主义的真理性，在于它的实事求是的理论力量、改变世界的实践力量和与时俱进的生命活力，在于它是真正的"时代精神的精华"和"文明的活的灵魂"，在于它为创建人类文明的新形态提供了最坚实的理论支撑。马克思主义具有强大的真理力量，是被我国革命、建设、改革、发展的成功实践一一证明了的。100 多年来，中国共产党坚持以马克思主义为指导，团结带领中国人民，打败日本帝国主义，推翻国民党反动统治，完成新民主主义革命，建立了中华人民共和国，实现了中国从几千年封建专制政治向人民民主的伟大飞跃；完成社会主义革命，确立社会主义基本制度，消灭一切剥削制度，推进了社会主义建设，实现了中华民族由不断衰落到根本扭转命运、持续走向繁荣富强的伟大飞跃；进行改革开放新的伟大革命，开辟了中国特色社会主义道路，形成了中国特色社会主义理论体系，确立了中国特色社会主义制度，使具有五百年历史的社会主义主张在世界上人口最多的国家成功地开辟出具有高度现实性和可行性的正确道路，使具有五千多年文明历史的中华民族全面迈向现代化，让中华文明在现代化进程中焕发出新的蓬勃生机，实现了中国人民从站起来到富起来、强起来的伟大飞跃。"天下将兴，其积必有源。"①

_____

① 《苏轼文集》第四十八卷，策断三首。

我们必须始终把马克思主义科学理论作为立党立国的根本指导思想和行动指南，坚持在实践中不断丰富和发展马克思主义，有效地传播好马克思主义理论，为党和人民事业发展提供既一脉相承又与时俱进的科学理论指导，为增进全党全国各族人民团结统一提供坚实的思想基础。

高校是孕育思想、传播理论的地方，马克思主义是我国高校的鲜亮底色。马克思主义在中国的传播最早就是在高校知识分子、青年学生中进行的。陈独秀、李大钊、李达等中国早期马克思主义者都把高校作为阵地。面对新的时代特点和实践要求，高校在坚持不懈传播马克思主义科学理论方面必须要有新的作为。一是学生要实实在在地学起来。毛泽东同志曾经这样深刻地阐述了学习马克思主义理论的极端重要性："学习理论是胜利的条件。如果中国有一百个至二百个系统地而不是零碎地，实际地而不是空洞地，学会了马克思主义的同志，那将是等于打倒一个日本帝国主义。"① 大学时光是宝贵的、有限的，要学的东西很多，高校尤其要突出抓好马克思主义理论教育，扎实推进马克思列宁主义、毛泽东思想学习教育，广泛开展中国特色社会主义理论体系学习教育，深入学习领会党中央治国理政新理念新思想新战略，增强大学生对中国特色社会主义建设的政治认同、思想认同和理论认同。对于马克思主义理论，当前大学生有的学是学了，但学习效果不够理想，这说明高校在教育顶层设计、学习环节安排、学习方法探索等方面还有进一步改进和加强的空间。各学科专业的学生、不同学段的学生都要学习马克思主义理论，不能疏漏；第一课堂和第二课堂都要丰满，不可偏废；总体上的"漫灌"和因人而异的"滴灌"要有机结合，不拘一格。二是教师要坚定不移地用起来。"凡贵通者，贵其能用之也。"② 最近，网上有一篇很"火"的文章《我为什么加入中国共产党？》，"10 万 +"的阅读量、三百多个公众号转载，让文章的作者——南京航空航天大学能源与动力学院党委副书记徐川一下子成为高校师生纷纷点赞的"网红"。徐川为什

---

① 中央档案馆：《中共中央文件选集》，中共中央党校出版社 1989 年版，第 658 页。

② （东汉）王充：《论衡·超奇篇》。

么"火"了、"红"了？因为在这篇文章里，徐川结合自身实际，深入浅出地运用马克思主义原理，轻松幽默地讲好了坚定理想信念的身边故事。天边不如身边，道理不如故事。高校要让马克思主义讲中国话，要让基本原理变成学习和生活中的基本道理，使广大学生真真切切地感受到马克思主义不过时、有真用，是货真价实的科学世界观和方法论，使广大学生实实在在体会到马克思主义能够科学地指导自己成长成才、建功立业，能够很好地帮助自己为人处世。各门学科都是马克思主义科学理论的良好传播渠道，广大教师都要守好一段渠、种好责任田，要善于运用马克思主义立场、观点、方法掌握各门具体学科的科学思维，得出符合规律的认识；要懂得"广告植入"，把马克思主义科学理论和符合规律的认识有机地"植入"到教学内容和教学环节。三是学校要理直气壮地管起来。要管住关键少数，这个关键少数就是高校、院（系）等党组织书记、行政负责人。意识形态是"党的一项极端重要的工作"，马克思主义是我国意识形态工作的指导思想，有的高校暴露出来的意识形态问题，不少是因为高校在意识形态工作的管理上失之于宽、失之于松、失之于软。与此同时，要管住前沿阵地，坚持正能量是总要求、管得住是硬道理。尽管意识形态工作有其特殊性，需要软化渗透，需要传播技巧和方式，但过度的"内紧外松"及"冷处理"，反而让人在接受主流意识形态时陷入"晕轮效应"。高校必须敢抓敢管、敢于亮剑，旗帜鲜明地抵制反马克思主义观点，理直气壮地壮大马克思主义主流声音，做到守土有责、守土负责、守土尽责，做到前沿阵地永不丢、万里长城永不倒。

二、坚持不懈培育和弘扬社会主义核心价值观

价值观是人生的"总开关"，帮助和引导大学生"系好人生第一粒扣子"十分重要。2014年五四青年节，习近平总书记在同北京大学师生交流时，特别强调了社会主义核心价值观的重要性。他说："因为青年的价值取向决定了未来整个社会的价值取向，而青年又处在价值观形

成和确立的时期，抓好这一时期的价值观养成十分重要，这就像穿衣服扣扣子一样，如果第一粒扣子扣错了，剩余的扣子都会扣错。人生的第一粒扣子从一开始就要扣好。"① "凿井者，起于三寸之坎，以就万仞之深。"② 培育和弘扬社会主义核心价值观应遵从人的成长规律，高校要抓小、抓细、抓实，引导广大学生"扣好人生第一粒扣子"。要让他们懂得，在一个民族、一个国家里，必须知道自己是谁、从哪里来、要到哪里去，想明白了、想对了，才能坚定不移地朝着对的目标前进。众所周知，社会主义核心价值观是当代中国精神的集中体现，是凝聚中国力量的思想道德基础。事实上，我国很多高校的校训和传统同社会主义核心价值观的内在要求是一致的。比如，北京大学的"爱国、进步、民主、科学"，清华大学的"自强不息、厚德载物"等。毋庸置疑，社会主义核心价值观具有深厚的历史底蕴和坚实的现实基础，它所倡导的价值理念具有强大的道义力量，它所昭示的方向契合中国人民的美好愿望。培育和弘扬具有强大感召力的社会主义核心价值观，关系社会和谐稳定，关系国家前途命运，关系人民幸福安康。

　　"大学之道，在明明德，在亲民，在止于至善。"加强社会主义核心价值观教育，是高校人才培养的核心任务。高校应坚持贯穿结合融入，精心加强系统设计，把社会主义核心价值观体现到办学育人全过程。一是要将社会主义核心价值观体现在教育内容之中。理想信念教育应一马当先。"志不立，天下无可成之事"③，理想信念是精神之钙、信仰之魂，始终是社会主义核心价值观建设的根本。高校应教育引导广大学生树立中国特色社会主义共同理想，使他们中的先进分子树立共产主义远大理想，将个人前途与党和人民的事业同频共振，勇做走在时代前列的奋进者、开拓者。中华优秀传统文化是社会主义核心价值观教育的

---

① 《习近平：青年要自觉践行社会主义核心价值观——在北京大学师生座谈会上的讲话》，新华社，2014年5月4日。
② （南北朝）刘昼：《刘子·崇学》。
③ （明）王阳明：《教条示龙场诸生》。

"宝藏"，高校应把中华文化重要典籍作为大学生推荐读物，在政治学、社会学、法学、历史学、新闻学等专业和课程中，增加中华优秀传统文化内容，建设推出中华优秀传统文化在线开放课程。革命文化、社会主义先进文化是社会主义核心价值观教育的"富矿"，高校应将党史、国史、改革开放史、社会主义发展史作为改革开放成就展览、重大历史事件纪念活动、爱国主义教育基地、国家公祭等教育活动的主题，弘扬以爱国主义为核心的民族精神和以改革创新为核心的时代精神，与此同时，高校还应将国家意识、法治意识、社会责任意识教育和民族团结进步教育、国家安全教育、科学精神教育纳入日常课程体系。二是要用社会主义核心价值观引领知识教育，贯穿教育教学、日常生活的各环节。大学生的核心任务是学习和科研，高校要将价值观教育与学习、科研紧密结合起来，避免成为"两张皮"。近年来，大国方略、创新中国、人文中国、智造中国、读懂中国、中国道路等"中国"系列课程之所以赢得上海高校大学生热捧，关键在于教育教学过程中活泼的课堂组织形式、生动的案例和对于国情的贴切把握。要注重在社会实践和课外活动中培育社会主义核心价值观，系统设计实践育人教育教学体系，分类制定实践教学标准，提高实践教学比重，增强实践教育教学的针对性和实效性，避免社会主义核心价值观教育抽象化、说教化。要注重在日常生活和文化氛围中培育社会主义核心价值观，使社会主义核心价值观在不知不觉之中成为学生的日常行为准则。广泛开展文明校园创建，组织开展丰富多彩、积极向上的校园文化活动，提升校园文明程度，引导大学生勤学、修德、明辨、笃实等。近年来，湖南把"加强社会主义核心价值观和中华优秀传统文化教育"作为重大改革任务，通过打造大学生微电影大赛等品牌大赛，开展书香校园等品牌活动，收到了良好效果。三是要将社会主义核心价值观体现在师生教与学的行为规范之中。要抓好学生评价工作，将学生对于社会主义核心价值观的认识、态度、行为的表现具体化，建立相应指标体系，引导学生不仅学会学习、做事，还要学会做人。要抓好教学督导工作，将社会主义核心价值观教育开展情况纳入教学督导的重要内容，同时将教师在社会主义核心价值观教育方面的表现作为评奖评优、职称评定、职务晋升的重要指标。要抓好学院考核工作，在培育和弘扬社会主义核心价值观的过程中，学校是主导，学院是主体，学生是主角，要建立社会主义核心价值观教育成效评估标准与机制，充分发挥学院主体作用。

三、坚持不懈促进高校和谐稳定

维护高校和谐稳定的意义十分重大，稳定是改革发展的基本前提，高校也是如此。高校虽然有"象牙塔"之称，但从来都不是封闭的孤岛，高校发生的事情会影响社会，社会上发生的事情也会影响高校。可以说，高校是社会的风向标。高校是否和谐稳定，影响的不仅仅是高校自身，更是全社会。过去我们有过这方面的教训。我们要从维护国家政治安全和意识形态的高度，认清维护高校和谐稳定的重大意义。不仅要维护好高校的和谐稳定，更要把高校建设成为安定团结的模范之地，为社会和谐稳定注入正能量。

思想活跃是高校的重要特征。各种思想观点在高校交汇，各种价值观念在高校碰撞。也正因为如此，高校日益成为国内外敌对势力进行和平演变、文化渗透的主要场所，思想文化渗透日益成为他们争夺和利用青年学生的重要方式。"泰山不让土壤，故能成其大；河海不择细流，故能就其深。"[①] 对于有益的思想文化，我们要秉持尊重差异、包容多样的态度，在多元中立主导，在多样中谋共识，在多变中定方向，让其像涓涓细流一样汇入我们主流意识形态的浩瀚大海。面对世界范围内制度博弈和价值观较量向高校投射，各种噪音、杂音纷至沓来，我们要高看一眼、深听一层，增强文化自信，增强政治敏锐性和政治鉴别力，对鱼龙混杂的观点要辨析甄别、过滤净化，不能照单全收，当传声筒、扩音器；对于各种错误思潮要保持警惕、有效防范，防止其

---

① （秦）李斯：《谏逐客书》。

以各种形式在高校抢滩登陆，同我们争夺阵地、争夺人心。一是要加强阵地建设管理。加强对课堂教学的建设管理，健全课堂教学管理办法，完善课程设置管理制度，建立课程标准审核和教案评价制度，落实校领导和教学督导听课制度，强化教学纪律约束，坚持课堂讲授守纪律、公开言论守规矩。加强对讲座、论坛、报告会、研讨会等的管理，把好场地申请、内容审核等审批关，落实"一会一报""一事一报"的制度，把好主持人、过程管理关，该备案的备案。加强对校园媒体的管理，严格校报校刊、广播电视等校园媒体规范管理，执行三审三校制度；严格出版管理，规范选题和书号管理，建立质量监督检查体系；严格网络新媒体管理，建立登记备案和年审制度，加强对师生自媒体的规范引导。加强校园网络安全管理，落实校园网络使用实名登记制度和用网责任制度，加强学生互动社区、网络论坛建设，加强网络舆情收集研判，做好网上舆论引导，唱响网上主旋律。上海的"易班"建设接地气、聚正气，深受网络"原住民"的喜爱，目前"易班推广行动计划"已完全覆盖上海60多万名高校学生，效果良好，其经验值得其他高校借鉴。加强对大学生社团的管理，实行登记和年检制度。二是要培育理性平和健康心态。要营造消解躁气的文化空间，把高校建设成为让人心静下来的地方，让学生静心学习，通过读书学习升华气质，以学养人、治心养性。要加强人文关怀和心理疏导，引导学生正确认识义和利、群和己、成和败、得和失，强化心理危机干预和心理疏导，不断地提升大学生的心理健康素质。要把解决思想问题同解决实际问题有机结合起来，多做得人心、暖人心、稳人心的工作，把师生的"柴米油盐酱醋茶"当成学校的"国家大事"，在关心学生、帮助学生中教育学生、引导学生。要加强对家庭经济困难学生的资助工作，完善奖助学金、助学贷款、勤工助学、学费减免等多种方式的资助体系，让他们共享改革发展的成果。三是要加强安全稳定制度体系建设。要完善责任机制，进一步把责任明细化、制度化、规范化，落实到每一位领导、每一个部门，确保事事有人管、责任有人担。要建立风险评估机制，安全稳定工作的最高境界是"防患于未然"，开展安全稳定风险评估是源头维稳的最好抓手。既要对社会稳定风险开展评估，又要对高校自身开展安全稳定风险评估，特别是要将安全稳定风险评估作为决策的前置条件和刚性门槛，防止"决策一出台，矛盾跟着来"。要健全考评机制，完善安全稳定工作考核办法，以考评调动高校各二级单位主要领导重视安全稳定工作的积极性，以考评推动安全稳定工作各项制度落到实处。

四、坚持不懈培育优良校风和学风

校风和学风是一所学校的风气，是学校的文化标签，是学校治理能力强弱的体现，是学校办学水平高低的反映。高校的校风和学风极为重要。一所高校的校风和学风，犹如阳光和空气一样，直接影响着学生学习成长。好的校风和学风，能够为学生学习成长营造好气候、好生态。久入芝兰之室而不闻其香，久入鲍鱼之肆而不闻其臭。校风和学风虽然闻不着、看不见、摸不到，但每天都与学生朝夕相处，一旦质量下降甚至变坏，学生都会深受其害。所以说，风气不正、风气不好的高校，办学质量、办学水平可想而知，办学方向也要打个大大的问号。

高校思想政治工作是基于高校而存在的，高校治理得如何、校风和学风如何，既影响和决定着又反映和体现着高校思想政治工作的水平和成效。高校治理水平高，校风和学风就好，思想政治工作就如鱼得水；反之，如果高校治理水平低，校风和学风不好，歪门邪道的东西大行其道，思想政治工作的作用是难以发挥的。"夫国大而政小者，国从其政；国小而政大者，国益大。"① 这些年社会上对高校的校风和学风议论比较多，究其原因，就在于一些高校的治理能力和管理水平跟不上，应该管的没有管起来，应该严的没有严起来，特别是在学生的学习上管

_____
① （春秋）管仲：《管子·霸言》。

理不到位、不严格。学习是学生的主要任务，学习过程也是锤炼学生心志的过程，学生的不少品行要在学习中形成。高校思想政治工作只有同鼓励学生端正学风统一起来，同校风和学风建设有机结合起来，才能事半功倍，才能"随风潜入夜，润物细无声"。一是要加强大学文化建设。要突出软件建设，培育大学精神。好校风和好学风来自师生的共同努力，师生共同努力的重要引擎就是大学精神。大学精神是一所大学校园文化的"灵魂"，包括学校的发展目标、办学理念等。"灵魂"在，师生就有了共同依存的精神家园；精神家园在，优良的校风和学风就有了根基。高校要充分挖掘高校优秀文化传统和历史资源，结合学校发展愿景，大力开展校情校史教育、爱校兴校教育和丰富多彩的校园文化活动，把大学精神真正化为广大师生共有的价值理念、认同目标和行为方式，让广大师生集聚在大学精神的旗帜之下，同时要坚持把大学精神有机融入贯穿教育教学全过程，引领优良校风和学风的培育。要突出硬件建设，建设美好校园。家园仅有精神还不够，广大师生都不是柏拉图，家园也要有"桌椅板凳"，还有"楼台亭榭"。要通过有序的校园规划，科学布局教育教学设施，科学划分学习生活功能区域，同时加大校园环境综合治理，特别是要在环境建设上充分考虑大学文化载体功能，以硬件承载软件，化"硬"为"软"，让校风和学风的因子在美好校园如影随形，彰显大学文化的潜移默化作用。二是要提升办学水平和治理水平。要坚持依法治校。没有规矩，不成方圆。依法治校是坚持办学方向、提高高校办学水平和治理水平的必由之路。当前高校办学方面的法规并不少，除了《中华人民共和国高等教育法》从法律上规定了高校办学方向和基本制度之外，很多高校依据《中华人民共和国高等教育法》制定了大学章程。但是，不可忽视的是，有的高校有时法章不依，校规校纪执行不严，导致高质量的育人体系和高水平的管理体系建立不起来，甚至有时候"王子犯法"不能与"庶民同罪"，客观上造成了"上梁不正下梁歪"。从高校办学发展规律来看，依法治校没有完成时，只有进行时，永远在路上。要坚持以德治校。法治和德治从来都是相辅相成、互相促进的。要坚持以德治政、以德律师、以德育人，特别是要坚持以德治政。一所高校各级领导班子道德水平的高低，对高校风气的好坏起着至关重要的作用，以德治校务必从各级领导干部抓起。与此同时，要特别注重师生德治意识的养成。不少时候，德治总能取得令人惊喜的效果。例如，湖南连续 7 年以项目化方式全面实施大学生思想道德素质提升工程，投入经费达上亿元，建设校园文化精品项目、德育实践项目等近 3000 个，带动全省高校 90%以上的思想政治工作者参与建设，广大学生思想道德素质大幅度提升，以德育人、德治效果显著。

第四讲 抓铁有痕：

强化责任担当确保落到实处、取得实效

　　加强高校意识形态工作，是一项战略工程、固本工程、铸魂工程。党的十八大以来，习近平总书记对意识形态工作作出的一系列重要论述和在全国高校思想政治工作会议上所作的重要讲话，以及中办、国办《关于进一步加强和改进新形势下高校宣传思想工作的意见》，为我们做好新形势下高校意识形态工作、办好中国特色社会主义高校指明了方向、提供了根本遵循。这就要求我们要做到守土有责、守土负责、守土尽责，齐抓共管，形成合力，把意识形态工作落细落实、取得实效。

第一节　落细落实高校意识形态工作

一、强化政治担当 切实解决"总揽抓"的问题

百年大计，教育为本；立德树人，德育为先。高校领导班子要增强政治意识，提高政治站位，牢牢把握社会主义办学方向。要始终把讲政治作为办学治校之魂，牢固树立马克思主义信仰，增强"四个意识"，坚定"四个自信"。特别要突出立德树人这项根本任务，抓好意识形态工作，把思想政治工作贯穿教育教学全过程，以培养大批德才兼备、全面发展的合格建设者和可靠接班人。高校党委必须始终发挥政治统领和主导作用，牢牢把握意识形态工作的领导权、主动权和话语权。要通过周密完善的系统谋划，明确责任，理顺体制机制，整合资源，形成合力。

首先要坚持党性原则，落实主体责任。党章规定："中国共产党领导是中国特色社会主义最本质的特征，是中国特色社会主义制度的最大优势。党政军民学，东西南北中，党是领导一切的。"做好宣传思想工作是领导干部的政治责任。习近平总书记在全国宣传思想工作会议上强调，看一个领导干部是否成熟、能否担当重任，一个重要方面就是看他重不重视、善不善于抓宣传思想和意识形态工作。高校各级党委要切实全面履行主体责任，增强抓意识形态工作的责任感和使命感，把意识形态工作作为党的建设的重要内容，一起谋划、一起部署、一起考核，做

到敢抓敢管、善抓善管。要统筹兼顾，建立和完善健全意识形态工作机制。

其次要完善全程育人机制，形成意识形态工作大格局。要努力构建全员、全过程、全方位育人格局，形成教书育人、实践育人、科研育人、管理育人、服务育人、组织育人的长效机制，构建各类课程与思想政治理论课协同机制，使各个教育环节同向同行，形成协同育人效应。要树立整体思维、系统思维和协作意识，坚持意识形态工作"全校一盘棋"的理念，健全完善学校党委统一领导、党政工团齐抓共管、党委宣传部门牵头协调、有关部门和院（系）共同参与的工作机制，发挥各自优势，整合各种资源，形成上下互通、左右联动、齐心协力推进意识形态工作的强大合力、强劲动力，实现高校意识形态领域管理的全天候全领域覆盖。

二、强化队伍建设 切实解决"具体抓"的问题

要增强意识形态工作的针对性和有效性，需要敏锐洞察高校意识形态领域的新趋势新动向，因势利导，创新工作方式方法。因而，建设一支政治强、业务精的意识形态工作队伍尤为重要。

建设一支能力过硬的专兼职宣传队伍。《意见》提出："坚持高标准选配高校宣传思想工作干部，把政治坚定和在理论上、笔头上、口才上有专长的优秀干部选拔到宣传思想工作部门"。习近平总书记在党的新闻舆论工作座谈会上指出："要加快培养造就一支政治坚定、业务精湛、作风优良、党和人民放心的新闻舆论工作队伍。"因此，高校在配强配足宣传部门干部队伍的同时，要加强对专兼职宣传队伍的管理和培训，提升队伍整体的思想政治素质及综合业务能力。

建设素质过硬的思想政治理论课教师队伍。要通过全员培训、骨干研修、在职攻读学位、国内考察、国外研修、到企业和行政单位挂职锻炼等方式，加强思想政治理论课教师政治素养、业务能力和教学方法等方面培训，让教育者先受教育，打造一支既接天线又接地气，

对马克思主义理论真学、真懂、真信、真用的思想政治理论课教师队伍。

大力加强高校网络思想政治工作队伍建设。要围绕网络信息采集、网络宣传教育、网络学习组织、网络舆论引导、网络安全监管等能力加强培训，提升高校用网管网能力。充分利用现代信息网络技术手段打好思想政治教育主动仗，促进网上与网下、讲台与平台、联网与联心的无缝对接。

此外，还要大力加强哲学社会科学教师队伍、党建工作队伍、辅导员（班主任）队伍和其他教学管理科研队伍的培训与管理工作，不断增强政治意识，守好一段渠，种好责任田。注重抓好专业课教师开展思想政治教育的工作，促进专业课教师努力挖掘思想教育资源，使思想政治教育贯穿教育教学全过程，真正解决主流意识形态在学科中"失语"、教材中"失踪"、论坛上"失声"的问题。

三、强化阵地管理 切实解决"抓关键"的问题

意识形态工作具有根本性、战略性意义。这个领域里存在着长期的较量和斗争。一旦真实和理性的东西少了，谎言和谬误就会丛生。这块阵地我们不去占领，别人就会去占领。所以，我们要善抓阵地这一关键，不断增强阵地意识，着力以制度创新加强对意识形态工作科学、规范、有效的管理，积极主动有效地建设、管理和使用宣传思想阵地，不断巩固壮大主流思想舆论。

一是严格按照"谁主办、谁负责；谁审批、谁监督"的原则，实行申报、审批备案制度，坚持一会一报，规范流程环节，强化过程监控，对场地、人员、内容等各个环节严格把关。切实加强对高校各类研讨会、报告会、论坛、讲座等活动的管理。

二是抓好高校课堂主阵地管理，坚持学术研究无禁区，课堂讲授有纪律，制定完善高校课堂教学纪律，把控教学内容，落实教学督导和领导听课制度等，保证教学主渠道的正确政治导向。

三是加强网络阵地建设管理，加强校园网络安全管理，加强网络内容建设，精心设计、制作、推送契合大学生特点、适应时代特征、富有吸引力的正面作品，提高网络宣传的实效性，把社会主义核心价值观教育等融入方方面面，不断坚定广大师生对中国特色社会主义的道路自信、理论自信、制度自信、文化自信。

四、强化责任落细落实 努力实现"效果好"的目标

一分部署，九分落实。落实是一切工作的归宿，是一切工作成败的关键，是开展工作的全部意义所在。因此，要注重明确意识形态工作各个环节和要求，细化目标任务，形成责任具体、环环相扣的责任链，严防安排下去了事、效果无人问津的不实之举发生。

要通过理论学习增强工作意识和能力。把意识形态工作部署落到实处，要求高校党委高度重视思想建设，加强马克思主义意识形态理论研究，落实高校党委中心组和教职工理论业务学习制度，加强对干部和师生的学习培训，用马克思主义理论武装师生头脑；主动深入掌握师生思想动态，抓好舆情监控与舆论引导，管好重点人重要事。针对可能出现的突发事件提前做好应急预案，事前加强研判，事中及时处理，事后举一反三，查漏补缺整改完善。

要加强对二级单位意识形态工作的考核管理和督查指导。将意识形态工作纳入二级党组织党建考核，确保工作层层传导压力，工作落实到位。要进一步推进意识形态工作重心下移、资源下沉、强化功能，形成大抓基层、严抓基层的鲜明导向。要建立意识形态工作问题清单，建立问题整改台账，制定整改方案，细化整改措施，明确时间表和责任人，没有解决或解决不彻底的不能销账。要经常性开展交叉检查、专项检查，对意识形态工作方面存在问题瞒报不报的行为和责任人要进行问责。

要做好建章立制，确保推动工作落实常态化、长效化。要通过建章立制，进一步扎紧意识形态工作制度的笼子，经常性排查并对暴露出来

的各类问题认真分析根源所在，完善已有的相关制度或出台更严密科学的管理规定，从体制机制层面进一步破题，为工作推进形成长效化保障。

总之，意识形态工作要抓常，经常抓、见常态；抓细，深入抓、见实招；抓长，持久抓、见长效。一定要把意识形态工作做细做实，往深里抓、实里做，做到不留真空、不存侥幸，为深刻回答"培养什么人，如何培养人"交上一份满意的答卷。

第二节　把握"六个意识"，开创高校思想政治工作新局面

深入学习和贯彻习近平总书记在全国高校思想政治工作会议上的重要讲话，关键要把握"六个意识"，即战略意识、特色意识、服务意识、创新意识、系统意识、协同意识。

战略意识，就是要有将高校思想政治工作放置战略高度来认识的意识。高校思想政治工作不仅关系到人才培养和中华民族伟大复兴，更关系到坚持和发展中国特色社会主义这篇大文章的续写。无论是民族复兴，还是坚持和发展中国特色社会主义，没有能离开人才而成功的；但由什么样的人扛起中国特色社会主义的大旗，关系到这面旗帜能不能"立"、能不能"飘"的问题。因此，习总书记明确指出，我国高等教育肩负着培养德智体美全面发展的社会主义事业建设者和接班人的重大任务。如何培养？关键要抓好思想政治工作。面对当前对高校思想政治工作重要性认识不清的问题，只有站在战略高度才能深刻认识思想政治工作的极端重要性，而只有认识其极端重要性，才能切实深入地推进这项工作。

特色意识，就是要有把高校思想政治工作放置于我国独特的历史、文化和国情上来理解的意识。一方面，要把我国高等教育、人才培养及

思想政治工作放置于历史的宏大视野中去认识，才能更清醒的认识其特殊性。官方主导办学，在我国有着深厚的历史传统。自汉以后，传统儒学从百家争鸣的局面中上升为古代中国国家意识形态的主体，可以说就是历代政权主导的结果。另一方面，从现实维度来看，我国具有独特的国情，"中国最大的国情就是中国共产党的领导。"中国共产党的执政地位和领导地位是历史和人民的选择。我们的高校是党领导下的高校，是中国特色社会主义高校。办好我们的高校，必须坚持正确的政治方向，必须坚持以马克思主义为指导。只有深刻把握我国独特的历史、文化和国情，牢固树立特色意识，才能树立正确的历史观，才能深刻理解思想政治工作的必然性，才能破除思想障碍、化解心理疙瘩、提振工作信心，做好高校思想政治工作。

服务意识，就是要树立我国高等教育是为了服务人民、服务现实的意识。习近平总书记强调，我国高等教育要做好"四个服务"，即为人民服务、为中国共产党治国理政服务、为巩固和发展中国特色社会主义制度服务、为改革开放和社会主义现代化建设服务。"四个服务"集中体现了个人价值与社会价值的有机统一。马克思曾说，人的本质是一切社会关系的总和。个人成长成才离不开社会，社会进步也需要每个人的努力。正因如此，我国文化传统中始终更强调集体和社会。纵观我国历史，那些有志之士，无不有经世致用、以天下为己任的情怀。虽然他们也非常看重个人名誉，但都将其建立在建功立业之上，从而实现了个人价值与社会价值的有机统一。这是我们无法隔断的文化传统，也是不该丢弃的文化精神。大学生正处于世界观、人生观和价值观的确立阶段，对高校思想政治工作而言，就是要牢记"四个服务"，将服务意识融入大学生"三观"的形成过程，引导他们正确树立"三观"。

创新意识，就是要有立足主客观环境变化，不断改革思想政治工作的意识。习近平总书记指出，做好高校思想政治工作，要因事而化、因时而进、因势而新。要紧紧围绕高校思想政治工作中存在的突出问题，以创新为"支点"，撬动传统思想政治工作模式。我们党历来重视高校的思想政治工作，但随着时代变化，主客观环境都已发生变化，这种情况下，高校传统的思想政治工作手段、方法、内容等已无法适应新形势的需要。因此，需要广大思想政治工作者培养创新意识，打破思维定式，跳出思维惯性，结合实际情况，创新工作方法、改革教育内容、完善激励机制等。唯有创新，才能使高校思想政治工作跟上时代步伐，重新焕发活力。

规律意识，就是要有尊重客观规律，按规律办事的意识。思想政治工作从根本上说是做人的工作，而人是有思想、观念、情感、个性的，同时又具有社会性，使其有了特定的复杂性。然而，我们党曾经非常成功的思想政治工作实践告诉我们，只要善于发现和运用规律，再难之事也是可以做好的。大学生思维活跃、视野开阔、个性鲜明，对新鲜事物具有很强的好奇心，尤其当前，信息来源和传播渠道多元化，信息真假难辨，这些信息容易对大学生的"三观"产生重要影响。因此，高校思想政治工作要遵循思想政治工作规律，遵循教书育人规律，遵循学生成长规律。唯有把握规律，积极引导，才能培育学生理性平和的健康心态，才能让学生成为德才兼备、全面发展的人才。

系统意识，就是要有将高校思想政治工作看作是一项系统工程的意识。系统具有鲜明的整体性、关联性、层次结构性、动态平衡性，抓好高校思想政治工作必须要具备系统意识。首先，要把高校思想政治工作与人才培养、中华民族伟大复兴、中国特色社会主义事业的坚持与发展结合起来认识。其次，要把高校思想政治工作与我国独特的历史、文化、国情相结合，从这个系统看待我国高校思想政治工作，就能认识到其深厚的历史依据、文化依据和现实依据。再者，要把专业教学、党团活动、日常管理、思想理论政治课程教学等工作纳入同一个体系来认识，做到相互配合、共同促进，形成合力，高校思想政治工作才会更有成效。

第三节   打造过硬的高校思想政治工作队伍

习近平总书记在全国高校思想政治工作会议上强调，高校思想政治工作关系高校培养什么人、如何培养人以及为谁培养人的根本问题。把思想政治工作贯穿教育教学全过程，努力开创我国高等教育事业发展新局面，需要从队伍建设入手，打造过硬的高校思想政治工作队伍。

增强定力。习近平总书记指出，传道者自己首先要明道、信道。思想政治工作者要坚定理想信念，努力成为社会主义先进文化的传播者、我们党执政的坚定支持者，不断增强做好思想政治工作的定力。高校思想政治工作者要增强理论定力，多吸"理论之氧"、常补"精神之钙"，坚持真学真懂真信马克思主义，努力学习传播马克思主义科学理论，坚持用马克思主义的立场观点方法观察、分析和解决实际问题，将爱党、忧党、为党落实到工作和日常生活中；增强政治定力，不断强化"四个意识"，更加自觉地在思想上政治上行动上同以习近平同志为核心的党中央保持高度一致。同时，高扬社会主义核心价值观的旗帜，深刻认识走中国特色社会主义道路的必然性、中国特色社会主义理论体系的科学性、中国特色社会主义制度的优越性、中国特色社会主义文化的先进性，不断增强"四个自信"。

激发动力。水不激不跃，人不激不奋。加强高校思想政治工作队伍建设，应健全激励机制，鼓励高校思想政治工作者改革创新、锐意进取，让他们通过自身努力获得合理回报，赢得学校和社会的尊重。政治上充分信任、思想上主动引导、工作上创造条件、生活上关心照顾，多为高校思想政治工作者办实事、做好事、解难事。加强理想信念和职责使命教育，让高校思想政治工作者自觉认识到我们正处于一个伟大的时代，深入学习了解中华民族五千年文明发展的辉煌历史以及近代以来的屈辱历史，深刻体会新中国成立以来我国社会主义建设的伟大成就，深刻把握党的十八大以来中国特色社会主义的新发展、新跨越，不断增强做好思想政治工作的动力。

提升能力。高校思想政治工作者应坚持学习、学习、再学习，实践、实践、再实践，坚持学以致用、用以促学、学用相长，不断提升做好思想政治工作的能力。只有加强学习，才能增强工作的科学性、预见性、主动性，才能克服本领不足、本领恐慌、本领落后的问题。高校思想政治工作者要注重马克思主义及其中国化最新理论成果的学习，将理论学习与实践运用紧密结合起来，紧紧围绕当前的理论热点、难点问题，着力把事情讲清楚、把问题讲明白、把原因讲透彻，增强理论解释的科学性、通俗性和透彻性。注重加强对文化传播和新媒体发展规律的研究，努力成为文化传播和新媒体运用的行家里手，善于运用新媒体、新技术使工作活起来，推动思想政治工作传统优势同信息技术高度融合，增强高校思想政治工作的时代感和吸引力。

第五讲 以人为本：

高校思想政治教育的内容要求

影响思想政治教育实效性的一个重要因素就是思想政治教育内容。理论与实际的统一确定了高校思想政治教育的内容。思想政治教育是培养高素质人才的生命线，是高校的中心环节。思想政治的内容是极其丰富的，所以高校思想政治教育的内容要变得更符合人的本性特点。党的十八大以来，以习近平同志为核心的党中央高度重视意识形态工作，强调牢牢掌握意识形态工作领导权、管理权、话语权和主动权。这就要求高校思想政治理论课要胸怀大局、把握大势、着眼大事，强化阵地意识，以踏石留印、抓铁有痕的劲头，结合国情和学生的思想实际，做到因势利导，狠抓高校思想政治教育工作的内容。

第一节　理论自信教育：思政课的重要着力点

习近平总书记在全国高校思想政治工作会议上强调："高校思想政治工作关系高校培养什么样的人、如何培养人以及为谁培养人这个根本问题。"理论自信是中国特色社会主义自信的重要支撑，中国特色社会主义的理论自信建立在对马克思主义理论科学性和当代价值的充分理解及认同之上。增强广大学生的理论自信，理应成为高校思想政治理论课教育教学的重要着力点。

理论自信的前提是理论确信。理论确信既要以符合社会发展规律的具体历史实践为认识来源和支撑，又要在此基础上，加强对理想信念的坚守。高校思政课教学要不断开展理论、理想教育，厘清科学社会主义与其他社会主义流派的关系，正确认识科学社会主义的真理性，引导广大师生做马克思主义的坚定信仰者。

坚定信仰的确立，离不开对现实和理想的准确把握。理论空间认知为理论自信教育提供了有力支撑。实现共产主义是党的最高纲领和最终目标，党根据革命或建设不同发展阶段的客观实际，有不同时期的最低纲领。科学阐明和正确处理最高纲领和最低纲领之间的辩证统一的关系，是中国共产党在理论上政治上清醒和成熟的重要标志，也是彰显中国特色社会主义理论自信的有力保障。高校思政课要积极开展理论空间认知的教育，既要聚焦马克思主义中国化的最新理论成果，尤其是党中央治国理政新理念新思想新战略，又要帮助学生正确认识中国特色社会主义发展过程中面临的问题，全面客观认识当代中国、看待外部世界。

实践路径认同是理论自信教育的应有之义。习近平总书记在全国高校思想政治工作会议上强调："要教育引导学生正确认识世界和中国发展大势，从我们党探索中国特色社会主义历史发展和伟大实践中，认识和把握人类社会发展的历史必然性，认识和把握中国特色社会主义的历史必然性。"理论的真理性和道路的正义性相得益彰，理论的真理性通过历史实践得以展示。高校思政课要加强中国共产党人领导中国人民寻求国家独立和民族解放的光辉历史的教育，以中国现实问题的有效解决为呼应，不断提升对中国特色社会主义道路的认同。

理论自信最终需要通过自觉的理论传播得以凸显。创新理论传播途径是理论自信教育的重要内容。习近平总书记指出："各门课都要守好一段渠、种好责任田，使各类课程与思想政治理论课同向同行，形成协同效应""做好高校思想政治工作，要因事而化、因时而进、因势而新"。高校思想政治工作者要做好学生人生道路的引路人，要用学生喜闻乐见的形式和语言讲活马克思主义、讲好中国特色社会主义理论；要在各种新媒体阵地上推送形式活泼的正面声音，积极组织和引导学生发挥主观能动性展开理论探讨、辨析错误观点、传播正能量。

高校要利用思政课堂和各种新媒体阵地切实提升中国特色社会主义理论的吸引力和感染力，以增强理论自信为着力点，积极推进各项工作的开展，为办好中国特色社会主义大学提供坚实的理论支撑。

第二节　高校思想政治理论课应狠抓课堂建设

一、教学内容建设：讲活的马克思主义

高校思想政治理论课课堂的教学内容主要是由学科脉络、知识体系、观念框架、主要概念、基本原理、问题意识、思维方式、思想主

题、逻辑结构及话语系统等构成。由于理论高于实践、高于生活，理论本身固有的逻辑性、抽象性、思想性、知识性往往会成为部分学生理解理论蕴含、把握思想精髓的"阻碍"。如果就理论讲理论，不把马克思主义基本理论与中国革命、建设和改革的鲜活实际特别是学生的思想和生活实际相联系，就会造成理论语言与生活话语的隔阂，也会使学生对于理论课望而生畏，甚至感到厌烦，抱怨理论课内容没意思。所以，如何把理论内容转化为课堂教学的生动表达就显得尤为重要了。现阶段，应着力强化理论的叙事性，提升思想的认知度，增加道理的吸引力，切实增强思想政治理论课课堂教学内容的生动性和感染力。

理论的叙事性，就是指理论叙事，要把深刻的道理用生动的故事讲出来，有相对故事情节、人物活动和核心主题，以增加内容的可感性、情境性。在课堂教学中，教师进行理论知识转化极为重要。从目前实际情况来看，主要应做好以下三个方面的结合工作：

1. 把主要概念与现实生活结合起来。毛泽东同志特别强调："我们说的马克思主义，是要在群众生活群众斗争里实际发生作用的活的马克思主义，不是口头上的马克思主义。"① "我们说马克思主义是对的，决不是因为马克思这个人是什么'先哲'，而是因为他的理论，在我们的实践中，在我们的斗争中，证明了是对的。我们的斗争需要马克思主义。"② 毛泽东强调了马克思主义在中国是与中国奋进的革命斗争、火热的社会建设和丰富的现实生活相联系的，活的马克思主义就在于马克思主义是活在中国革命、建设、改革中的思想。当前，教师要紧紧抓住中国特色社会主义建设中涌现出的大量鲜活的实例，讲活马克思主义；运用大量鲜活的普通个人追求幸福、追求梦想而勤劳工作的视频、图画、故事，讲活共产主义信仰的现实性。马克思主义是凭借思想上的先进性、现实性获得话语权的，增强学生对马克思主义理性认识的同时，

---

① 《毛泽东选集》第 3 卷，人民出版社 1991 年版，第 858 页。
② 《毛泽东选集》第 1 卷，人民出版社 1991 年版，第 111 页。

也要增强学生对体现共产主义思想和价值的生活事实的感性认识，从而使学生自觉形成抵御各种错误思潮影响的分析判断能力。

2. 把基本原理与实践个案结合起来。对于"书斋里的马克思主义""讲坛上的马克思主义""知识化的马克思主义"，毛泽东同志及中国共产党的历届领导人都是态度鲜明地反对的，他们主张科学理论必须要与具体生活实际相联系。马克思本人对此更是极为重视，他指出："每个原理都有其出现的世纪。例如，权威原理出现在 11 世纪，个人主义原理出现在 18 世纪。……为什么该原理出现在 11 世纪或者 18 世纪，而不出现在其他某一世纪，我们就必然要仔细研究一下：11 世纪的人们是怎样的，18 世纪的人们是怎样的，他们各自的需要、他们的生产力、生产方式以及生产中使用的原料是怎样的；最后，由这一切生存条件所产生的人与人之间的关系是怎样的。"① 19 世纪 50 年代，马克思正是在对中国进行深入细致地文献考察的基础上，充分利用获得的材料对当时中国革命、鸦片战争、英法侵略等具体实际进行认真研究和分析，这才有了他在《纽约每日论坛报》上发表的那些有关中国的专题政论文。而从其他一些国家的高等教育发展来看，大多也非常重视学生来自生活实践的认知。美国顶尖大学的课堂对丹尼尔·笛福笔下的鲁滨孙（又译鲁滨孙）特别感兴趣，常常要求学生设想如果自己处在鲁滨孙的环境下，应当怎样解决面临的各种问题。许多经济学、社会学、法学和政治学的理论就是从对鲁滨孙的讨论开始的。② 我们在课堂教学上并不缺少实践事实的支撑，缺少的是挖掘生活实际的功夫以及将其运用到理论中讲好道理的能力。所以，教师练好这方面的基本功就格外重要了。

3. 把规律揭示与历史叙述结合起来。在课堂上讲好马克思主义与中国实际相结合，让学生信服、让学生思考，离不开马克思主义形成、传播、发展的具体过程。全面准确的历史叙述，是深刻理解马克思主义及中国特色社会主义理论的实质和发展的有效方式。学会运用

① 《马克思恩格斯选集》第 1 卷，人民出版社 2012 年版，第 227 页。
② 秦春华：《三个弊端严重影响高等教育质量》，《光明日报》2015 年 10 月 13 日。

历史唯物主义的分析方法，才能在历史事实中讲清楚为什么在普鲁士专制的条件下会产生马克思的哲学思想？为什么在半殖民地半封建的中国会选择马克思主义、会出现中国化的马克思主义？为什么在日益复杂的经济全球化和世界现代化进程中中国出现了中国特色社会主义理论？只有结合具体的社会历史条件和各国具体国情进行客观分析，入情入理，才能获得清晰的认识，才能在复杂的现象中剥离出本质的联系和发展的规律。只有让学生真正把握了历史规律，才能在面对各种错误思潮和恶意攻击时坦然应对，在思考与研究重大现实问题时，明晰方向，坚定马克思主义立场和中国特色社会主义信念，具备清醒认识和分析各种问题的能力。这些都需要教师在课堂的理论教学中做到把历史视野与规律揭示结合起来、把宏观考察与微观研究结合起来，找到理论转化的合理基点。

二、网络课堂建设：提高对网上信息的辨识和选择能力

世界因互联网而更多彩，生活因互联网而更丰富。高校思想政治理论课也应因互联网而更有魅力。互联网的出现使高校思想政治理论课发生了新变化，互联网以其快、新、变、奇等信息特点深刻影响了我们的学习生活，尤其对教师在传统教学场域中进行知识、思想、文化传授提出了新要求，教师与学生应该具有一定的网络素养，教师还应具备提高学生的信息辨识能力、信息选择能力、信息控制能力与信息回应能力等的素质。就此，应该实施三个设计：

一是课堂教学内容与网络信息内容的接洽设计。在进行思想政治理论课的内容讲解时，要把网络中出现的与相关内容有联系的信息进行采集、分析和整理，把思想政治理论教育生活化、现实化，用学生喜闻乐见的生活趣事或真人真事，使思想和知识生动起来。比如，在讲辩证唯物主义时，可以采集一些网络中报道的爱心接力、众筹资金救济贫困儿童或学生的感人故事（或对一些受拜金主义影响的挥霍生活进行批判），讲清物质本源性与意识能动性的关系，把生活中的真人真事穿插到知识中，增加课堂生动活泼的气氛，使理论知识更加通俗易懂。

二是课堂教学手段与移动互联网的并用设计。传统的高校思想政治理论课讲解，主要是历史叙事、概念阐释及原理分析等，需要学生调动相关的背景知识，在时间和空间上都有一定的延迟与阻拒效应。互联网技术使信息以直接、快速、感性等特点扩散、聚合，易形成师生的关注点。因此，高校思想政治理论课课程建设要把运用网络技术和使用多媒体教学作为上课的重要手段进行开发和运用，配合大数据、数据挖掘、个性化推存等技术，联通课程，开辟网络舆论焦点、事件回顾等分析，加强对学生的积极引导与启发。

三是课堂教学管理与微博微信网络互动平台设计。传统的课堂管理是一种课上管理，主要是对学习纪律、学习态度、学习过程的规范和监督，时间上也主要体现在上课的时间段，下课后教师和学生则处于分离和分散状态，互不干涉、互不接近，难以进行多向沟通，缺少关系的关联度、亲密度和情感度，教师也较少与学生产生深厚友谊。这种距离感直接影响了学生对教师所授教学内容的吸收。在课堂管理上，教师应建立微博与微信平台，把单纯的课上学习沟通延展到课下，建立一个专门以思想政治理论课师生群体为主的微信群，构建起教师与学生顺畅沟通交流的信息通路，使学生与教师的联系依赖这个通路，教师再运用这个通路不断推送正向信息。发现网络谣言和网络舆情时，教师应及时向学生发表个人看法，进行有效引导。同时，鼓励学生发表意见，重视个体倾向性观点，切实把脉思想动向。这样既可巩固课堂学得的知识，又可及时引导学生，在亲密联系中，不断发挥思想政治理论课的教育功效，减少不良信息对学生的影响。

三、教师主体建设：做正确价值观的引领者

高校思想政治理论课教师是学生建立正确的世界观、价值观和人生观的主要引领者。日趋复杂的思想形势，对高校思想政治理论课教师提出了极高的要求：要有过硬的理论素养、深厚的文化修养和极强的信息

梳理辨析能力。只有较好地具备了这些素质才能正确面对极为复杂的社会思潮的冲击。尤其面对移动互联网带来的人人具有话语参与、话语表达、话语制造可能与自由的信息网络空间，表达渠道成倍扩大，人人拥有话语的表达权，出现了话语去中心化、去权威化倾向，话语趋向破碎化、分散化、猎奇化，课堂话语的权威性、真理性受到冲击，教师在课堂的主导力与影响力受到弱化等情况。这就要求思想政治理论课教师要面对新情况、新态势进行有效调整，以胜任当前的新要求和新状况，完成教学目标。当前来看，加强教师主体建设应该进行三个规划：

1. 分层规划。高校要针对不同层面的教师进行规划。高职称教师往往实际经验足，理论与观点有底气，但现代化手段与移动互联网能力可能弱一些，有的甚至不会操作现代媒介工具，不会网络流行语，与学生沟通时较为传统和规矩，往往与学生有较强距离感；中青年教师的优势在于头脑灵活，思想活跃，朝气蓬勃，活力四射，容易与学生打成一片，但由于理论积淀时间短，思想可能还不够成熟，遇到重大理论问题时会难以驾驭，说不清，说不透，需在理论和思想上进一步提升。所以，在进行不同层面的教师职业发展规划时，要进行分层设计，各有侧重，分级管理，取长补短。一是设计安排老中青结合小组，实行校内外教师导师制。二是设计安排名家访学制，学术会议制，设计开放式交流体系。三是支持老教师学习现代技术和高层次学术交流，支持中青年教师的专业理论学习，及时给予相应的经费支持。

2. 目标规划。高校应着力促进管理目标、职业目标、发展目标与教学目标相结合。在管理目标中把思想政治理论课教师的职业定位与发展、学术能力提高与教学能力增长结合起来，既关注学校教学目标的实现，又关心教师个人的成长成才，在相互促进中实现思想政治理论课的实效性。注重实效既是课程目的、教学目标，也是教师的责任，只有扎扎实实提高职业本领，才能真正完成工作任务。因此，高校思想政治理论课教师应该有具体目标规划，包括理论水平的目标、学术能力的目标、教学质量的目标、网络素质的目标、文化修养的目标、职称提升的目标，等等。这些目标一定要统筹规划，既在顶层设计的体制机制中体现，又是教师个人通过勤奋努力可以达成的。

3. 素质规划。对高校思想政治理论课教师而言，理论素质是基石，文化素质是底气，网络和新媒体素质是本领。它们既形成着教师的"软实力"，同时又体现了"软实力"背后的"硬要求"。高校思想政治理论课教师的"硬要求"是由思想政治理论课的内在本质规定的，就是把社会主义意识形态通过一系列教学活动传导到学生，形成学生内在的思想素养、精神追求和政治意识。这些"硬要求"既是思想政治理论课教师的真功夫，也是他们须牢固坚守的底线，在教师素质规划中应格外重视。

第三节　高校思想政治教育的基本内容

高校思想政治教育的基本内容就是指社会与做人的基本要求，它是大学生在高校思想政治教育中的最基本内容。这里主要讲述以下两个方面的内容。

一、爱国主义教育

在新时期加强对大学生的爱国主义教育，其目的在于通过挖掘当代爱国主义的时代内涵，从而培养大学生爱国主义的情感，确定其爱国主义的信念，并引导他们把这种情感和信念转化为爱国主义行动。

（一）爱国主义教育的内容

我们所说的爱国就是人们对自己祖国的热爱。爱国主义，就是人们忠诚、热爱、报效祖国的一种社会意识形态，这种意识形态集情感、思想和行为于一体。有人把爱国主义概括为一种在长期社会实践中逐渐形成的由始至终对自己祖国的最深厚的感情，这种感情是生活的积淀，并通过子孙的繁衍而不断传播的一种民族意识和热爱祖国的情感。有人把它界定为一种思想观点、道德规范或政治原则、行为准则，这都有一定的道理。但还可以由个性概括出共性。爱国主义是热爱祖国、忠于祖国的情怀，是强调个人、群体、民族与国家关系的道德规范。爱国主义的内容包括三个层面：情感层面即基础层面，指对祖国和民族的热爱；理性层面，高于情感层面，要求能够理性地对待祖国、民族的历史；现实行为层面，是情感和理性层面的展开。

爱国主义教育是高校思想政治教育的重要内容，是引导大学生树立正确的理想、信念的基础。构建大学生思想政治教育内容要以爱国主义教育为重点，深入进行弘扬和培育民族精神教育，把以爱国主义为核心的民族精神教育与以改革创新为核心的时代精神教育结合起来。

爱国主义教育的内容主要包括以下几个方面。

第一，中华民族优秀传统文化教育。每一个民族都有自己独特的传统文化，它是民族繁衍生息的根基和血脉；每一个民族的传统文化都是复杂多样的，从特定历史坐标和相应评价标准来看，其内容有优秀与落后之分。中华传统文化作为中华民族的精神之根和文化之魂，历史源远流长、内容博大精深。优秀传统文化是指中华传统文化中历经沧桑而积淀传承下来的精华部分，是中华民族五千年文明智慧的基本元素和珍贵结晶。优秀传统文化在很大程度上具有超越时代局限、反映中华文明永恒价值的特征，与社会历史发展方向相贴近，与民族共同体的利益和福祉相契合，与马克思主义中国化一系列重大成果的基本精神相呼应①。

第二，社会主义信念教育。爱国主义所追求的国家富强、民族振兴和人民幸福的目标，与建设中国特色社会主义伟大事业所追求的目标是一致的。我们建设中国特色社会主义就是为了不断满足人民群众对美好生活的需要，就是为了实现广大人民群众的根本利益，就是为了国家富强和中华民族的伟大复兴。

---

① 湖南省中国特色社会主义理论体系研究中心：《从优秀传统文化中汲取实现中国梦的精神力量》，《人民日报》，2013 年 7 月 22 日。

社会主义信念是指对社会主义理论正确性、社会主义运动正义性和社会主义制度优越性的坚信。当代大学生是中国特色社会主义事业的建设者和接班人，肩负着在新世纪振兴中华，实现中华民族伟大复兴的艰巨而光荣的历史使命。他们对中国特色社会主义的信念状况，直接影响着改革开放和现代化建设的未来走向和社会主义在中国乃至世界的历史命运。因此，对大学生进行社会主义信念教育，坚定其社会主义信念，应作为高校思想政治教育的核心目标之一。

要加强大学生的社会主义信念需要学校、家庭、社会形成对大学生进行社会主义信念教育的合力，延伸大学生受教育的时空。高校是加强大学生社会主义信念教育的主阵地；宣传、理论、文艺、出版行业要为大学生提供丰富的精神食粮，营造良好的社会舆论氛围；各级政府、社会团体、企事业单位等要从切实解决大学生的实际困难出发，为大学生身心健康发展提供保障，使之感受社会主义大家庭的温暖；学校要探索建立与大学生家庭联系沟通的机制，家校配合，加强教育成效。总之，全社会要相互配合，构筑对大学生进行社会主义信念教育的系统工程。

第三，国家安全教育。国家安全教育就是对公民进行国家安全意识、国家安全观念、国家安全知识和自觉维护国家安全的教育。根据不同需要，可以在不同范围进行不同形式、不同内容、不同程度的国家安全教育。

爱国主义教育与国家安全教育有着十分密切的联系，爱国主义教育是国家安全教育的核心和灵魂，国家安全教育是最生动、最实际、最有效的爱国主义教育。国家安全、国防意识，从本质上来说也体现着国家意识、国家观念。没有国家安全意识也就没有真正的国家意识，也就很难产生真正的爱国主义情感；没有国防观念，也就很难从理性的高度把握科学的国家观念，因而也就很难使朴素的爱国主义情感向科学和理性的层面升华。随着经济全球化的不断深入，国家安全的内涵与以往相比也有了很大不同，不仅包括政治、军事安全，而且更突出了经济安全，同时又包含科技、文化、信息安全。因而，我们应顺应时代要求，提升与拓展国防教育，树立大国防观念，进行大国防教育，培养科学的国家安全意识。

（二）爱国主义教育的重要作用

爱国主义教育在思想政治教育中有重要的作用。

第一，有助于大学生培养高尚的道德情操。爱国主义是一种高尚的道德情感，这种情感集中表现为对祖国的山河、同胞、物质财富和精神财富的无限热爱；对祖国前途、命运的无比关心；个人的前途命运与祖国的前途命运紧密联系在一起，为祖国的独立富强而宁愿奉献一切的志愿；对祖国历史、文化、语言和优良传统的高度自豪感。爱国主义又是一种道德规范，它要求人们把爱国、报国、救国、兴国、强国看作崇高的美德，而把卖国、辱国等视为对祖国和民族的丑恶行为。在大学生当中开展爱国主义教育，一方面可以在大学生中弘扬和培育以爱国主义为核心的团结统一、爱好和平、勤劳勇敢、自强不息的伟大民族精神，增强大学生的民族自尊心、自信心和自豪感；另一方面可以培养他们忧国、报国的爱国情怀。所谓忧国，即指对祖国前途命运的关切与思考，"先天下之忧而忧，后天下之乐而乐"。所谓报国，即指对国家和民族的一种责任心。在国家危难之际挺身而出，不怕牺牲，为国家的独立富强、繁荣昌盛甘愿奉献出自己的一切。

第二，有助于大学生坚定中国特色社会主义的信念。新时期的爱国主义不仅仅表现为热爱祖国的山河、历史和文化遗产，而且更重要的表现为热爱我们的社会主义制度，热爱中国共产党及其领导下的各族人民，热爱社会主义现代化建设，维护国家的团结统一。在当代中国，爱国主义与爱社会主义在本质上是一致的。爱党、爱国、爱社会主义是统一而紧密联系的整体。在改革开放与现代化建设的新时期，建设中国特色社会主义是爱国主义的必由之路，在大学生中开展爱国主义教育可以使大学生更加热爱社会主义，热爱中国共产党，有助于使大学生把个人的前途命运与祖国的前途命运紧密联系在一起，为国家的独立富强尽心尽力地付出与奉献。

二、基本道德规范教育

（一）基本道德规范教育的内容

高校基本道德规范教育是指一定社会为了调整人们之间以及个人和社会之间的关系，要求大学生遵循的道德行为准则，是大学生道德行为和道德关系普遍规律的反映，是一定社会或阶级对大学生行为的基本要求的概括，是大学生的社会关系在道德中的体现，是大学生判断善和恶、正当和不正当、正义和不正义、荣和辱、诚信和虚伪、权利和义务等的道德准则。不同社会的不同阶级有不同的道德规范。大学生的行为，凡是有利于社会进步和社会发展的就是道德的，反之就是不道德的。大学生的基本道德是一种由大学生在实际生活中根据大学生的需求而逐步形成的一种具有普遍约束力的行为规范。大学生基本道德规范教育的主要内容有公民道德规范，即爱国守法、明礼诚信、团结友善、勤俭节约、敬业奉献。

"爱国守法"规范公民与国家的关系。每位公民都必须热爱自己的祖国，守法则是公民对国家的道德责任"底线"。公民只有形成守法意识，才能把提倡与反对、引导与约束结合起来，培养文明行为，抵制消极现象。促进扶正祛邪、扬善惩恶的社会风气的形成、巩固和发展。"明礼诚信"主要规范公民在公共场合和公共关系中的道德行为。文明礼貌是公民在公共场合应该遵守的最基本的道德准则，在公共关系中最基本的道德规则是"诚信"。"诚信"是对"明礼"的进一步深化和升华。在现实生活中，明礼是指公民待人接物时言谈举止要讲文明礼貌。它要求公民在重要场所和重大活动中，在人际交往中，重礼节、礼仪，讲礼貌，衣着整洁，举止文雅，说话和气，用语得当，守时守约，尊重他人，宽以待人，相互礼让等。"团结友善"主要规范公民与公民之间的道德关系。团结所具有的凝聚力和向心力能发挥无比巨大的作用。友善，是一个人能更好地融入社会的前提。在社会生活和工作中友善待人，热心公益，是对中华民族传统美德的继承和发扬。勤俭与自强二者是处于同一层次的道德准则，都是对公民个人提出的道德要求，主要规范公民的个人行为。奉献，主要规范公民与社会的道德关系，并引申出公民对待他人的道德责任。"敬业"的"业"指职业，也就是岗位。社会虽然有着不同的分工，但各行各业都离不开共同的敬业精神。甘于奉献是社会主义道德建设的主旋律，也是衡量一个社会道德水平的基本标准。

（二）基本道德规范教育的意义

孔子说过："德之不修，学之不讲，闻义不能徙，不善不能改，是吾忧也。"莎士比亚说："道德和才艺是远胜于富贵的资产。堕落的子孙可以把显贵的门第败坏，把巨富的财产荡毁，而道德和才艺使一个凡人成为不朽的神话。"杜威也曾说过："无论哪一国讲教育的人，都公认教育最高的、最后的目的，是道德教育。"

基本道德规范是本、是源，其他都是末、是流。"物有本末，事有终始。知所先后，则近道矣。"（《大学》）没有好土是难有好花的；先后错位，也是有悖施教规律的。有了最基本而广泛的社会主义道德规范的坚实土壤，才会有"素以为绚兮"的更大范围、更高层次上的社会主义道德之花的开放，才能更有效地全面实现党和国家提出的大学生思想政治教育工作的目标。

第四节　高校思想政治教育的主导内容

一、世界观教育

对于一个人的发展来说，世界观是第一位的，它决定着人的发展。所以，在思想政治教育中，我们要特别突出世界观的教育。

（一）世界观的内涵

所谓世界观，是人们对生活其中的世界以及人和世界关系的总的看法和根本观点。任何一个健全的成年人都会在自己成长过程中形成一定的世界观。所以，在现实生活中，每个人都有自己的世界观。

当人们形成一定的世界观后，往往就用它来指导自己观察、认识和处理各种问题。因而世界观对于个人的成长和发展都具有极为重要的意义。

世界观教育主要是进行辩证唯物主义和历史唯物主义教育，核心是实事求是的观点和方法的教育。第一，树立彻底的唯物主义态度和观点。看问题一切从实际出发，决不用主观意志和幻想代替实际和事实，要尊重客观规律性，坚持从调查研究中得出结论，并坚持用实践检验和发展真理。第二，树立真正的辩证法思想。核心是联系和发展的看问题，坚持联系的观点，就是要联系地看问题，不要孤立地看问题；要全面地看问题，不能片面地看问题。坚持发展的观点，就是要历史地、变化地看问题，不能静止、僵化地看问题。将矛盾，特别是事物的内在矛盾作为事物发展的动力，善于在矛盾动力推动下，不断通过量变达到好的质变，在曲折中实现事物不断前进。

（二）辩证唯物主义教育

辩证唯物主义是研究意识与物质世界的关系，揭示自然界、人类社会和人的思维运动和发展的最一般规律的哲学学说，也是马克思主义哲学的组成部分，是唯物主义哲学发展的高级形式。

辩证唯物主义认为物质世界是按照它本身所固有的规律运动、变化和发展的，"事物都是一分为二的"揭示了事物发展的根本原因在于事物内部的矛盾性。事物矛盾双方统一且斗争，促使事物不断地由低级向高级发展。因此，事物的矛盾规律，即对立统一的规律，是物质世界运动、变化和发展的最根本的规律。辩证唯物主义认为，人的认识是客观物质世界的运动经细化在人脑中的反映。辩证唯物主义的认识论既唯物又辩证地解决了人的认识的内容、来源和发展过程的问题。它认为物质可以变成精神，精神可以变成物质，而这种主观和客观辩证统一的实现都必须通过实践。实践的观点是辩证唯物主义认识论最基本的观点。认识来源于实践并为实践服务。实践、认识、再实践、再认识，循环往复，以至无穷,这就是人们正确地认识世界和能动地改造无限发展的世界过程。

进行辩证唯物主义教育,就是要帮助人们掌握辩证唯物主义的基本观点,并运用这些观点去认识问题、分析问题和解决问题。要用全面的、联系的、发展的观点看世界,不能用孤立的、片面的、静止不变的观点看世界;要遵循客观规律,按客观规律办事,不能违背规律,同时又要发挥主观能动性,把尊重客观规律和发挥主观能动性结合起来;要坚持"两点论"和"重点论"的统一,在看问题、办事情中既要全面把握,又要善于抓住重点;要重视量的积累,注意事物细小的变化,同时又要根据事物的发展进程,不失时机地促使事物由量变到质变的转化;要采取科学分析的态度和方法,坚持从肯定和否定的结合上去考察事物;要做到一切从实际出发,理论联系实际,实事求是,在实践中检验真理和发展真理。

(三)历史唯物主义教育

恩格斯把历史唯物主义视为马克思一生的两个伟大发现之一,并对它在社会主义由空想到科学转变中的作用,对无产阶级革命实践的意义予以高度评价。他说:"马克思的唯物史观帮助了工人阶级,他证明:人们的一切法律、政治、哲学、宗教等观念归根结底都是从他们的经济生活条件、生产方式和产品交换方式中引导出来的。由此便产生了适合于无产阶级的生活条件和斗争条件的世界观。"[①] 马克思和恩格斯创立唯物主义历史观的一个半世纪以来,历史唯物主义具有科学性和代表全世界劳动者的利益的特点。正是它的严格的特点,从而在理论与实践两个方面显示了不可抗拒的说服力。这一点任何有良知的学者都不能否认。

进行历史唯物主义教育,就是要教育和引导人们掌握历史唯物主义的基本观点,并运用这些观点去认识和分析一切社会历史现象。通过历史唯物主义教育,要使人们、以识到社会规律或历史必然性是不可抗拒

---

① 中共中央马克思恩格斯列宁斯大林著作编译局:《马克思恩格斯全集》(第21卷),人民出版社 1962 年版,第 548 页。

的，社会主义代替资本主义是任何力量也阻挡不了的历史发展的必然趋势；要使人们认识到生产力是人类社会发展和进步的最终决定力量，我们要把是否有利于解放和发展生产力，作为判断我们的路线、方针、政策正确与否的根本标准，作为判断我们工作的是非得失的根本标准，作为判断社会制度是否优越和进步的根本标准；要使人们认识到人民群众是历史的主体，我们要始终坚持党的群众路线，即一切为了群众、一切依靠群众、从群众中来、到群众中去的路线，始终坚持以人为本，坚持发展为了人民、发展依靠人民、发展成果由人民共享。

二、政治观教育

政治观教育是知识经济时代思想政治教育的重要内容，是思想政治教育的保证。政治观是指人们对国家结构、政治制度、国家的内外方针、政策、路线等政治方面的根本立场、根本态度和根本看法。政治观决定人们的政治方向和政治素质，关系到人的政治方向、政治目标；尤其对每一个党员干部来说，政治方向、政治立场、政治观点、政治纪律、政治鉴别力、政治敏锐性等，都是必备的政治素质。通过政治观教育，使人们懂得坚定政治方向的必要性，树立坚定理想信念，使人们增强民族自豪感、自信心和时代使命感，坚定不移地坚持社会主义政治方向，热爱祖国、热爱人民、热爱共产党和热爱社会主义。因而政治观教育也就成为当前教育的重要主题。在当代社会，政治观教育的内容主要有基本理论教育，坚持中国共产党领导地位的教育，时事政策教育，爱国主义和国际主义教育，理想信念教育等。

（一）基本国情教育

早在民主革命时期，毛泽东同志就指出，"认清中国的国情，乃是认清一切革命问题的基本的根据。"[1] 同样，认清当代中国的国情，也是认清一切建设和发展问题的基本根据。认清国情，最重要的是要把握

---

① 《毛泽东选集》（第 2 卷），人民出版社 1991 年版，第 633 页。

我国社会的性质和发展阶段以及现阶段的主要矛盾。

在习近平新时代中国特色社会主义思想指导下，中国共产党领导全国各族人民，统揽伟大斗争、伟大工程、伟大事业、伟大梦想，推动中国特色社会主义进入了新时代。

我国正处于并将长期处于社会主义初级阶段。这是在原本经济文化落后的中国建设社会主义现代化不可逾越的历史阶段，需要上百年的时间。我国的社会主义建设，必须从我国的国情出发，走中国特色社会主义道路。在现阶段，我国社会的主要矛盾是人民日益增长的美好生活需要和不平衡不充分的发展之间的矛盾。由于国内的因素和国际的影响，阶级斗争还在一定范围内长期存在，在某种条件下还有可能激化，但已经不是主要矛盾。我国社会主义建设的根本任务，是进一步解放生产力，发展生产力，逐步实现社会主义现代化，并且为此而改革生产关系和上层建筑中不适应生产力发展的方面和环节。必须坚持和完善公有制为主体、多种所有制经济共同发展的基本经济制度，坚持和完善按劳分配为主体、多种分配方式并存的分配制度，鼓励一部分地区和一部分人先富起来，逐步消灭贫穷，达到共同富裕，在生产发展和社会财富增长的基础上不断满足人民日益增长的美好生活需要，促进人的全面发展。发展是我们党执政兴国的第一要务。必须坚持以人民为中心的发展思想，坚持创新、协调、绿色、开放、共享的发展理念。各项工作都要把有利于发展社会主义社会的生产力，有利于增强社会主义国家的综合国力，有利于提高人民的生活水平，作为总的出发点和检验标准，尊重劳动、尊重知识、尊重人才、尊重创造，做到发展为了人民、发展依靠人民、发展成果由人民共享。跨入新世纪，我国进入全面建设小康社会、加快推进社会主义现代化的新的发展阶段。必须按照中国特色社会主义事业"五位一体"总体布局和"四个全面"战略布局，统筹推进经济建设、政治建设、文化建设、社会建设、生态文明建设，协调推进全面建设社会主义现代化国家、全面深化改革、全面依法治国、全面从严治党。在新世纪新时代，经济和社会发展的战略目标是，我们已经实现在建党一百年时全面建成小康社会的第一个"一百年"战略目标；到新中国成立一百年时，将全面建成社会主义现代化强国的第二个"一百年"战略目标。

（二）民族精神教育

中华民族精神源于五千年的文明发展史，在建设美好家园、抵御外来侵略和克服艰难险阻的奋斗中，中华民族不断培育和发展着自己的民族精神。在高校思想政治教育中，不仅要引导大学生正确认识民族精神科学内涵，还要教育他们以创新、开放的态度看待民族精神，为民族精神增添新的时代内涵。一方面，要教育大学生根据新的实践和时代的要求，吸收和借鉴世界各民族的民族精神的精华，对传统民族精神加以创新，实现民族精神的继往开来，与时俱进；另一方面，要教育大学生珍视、继承我国在五千年的历史中形成和发展起来的伟大民族精神和我们党领导全国人民在长期实践中形成的伟大时代精神。

民族精神对于一个民族的发展来说是极为重要的。2018年3月20日，在十三届全国人大一次会议闭幕会上，国家主席习近平发表重要讲话。对于民族精神，习近平主席给出了权威定义——伟大创造精神、伟大奋斗精神、伟大团结精神、伟大梦想精神。人无精神不立，国无精神不强。习近平总书记指出："精神是一个民族赖以长久生存的灵魂，唯有精神上达到一定的高度，这个民族才能在历史的洪流中屹立不倒、奋勇向前"，"中国人民在长期奋斗中培育、继承、发展起来的伟大民族精神，为中国发展和人类文明进步提供了强大精神动力"。[①] 这种民族精神是中华民族五千多年生生不息、发展壮大的强大精神支撑，是我国各民族世世代代自强不息、团结奋斗的牢固精神纽带，是我们不断开辟新征程、开创新未来的不竭精神动力。

进行民族精神教育，应着眼于培养人们对中华民族共同历史、文化、生活方式的归属感，培养人们对伟大祖国悠久历史和优秀传统的认同感，

---

① 摘自《伟大民族精神是中国发展进步的强大动力》，《红旗文稿》2020年第8期。

引导人们形成良好的道德品质和行为习惯，在弘扬中培育民族精神的时代内涵。当前和今后一段时期，要把国家意识（国家观念、国情意识、国家安全和国家自强教育）、文化认同（民族语言、民族历史、革命传统和人文传统教育）、公民人格教育（社会责任、诚信守法、平等合作、勤奋自强教育）作为民族精神教育的重点内容。

（三）时代精神教育

时代精神是一个反映社会进步发展方向、引领时代进步潮流的精神，是一种超脱个人的共同的思想观念和行为方式，是时代文明（物质文明、制度文明和精神文明）内在、深层的精髓与内核，是对现代文明最高层次的抽象，它决定于代表历史前进方向的时代文明的客观的、本质的潮流和发展趋势，并积极推动时代政治、经济和文化发展。当前，我国的改革已进入攻坚阶段，改革的任务将更加繁重，改革的矛盾将更加凸显，支持改革、拥护改革应成为当代受教育者的自觉行动。因此，必须树立与改革相适应、与时代相契合的思想观念。当今世界，创新已成为一个国家不断发展、在国际竞争中取得主动地位的重要因素。

时代精神教育的重要内容是以解放思想、实事求是、与时俱进的思想路线为支撑的，以改革创新为核心的精神。新的时代精神以现代意识和现代思维方式为重要特色。解放思想和改革开放，在深层次上表现为思想方法和思维方式的变革，即要求思想方法和思维方式的现代化，使之符合社会主义现代化建设不断推进的时代潮流。时代精神在引导和推进社会主义市场经济的过程中，与自立意识、竞争意识、效率意识和民主法律意识相融合，赋予社会主义现代化事业以强大的生机和活力。通过弘扬社会主义时代精神，能够使我们在不懈奋斗过程中保持蓬勃朝气、昂扬锐气和浩然正气。

三、人生观教育

（一）理想信念教育

理想是人们在实践中形成的、有可能实现的、对未来社会和自身发展的向往和追求，是人们世界观、人生观、价值观在奋斗目标上的集中体现。信念是人们在一定的认识基础上确立的，对某种思想或事物坚定不移并身体力行的心理态度和精神状态。理想信念可以调动人们进行社会主义现代化建设的积极性、创造性，增强民族凝聚力、向心力，激发人们奋勇拼搏、顽强进取和艰苦奋斗的昂扬志气。树立崇高的理想信念也是有力抵制和克服各种错误思想的精神武器。理想内容包括：社会理想、道德理想、职业理想和生活理想，最重要的是人生社会理想。理想信念教育始终是人生观的核心要素，理想信念决定着人们的政治价值选择和评价，决定着人们政治价值观的性质和方向。

进行理想信念教育，就是要使广大共产党员和先进分子确立马克思主义信念，树立共产主义理想。马克思主义深刻揭示了人类历史发展规律，为人们认识和改造世界提供了科学的立场、观点和方法，是指导工人阶级和广大劳动人民群众实现自身解放的强大思想武器。通过理想信念教育，要使共产党员和先进分子确立马克思主义的坚定信念，深刻认识人类社会发展规律，深刻认识中国走社会主义道路的历史必然性，把个人理想与社会理想统一起来。马克思主义基于对人类社会发展规律的正确分析，指出人类社会必然走向共产主义。共产主义社会将是物质财富极大丰富，人民精神境界极大提高，每个人自由而全面发展的社会。实现共产主义是中国共产党的最高理想。通过理想信念教育，要使共产党员和先进分子明确社会主义最终战胜资本主义是历史发展的必然，是不以人的意志为转移的客观规律，从而使他们坚定对于社会主义、共产主义的信心，"同时必须认识到，实现共产主义是一个非常漫长的历史过程，我国现在仍处于并将长期处于社会主义初级阶段。我们必须从这个实际出发确定现阶段的奋斗目标，脚踏实地地推进我们的事业"，广大共产党员和先进分子要胸怀共产主义的远大理想，在中国特色社会主义事业中积极贡献力量。

（二）人生价值观教育

古希腊哲学家苏格拉底认为，未经省察的人生是不值得过的。对人生的省察，也就是对人生意义、人生价值的探究和考察。苏格拉底的意思是说：人，不能像牲畜一般浑浑噩噩地活着；人，要活得有理想、有追求、有意义。用我们今天的话来说，就是要有正确的人生价值观。在浩瀚如海的芸芸众生之中，不论是帝王将相、才子佳人，还是英雄豪杰、平民百姓，不论是自觉的还是不自觉的，都要受到这一问题的制约和支配。人生价值观是个体价值观的核心，和每一个人息息相关，它决定着一个人一生的人生方向和道路，处于个体价值观体系的主导地位。因此，人生价值观教育成了学校价值观教育的重中之重。

进行人生价值观教育，首先要引导人们确立正确的人生价值目标；其次要引导人们正确地进行人生价值评价；最后要引导人们努力实现人生价值。

（三）生命价值观教育

生命价值观教育就是指教育者运用一定的教育手段和方式，引导受教育者充分认识生命的价值及其意义，从而使受教育者敬畏、珍惜、尊重、欣赏、充实和发展生命的一种实践活动。它以生命为对象，以人文关怀为着力点，以和谐发展为终极目标。生命价值观教育是一种引导个体体会和实践"爱惜自己，尊重他人"的价值性的教育活动。

高校生命价值观教育可以弥补过去思想政治教育工作中对于人性的忽视，回归其面向人的终极发展，引导人的精神最深层的结构内容，最大限度地激发受教育者对于人生的终极依据、本体意义和价值目标的追寻，实现生命有限性的精神超越的本质。

四、民主法制观教育

（一）社会主义民主教育

"民主"一词最早出现在有"历史学之父"之称的古希腊历史学家希罗多德的《历史》一书中，从词源上看，民主由"多数人"和"权力"两词组合而成，意为多数人的统治（权力）。民主也就是区别于个人独裁专制的国家治理的一种学说、理念、方式、制度。作为多数人的统治，多数人是谁，决定了民主制度的阶级实质，也就是国家政权掌握在哪个阶级手里，哪个阶级是统治阶级，哪个阶级是被统治阶级。大约于公元前 6 世纪，在古希腊雅典奴隶制城邦国家出现了人类历史上最早民主政体的雏形。公民大会掌握最高权力，各级官员经选举产生。但实质上仅限于奴隶主和自由的少数人享有民主权利。恩格斯说："九万雅典公民对于三十六点五万奴隶来说，只是一个特权阶级。"这一时期的民主制度实质是奴隶主阶级专政，是为维护奴隶主阶级根本利益服务的。[①]

作为思想政治教育中的民主教育，就是要引导人们在思想上对民主有一个正确的认识。

第一，引导人们正确看待社会主义民主和资本主义民主。在现实生活中，人们对民主首先是从现象方面、从形式方面来感知的，这就容易导致对我国社会主义民主形式产生一些不正确的认识。

第二，引导人们正确认识民主与法制、民主与纪律的关系。民主与法制、民主与纪律是不可分割的，它们都是辩证统一的。进行社会主义民主教育，要引导教育对象正确认识它们之间的辩证统一关系，使人们既理性地看待民主，又理性地行使民主权利。

（二）社会主义法治教育

健全社会主义法制，依法治国，建立社会主义法治国家，是建设中国特色社会主义的重要目标。而加强社会主义法制教育，提高人们的法律素质，是达到这一目标的重要举措。

在进行社会主义法治教育的过程中，要全面推进依法治国，加快建设社会主义法治国家，必须牢固树立社会主义法治信仰，把宪法和法律作为最高行为准则。习近平总书记对树立社会主义法治信仰问题高度重视，强调"宪法的根基在于人民发自内心的拥护，宪法的伟力

[①] 刘森静：《论高校社会主义民主教育的核心内容》，《文教资料》2012 年第 5 期。

在于人民出自真诚的信仰";"法律要发挥作用，首先全社会要信仰法律";"做到严格执法、公正司法，就要信仰法治、坚守法治"。我们要认真学习领会习近平总书记系列重要讲话精神，切实抓好贯彻落实，努力在全社会树立社会主义法治信仰，为全面依法治国提供精神支撑。①

第五节　高校思想政治教育的内容深化

一、创新教育

创新教育是为了迎接知识经济时代的到来而提出来的。创新教育不仅是教育方法的改革或教育内容的增减，而且是教育功能的重新定位，是带有全局性、结构性的教育革新和教育发展的价值追求，是新的时代背景下教育发展的方向，是创造教育在新的历史条件下的发展和升华。在我国各级教育中实施创新教育，对创新人才的培养和成长，无疑将具有深远的历史意义和重大的现实意义。

创新型人才是构建创新型国家体系的骨干力量，也是经济建设和社会发展对工程人才的要求。因此，以培养学生的创新意识和创新能力为目标的创新教育是实现工程人才培养定位过程中不可或缺的内容。

创新教育的内容就是创新精神、创新能力和创新人格。创新精神，主要包括有好奇心、探究兴趣、求知欲，对新异事物的敏感，对真知的执着追求，对发现、发明、革新、开拓、进取百折不挠的精神，这是一个人创新的灵魂与动力；创新能力，主要包括创造思维能力，创造想象能力，创造性的计划、组织与实施某种活动的能力，这是创新的本质力

---

① 　张鸣起：《牢固树立社会主义法渝信仰》，《求是》2015 第 23 期。

量之所在；创新人格，主要包括创新责任感、使命感、事业心、执着的爱、顽强的意志、毅力，能经受挫折、失败的良好心态，以及坚忍顽强的性格，这是坚持创新、做出成果的根本保障。

创新教育以全面提高学生的能力为根本目的，以尊重学生主体和主动精神、注重开发人的智慧潜能和形成人的健全个性为根本特征，创新教育是高等教育发展的必然趋势。

二、网络教育

随着社会的网络化发展，高校思想政治教育工作面临着新的挑战和新的机遇。从以往的经验可以看出，如果一个国家的政权不想被敌对势力颠覆，那么首先就应该教育和培养好青年学生的思想观念，让网络不要成为敌对分子攻击青年学生的工具。高校要深刻认识到，网络思想政治教育的重要意义，要着重加强网络思想政治教育建设，构建系统的内容体系，力争网络思想政治教育取得扎实的成效。

高等教育的根本目的是为党和国家培养社会主义事业的合格建设者和接班人，高校不仅要培养高素质的科技人才，更要培养思想政治素质过硬的优秀人才。高校网络思想政治教育必须坚持马克思主义的指导地位，把马克思主义中国化的最新成果作为核心内容，渗透到对大学生的网络教育过程中，使他们了解世情、国情和党情，形成正确的世界观、人生观和价值观。

在社会的各种资源中，人才是最宝贵最重要的资源。大学生是社会主义建设和发展的生力军。他们能否认识到自己所肩负的历史使命，并且以这种历史使命为己任，以社会责任感为动力，积极投身于建设社会主义的伟大事业中，直接影响着我国现代化的发展进程，同时也影响着他们自己的人生价值的实现。所以，培育和加强大学生的思想政治素质是时代赋予思想政治教育工作者的历史责任，思想政治教育应抓住网络时代发展的契机，加强大学生的历史使命教育，全面提高大学生的思想政治素质，把大学生的个人价值实现与国家的振兴紧密结合在一起。

加强高校网络思想政治教育，是大学生健康成长的需要，是高校思想政治教育本身的需要，是提高大学生思想政治素质的需要，同时也是发展和完善思想政治教育学科理论体系的需要。

三、创业教育与就业教育

求职就业是每个大学生必经的一道门槛。自有人类文明历史以来，职业生活便于每个人发生了不可或缺的联系。就业岗位给大学生提供了施展才华的舞台，为他们人生价值的体现提供了实现途径，使他们能拥有丰富多彩的生活。

创业教育被联合国教科文组织称为教育的"第三本护照"，被赋予了与学术教育、职业教育同等重要的地位。创业既指向目标达成，有时也指向"创造性的破坏"。因此，创业首先不能仅仅被当作一种纯粹的、以营利为唯一目的的商业活动，而是渗透于人们生活中的一种思维方式和行为模式。创业活动要求大学生具备自主、自信、勤奋、坚毅、果敢、诚信等品格与创新精神，要求大学培养未来创业者与领导者的成就动机、开拓精神、分析问题与解决问题的能力。创业教育的宗旨在于培养学生的创业技能与开拓精神，以适应全球化、知识经济时代的挑战，并将创业作为未来职业的一种选择，转变就业观念。它不仅传授关于创业的知识与能力，更重要的是，要让学生学会像企业家一样去思考。其次，创业需要创业教育提供基础，即要经过严格的学术训练和知识准备，使未来创业者具备战略眼光、良好的沟通协调能力、营销能力和决策能力，并具备较好的情商。

第六讲 春风化雨：

高校思想政治教育的方法讲解

　　思想政治教育方法，是指思想政治教育的主体为完成一定的思想政治教育任务，在对教育对象实施思想政治教育的过程中所采用的一切方式、办法或手段的总和。高校在长期的实际工作中创造和总结了许多思想政治教育行之有效的方法，如理论教育法、实践教育法、自我教育法、隐性教育法、网络教育法等，这些方法从认知、情感、体验、行为及其之间的相互协调推进为具体的作用路径，晓之以理、动之以情、导之以行，共同推进着大学生思想政治素质的提高。

第一节　理论教育法

一、理论教育法的含义

理论教育法也叫理论灌输法或理论学习法，是教育者与受教育者有目的、有计划地进行马克思主义理论学习、培训、教育，树立正确世界观、人生观、价值观的教育方法。简单地说就是通过马克思主义基本原理、思想观念的传授、学习、宣传进行教育的方法。理论教育法是思想政治教育最常用、最基本的方法。

理论教育法以马克思主义的灌输理论为依据，是思想政治教育最主要、最常用和最基本的实施方法。列宁曾在《怎么办?》一书中针对当时俄国社会民主党内存在的崇拜自发论的工联主义倾向明确指出："工人本来也不可能有社会民主主义的意识。这种意识只能从外面灌输进去。"[①] 列宁提出"从外面"灌输社会主义意识，强调了科学、系统的社会主义思想不可能通过自发的方式产生，而只能通过学习、教育、宣传等各种形式的灌输，为人民群众所接受和掌握。尽管今天的社会历史条件已不同于列宁当时所处的社会历史条件，但灌输的原理并没有过时，理论教育的方法仍然适用。

在社会主义社会，工人阶级已经形成了自己的知识分子队伍，能够

[①]　中共中央马克思恩格斯列宁斯大林著作编译局：《列宁全集》（第6卷），人民出版社1986年版，第29页。

自主地发展自己的阶级意识。从整个阶级的意义上来说，工人阶级不再需要从自己阶级之外去接受灌输。但对于工人阶级的每个成员来讲，对于劳动群众个体来讲，理论灌输仍然是十分必要的。一方面，对于受教育者个体而言，正确的思想和理论即科学的世界观和方法论，不可能不学而知、不教而会，必须通过各种形式的灌输，才能在他们的头脑中扎下根来。另一方面，无论何时何地，人的实践活动都要受到一定的思想所支配。在当代复杂多变的社会生活面前，人们比以往任何时候都更加需要科学的思想和理论来指导自己进行正确的决策和选择，以便更加有效地认识环境、适应环境、发展自己。因此，以科学的理论武装人，是新时期思想政治教育的一个基本理念，它所强调的正是理论灌输法的现代价值。

二、理论教育法主要形式

（一）理论讲解法

理论讲解法是教育者根据思想政治教育的目标和内容向受教育者系统讲述科学理论的方法。这是一种最基本、也是运用最广泛的理论灌输法。这种方法既适用于传授马克思主义理论、党的政策方针和社会主义品德规范，也适用于联系实际。

正确运用理论讲解法，必须坚持理论联系实际，坚持把马克思主义的基本原理与当代中国的国情结合起来，坚持把党的方针政策和受教育者的思想特点结合起来，处理好内容和形式之间的关系，处理好灌输和引导的关系，处理好讲解和启发的关系。

讲解教育法，是摆事实，讲道理，以理服人的方法。它要求讲述的事实要真实，讲解的道理要透彻。事实胜于雄辩，事实会教育人。"理论只要说服人，就能掌握群众；而理论只要彻底，就能说服人。所谓彻底，就是抓住事物的根本。"[1] 说理是思想政治教育的基本方法，是打

---

[1] 中央编译局：《马克思恩格斯选集》（第 1 卷），人民出版社 1995 年版，第 9 页。

开人们心灵的钥匙，讲授讲解尤其要说理充分透彻。所谓充分透彻，就是把自己所讲道理的概念要讲准，内容要讲明，层次要分清，实质要说透。讲解教育法是语言灌输的一种主要方式，它主要运用于系统的马克思主义理论教育、理论学习辅导和党的路线、方针与政策的解释、宣传。运用讲解法时，首先，讲解的内容要正确，理论、概念应具有科学性，讲述的事实同结论要保持一致。其次，讲解既要全面、系统，同时要抓住重点，突破难点，找到理论与实践的结合点，增强教育的针对性。最后，讲解要采取启发式，循序渐进地进行引导，防止填鸭式和注入式。

（二）理论学习法

理论学习就是教育者有目的、有计划地组织受教育者（集体或个人）学习马克思主义理论和党的路线、方针、政策的教育方式。它是阅读马克思主义经典著作，领会党的文件精神，掌握马克思主义的立场、观点和方法，并自觉加以运用的一种方法。"理论学习法更加侧重受教育者的自主性，受教育者可以进行判断、选择，这是思想政治教育更能成为受教育者的一种主动方式。"[1] 如学习和掌握马克思主义的基本原理，学习党的路线、方针和政策，学习伦理道德知识、法律法规知识，了解国内外时事动态等，都可以采用这一方法。

采用这些方式一般可分为两个步骤：第一步是学习理解，即受教育者通过读书、读报等方式将理论知识变为自己的，可采用个体学习或集体学习等方式进行，由教育工作者进行必要的辅导。第二步是实践巩固，即将所学的理论运用于实际，在解决实际问题中加深对所学理论的理解。可通过演讲辩论、讨论交流、知识竞赛等方式检验教育对象运用理论分析与解决问题的能力，使教育对象在思维的碰撞中进一步加深对所学理论的认识和理解。运用理论学习法要注意两点：一是学习的内容要与实际挂钩。必须坚持理论联系实际，将所学的理论原理同社会实际

---

① 刘新庚：《现代思想政治教育方法论》，人民出版社 2008 年版，第 137 页。

及教育对象的思想实际结合起来。保证理论学习效果的基本条件是要保持学习内容与教育对象的相关性。二是形式要多样，富有吸引力。理论学习较之理论讲授可能难度更大，更加枯燥，在形式上要多样化，才能调动教育对象的学习积极性。形式多样化就是，既要继承过去传统的有效方法，又要不断结合实际创造出新的方式和方法。

（三）理论宣传法

理论宣传法是指宣传和文化部门通过报纸、期刊、电台、电视台、网络等大众传播媒介和舆论工具向人们灌输科学理论的方法。这种方法系统性强，覆盖面大，影响范围广泛，而且能迅速快捷地传递科学理论。这是一种社会化的教育方式，这种方法的实施方式是多种多样的。以电视为例，现场直播领导人讲话以及重要会议，实况转播英雄人物报告，新闻片《新闻联播》，人物特写如《面对面》，社会问题探讨如《焦点访谈》《新闻调查》等都可以是具体的实施方式。其他传媒工具如电台、报纸、期刊、网络，也都有各自的特点，都能促进和引导社会成员在良好的舆论环境中自觉地进行理论学习。

理论宣传法必须坚持理论宣传内容的真实性。既要以正面宣传为主，大力宣传社会主义制度的优越性和社会主义建设所取得的巨大成就，又要敢于揭露和谴责社会的不正之风和腐败现象。在宣传中，确立真善美和假恶丑的标准，从而帮助受教育者抵制各种错误思想，并与各种不良之风作斗争。

（四）理论培训法

理论培训就是教育者有组织有计划地通过培训班或学习班对受教育者进行系统的理论培养，帮助受教育者树立系统的理论观点，指导其科学的行为。理论培训需要在一定的时间，集中一定的人力和物力，对特定的教育对象加以教育。其优势就是时间短，见效快，有利于新的路线、方针或理论的推广。在我党历史上，曾经发挥过强大的威力。如第一次国共合作时所办的"中央农民运动讲习所"，极大地推动了农民运动的发展；现在的中央和省市级党校所办的"省部级"或"县处级"领导干部理论培训班，也是一种集中对各级领导加强中国特色社会主义理论体系，特别是科学发展观的理论培训，极大地提高了各级领导干部的理论水平。

三、理论教育法的条件保障

理论教育法虽然是思想政治教育经常、普遍使用的方法，但在运用时也是有条件的。离开一定的条件，这个方法就表现出局限性。在使用理论教育法时，教育者和受教育者，首先要完整准确地理解理论的内容，正确全面地领会和掌握党的路线和方针政策。采取断章取义，只言片语的方式进行学习和教育，不仅不能形成正确的思想和科学的世界观，还会导致思想上的混乱。其次，运用理论教育法一定要联系实际，善于引导人们运用马克思主义的立场、观点和方法观察问题，解决问题，不能只空讲道理。否则，教育就会出现脱离实际的教条主义倾向。同时，要根据教育对象的思想觉悟、文化水平、职业特点，选择理论教育内容，使教育具有针对性。再次，运用理论教育法时，既要坚持正面说理，以理服人；又要能够寓情于理，激发受教育者学习的情感和兴趣，启发受教育者积极思维，使教育生动活泼，富有吸引力；还要批判错误的理论与思想倾向，努力形成教育合力与综合效应。

内容的完整性和科学性是灌输教育有效性的前提。我们在社会主义制度建立以后曾经进行的两个方面的灌输：一是错误理论的灌输；二是无真实内容完全忽视人们利益的口号式的灌输。前者实际上是有害灌输，后者实际上则是无效灌输，它们从不同的方面违背了灌输的规律，否定了灌输的特定意义和作用。

思想政治教育是一个系统工程，它涉及多个层次、多个领域、多种形式。要提高灌输教育的质量，增强灌输教育的效率，必须构建起全方位、多层次的灌输网络。这个网络包括党政工团，包括学校、企业、各个部门以及家庭。我们要在不同的层面上从不同的角度进行灌输。

灌输的运行机制是增强灌输教育有效性的重要保障，所以，要吸收相关学科的知识，在宏观层面上建立起灌输的运行机制；同时针对不同人群建立起相应的运行机制，把宏观运行机制与微观运行机制结合起来，使灌输教育的操作性和科学性得到统一，增强"灌输"的效果。

第二节　实践教育法

一、实践教育法含义

实践教育法就是组织引导教育对象积极参加各种社会实践活动，从而不断提高他们的思想觉悟和认识能力，在改造客观世界的过程中同时改造自己的主观世界，培养教育对象优良的品德、行为和习惯的方法。实践教育法也叫实践锻炼法，它是思想政治教育的基本方法之一。

实践教育不同于其他教育的方面在于，首先，实践教育是以受教育者亲身参与为主要教育形式的教育活动。实践不是纯客观的，而是一种主观见之于客观的活动。在实践活动中，实践主体的自觉意识使实践活动具有能动性。因此，教育对象在实践教育活动中作为实践的主体，他变被动接受而成为主动积极的参与者，提高了认识的积极性和自觉性。其次，实践活动及其成果的可感知性和直接现实性的特点，使参与者可以感受到直接的、真实的、切身的教育。实践教育使人们在书本上得到的理论认识转化为处理各种问题的观点和方法，锻炼了人们认识问题和解决问题的实际能力，深化了人们的理论认识，提高了人的内在素质。

二、实践教育法形式

（一）社会考察

社会考察也称之为社会调查，是一种有目的地观察、认识、研究社会现象，提高受教育者思想认识和解决社会问题能力的方法。社会考察的对象包括社会客观存在和主观范畴的社会事实，通过直接收集事实材料，揭示事物的实质和发展变化的规律性，寻求改造事物的途径和方法。它作为一种实践活动的方式运用于思想政治教育，其目的是帮助受教育者深入社会实际，贯彻理论联系实际的原则，正确认识社会现象与社会问题。

把社会考察方法用于思想政治教育，是我们党的优良传统，如走访革命英雄、劳动模范人物，组织重走长征路等方式的历史专题考察，进行社会热点、难点和专业、行业调查，广泛开展改革开放、社会主义现代化建设成果考察等，都是富有深刻教育意义的活动。社会考察是考察者自己动脑、动口、动手的方法。通过调查获得丰富的第一手材料，然后经过整理、分析和加工制作，去粗取精，去伪存真，由此及彼，由表及里，从感性认识上升到理性认识，得出既有事实根据，又有理论思考的正确结论。因此，社会考察不仅使考察者的思想和能力得到提高，而且考察结论对其他人也有启发和教育作用。

在高校思想政治教育中实施社会考察法有以下几个步骤：

一是深入社会观察。要了解实际情况，就应当首先了解某一社会现象或问题的存在方式和状况，这要求受教育者一定要自己动手、动脑去接触社会，认识社会，虚心请教，以获得客观而丰富的第一手资料。这类考察方式一般适用于对国内国际的重大事件或社会重大问题的分析研究。

二是参与社会体察。如果说社会观察是受教育者作为客观第三方，那么参与社会体察也就是受教育者完全参与到所考察的对象的活动之中去，作为考察对象中的一部分去亲身体验。亲身体验得来的经验材料较之观察得来的经验材料更深刻，当然也更富有感情色彩，这类考察方式一般适用于对某阶层的工作、生活状况的考察。

三是联系社会调查。通过设计调查问卷，调查问题，确定调查对象，安排专门的时间进行问卷填写或采访的方式，获得第一手资料，这是目前最常采用的调查方式，适用于考察某一社会群体对某类问题的看法或观点，对社会热点问题的考察等。

（二）志愿者服务

我国志愿者活动起源于20世纪60年代的学雷锋运动，学习雷锋就是学习其全心全意为人民服务，无私奉献，敢于牺牲的集体主义和共产主义精神，发扬他那种不怕苦、不怕累的齿轮和钉子精神，从而树立正确的人生价值观。中国青年志愿者行动就是在学习雷锋的基础上产生的。志愿服务组织最早萌芽于1990年深圳"青少年义务工作者联合会"，以北京大学学生自发成立的"爱心社"为标志，而1993年12月，围绕铁路春运提供志愿服务则席卷了中华大地，被称为"冬天里的一把火"。同年12月19日，全国首批2万多名铁路系统青年志愿者，组成860多个青年志愿服务队，并打出了"中国青年志愿者"的旗帜，点燃了世界文明的火种，揭开了"中国青年志愿者"行动的帷幕。从此，志愿组织和活动如雨后春笋般遍及中国大地。到2000年年底，7年间，全国累计已有8000多万人次的青年向社会提供了超过40亿小时的志愿服务。

近年来，青年志愿者在北京奥运会和上海世博会等大型活动和重要事件中发挥了非凡作用，志愿者活动也越来越受到社会各界的关注和重视。习近平总书记2016年12月7日在全国高校思想政治工作会议上的讲话上指出，社会是个大课堂。青年要成长为国家栋梁之材，既要读万卷书，又要行万里路。社会实践、社会活动以及校内各类学生社团活动是学生的第二课堂，对拓展学生眼界和能力、充实学生社会体验和丰富学生生活十分有益。高校学生支教、送知识下乡、志愿者行动等活动，都展现了学生的风貌和服务社会、报效国家的情怀。许多学生正是在这样的社会实践和社会活动中树立了对人民的感情、对社会的责任、对国家的忠诚。

近年来，越来越多的大学生参与到社会志愿服务中，大学生志愿服务为社会各项事业发展做出了积极的贡献，但同时也存在一些问题。

1. 志愿服务内容

当今大学校园的志愿服务活动大部分仍然是从传统路线出发，开展一系列的传统志愿服务活动，志愿服务内容相对薄弱。例如，关注留守儿童，关爱孤寡老人和社区服务等活动，这种传统型的志愿活动我们当然要传承，但不能仅仅拘泥于这样的传统活动，而是要打开思维，更好地发展与创新。部分大学生承办志愿服务活动往往局限于固有的思维，局限于校园，周边的服务地点，不能将思路往深度与广度方向扩展。同时，许多活动缺乏一定的专业性与技术性，有时仅仅只能满足被服务者的需要却不能满足大学生自身更深层次的需要，长此以往便大大削弱了大学生志愿者的热情与积极性。

2. 组织成员积极性不高

目前，高校志愿者活动参与率总体来说并不高。在学生群体中，对待志愿者活动的态度明显呈两极分化。一类学生对社会公益活动非常热心，希望通过参与活动锻炼自身能力，提升个人综合素养；另一类学生则认为志愿者活动费时费力，且活动过程非常辛苦，收获不大，甚至还有部分学生因为校内评优评先政策对于志愿者活动参与率的硬性要求，而不得不参与到志愿者活动中来。[①]由此可见，在校大学生不同的价值观念滋生了不同的动机，继而不同的动机又直接影响到志愿者活动参与的频率和活动开展的效果。

3. 志愿活动出现商业化倾向

高校大学生参与志愿活动是基于一种道义、良知、同情和责任感，他们在志愿服务中提供的是种无偿服务和帮助，不含任何商业和功利的色彩，是一种自愿的非营利行为，大学生参与志愿者活动的初衷是单纯的，实际上一些机构以非营利组织为名，招募大学生来实现商业目的，热心的公益服务却被商家悄悄地人为商业化，某些商家和一些不良组织

---

① 沈潘艳、辛勇：《志愿者活动：大学生心理成长的依托》，《黑龙江高教研究》2012年第9期。

机构合作，在金钱的诱惑下，招募一些没有足够的社会阅历和识别能力的大学生，这部分大学生积少成多，逐渐成为商家们获取利益的来源，也因此使得非常纯净的志愿服务活动微不足道。

以上几方面都影响着高校青年志愿者服务行动的高水准可持续开展，成为制约志愿服务者行动发展的瓶颈障碍，探寻促进高校志愿者服务进一步前进的思路就显得格外的重要。

第一，必须从项目开发角度实现新的突破。没有大量的、吸引学生参与的项目，扩大志愿服务规模就是一句空话。第二，要从志愿者工作管理体制方面和管理模式方面进行突破。我们要从志愿服务的效果出发来设计和完善管理体制和管理模式，要使志愿服务规模不断扩大，参与志愿服务的学生不断增多，志愿服务行为不断规范，同时，尽量减少和分散管理的成本。第三，要在激励机制方面进行突破。必须采取切实有效的激励措施，给予志愿者有力的政策或者精神鼓励。

（三）虚拟实践

所谓虚拟实践，是指以数字化符号为中介的计算机网络空间，即虚拟空间的实践。尽管对虚拟实践从源头上探索早已有之，但在"数字化"出现以前，各种虚拟实践活动都受到具体的物质实体或物理空间的限制，都不是具有独立形态的虚拟实践，而只有计算机网络技术才催生了独立形态的虚拟实践。人们运用虚拟技术，能够在网络空间中进行有目的地、能动地改造和探索虚拟客体的客观活动，即人与客体之间通过数字化中介在虚拟空间进行双向对象化活动，这是虚拟实践具有实践功能的原因。人们运用高科技手段，构造出网络这一虚拟环境，人在这种环境中，可以模仿人的视觉、听觉、触觉等感知功能，具有使人亲身体验沉浸在这种环境中并与之相互作用的能力，扩大了人的交往与思维空间，丰富了人的情感与思想。

应当肯定是，虚拟实践是人在现实空间实践活动的拓展与延伸，同样具有实践教育的作用。同时也要看到，虚拟实践必须与现实空间实践相结合，网络思想政治教育必须与现实生活中的思想政治教育相衔接，不能脱离现实空间实践而陷于虚拟实践，不能忽视现实生活中的思想政治教育而陷于网络思想政治教育，否则，虚拟实践与网络思想政治教育就会走向纯粹的空虚。

第三节　自我教育法

自我教育法是受教育者自己教育自己的方法，它是我国传统思想政治教育的一种重要方法，也是现代思想政治教育的重要方法之一。

一、自我教育法含义

自我教育法是指受教育者根据自身发展的需要，通过自学理论、自我修养、自我调控等方式提高和完善自我的方法。也就是受教育者为了提高自身的思想政治素质和道德水平，通过自我学习、教育和调控，主动地接受先进思想和正确理论，不断地丰富自身的思想理论修养，提高自身的道德素质，努力促进自我完善和发展的方式方法。

自我教育法的特点是自觉性和主动性，是教育对象为了自己的思想进步而进行的自觉学习和自我修养。毫无疑问，人们的思想政治觉悟和道德水平的提高，需要通过家庭、学校、社会进行思想政治教育，但是，思想教育的效果最终必须通过人们自己的思想矛盾运动来实现。换言之，一个人思想的进步和认识的提高，主要是通过自身积极的思想斗争，即通过自我调控、自我觉醒、自我完善、自我超越而达到的。

在思想政治教育中之所以要强调自我教育，原因在于：在思想政治教育中，科学理论的指导、教育和思想政治教育对象的自我教育两者是不可分离的一个整体，其中科学理论的指导、教育决定着整个思想政治教育的性质和方向，而自我教育则决定着指导和教育的效果，决定着自我教育者自身内在的思想转化和行为外化。

二、自我教育法理论依据

历史唯物主义理论是马克思主义关于人民群众在社会历史发展中的作用的理论，是自我教育方法的重要理论基础。马克思历史唯物主义认为，人民群众是创造历史的主人，是社会的主人。新时期，人民群众仍然是推动我国社会发展的主体力量。人民群众的这种主人翁地位，决定了在思想政治教育中人民群众能够自觉坚持自我教育，主动提高自身的能力和素质。

自我教育是"外在的我"与"内在的我"的矛盾统一。一方面，人们受制于外在于自身的一切社会关系之中，社会需要对其思维和存在产生巨大的影响，这是"外在的我"。另一方面，人是有思想有意识的"活体"，其内部自发的需要作为内在的原始冲动，推动自我意识的形成和发展，这是"内在的我"，这种矛盾斗争的结果是"外在的我"通过"内在的我"的"过滤"，"内在的我"经过"外在的我"的批判和冲击，"外在的我"内化为"内在的我"的思想成分。

三、自我教育法方式

（一）自我修养法

子曰："好学近乎知，力行近乎仁，知耻近乎勇。知斯三者，则知所以修身；知所以修身，则知所以治人；知所以治人，则知所以治天下国家矣。"

自我修养是指个人按照一定社会或阶级的要求，在思想、政治、道德、学识等方面进行的自我教育和自我塑造，以及由此而达到的能力、水平和素质。自我修养的内容很广泛，包括政治修养、思想修养、品德修养、审美修养、文学修养等。自我修养的实质是通过自我塑造达到自我完善，从而更好地实现人生的价值。因此，它是个人提高思想品德素质，培养高尚人格的主要途径。中华民族自古以来就有注重自我修养的优良传统，通过自我修养以达到人格的完善，是中华民族优秀传统文化的一个重要特征。在中国传统文化尤其是儒家文化中特别强调自我修养的重要性，认为自我修养是个人立身处世、实现人生价值的根本，马克思主义认为人们在改造客观世界的同时必须坚持改造主观世界。

1. 自我反省

自我反省是指个人或群体以国家对人们思想行为的要求和社会道德规范为参照，对自己的思想和行为进行检查对照，寻找自己的差距和不足。

一般来说，自我反省是通过教育对象的自我认识、自我剖析、自我评价、自我监督，对以往思想和行为的再认识，从而促进自己追求更高的政治目标和道德目标，提高政治素质和道德水平。

2. 自我改造

所谓自我改造，就是在社会实践中进行自我锻造和刻苦磨炼，以提高思想政治觉悟，养成良好道德品质的自我教育方法。自我修养是思想道德品质的塑造过程，要完成这种塑造，不仅需要刻苦学习，提高认识，更要到实践中去锻造、磨炼和养成。因此，到社会实践中去进行自我改造，是自我修养的关键，也是检查自我修养成效的标准。自我改造虽然指的是主观世界的改造，但这种改造不是主体孤立的内心活动，而是同改造客观世界紧密相连的，不是主体脱离实际的闭门思过，而是在社会中进行的实践活动。毛泽东同志曾指出："人的正确思想，只能从社会实践中来，只能从社会的生产斗争、阶级斗争和科学实验三项实践中来。"①因此，离开社会实践来谈自我改造，自我改造就会陷于主观主义，甚至唯心主义。自我教育最有效的方法就是自我改造，自我改造体现了个人自我教育的高度自觉性与能动性，促进个体按照正确的目标，不断调整自己的思想和行为，升华主观认识，使之符合客观世界的发展要求，逐步实现自我完善。所以，自我改造的过程实际上就是一个人自我完善的过程。

（二）自我管理

作为大学生，每个人都有自己的理想，为了实现这一理想，我们首

① 毛泽东：《毛泽东文集》（第8卷），人民出版社1999年版，第320页。

先应该制定一个有效的计划。孔茨说过:"计划工作是一座桥梁,它把我们所处的这岸和我们要去的那岸连接起来,以克服这一天堑。"在高校中,大学生离开了父母的管教,缺少老师的约束,自由的干任何事情,就是因为有了这么多的自由,很多大学生感到很迷茫,不知道自己该干什么。大学中的很多时间由大学生自己掌握,要把预习、做作业、自学、锻炼身体、娱乐及休息时间掌握好,要懂得约束自己。在高校教育中,学生是学习活动的主体,又是自我教育、自我管理的主体。学生自我管理模式注重培养学生在处理日常事务中的态度、情感、意志与能力。通过调动学生的主观能动性,使其积极参与教育教学过程,从而得到全面发展,为终身学习培养根本素质。

(三) 自我评价

自我评价就是指自我教育者通过对自我价值的认识以及对自己的思想行为的一种体验,自己做出肯定和否定的判断。影响自我评价准确性的因素主要有自我教育者的认识水平的高低、心理发展水平的高低以及年龄的大小等。这就需要教育者在引导受教育者进行自我评价时,要注意克服盲目性和随意性。它需要引导受教育者以思想政治教育所要求的社会客观标准对照检查自己的思想和行为,做出客观公正的自我评价,从而调整和提高自我人格发展的水平。可以说正确的自我评价,就能产生正确的反馈,就能保证自我调控的顺利进行。反之,就会影响思想政治教育的效果。

第四节　隐性教育法

一、隐性教育法含义

所谓隐性教育,就是指运用多种喜闻乐见的手段,寓教于建设成就、寓教于乐、寓教于文、寓教于游等,把思想政治教育贯穿于其中,使人们在潜移默化中接受教育。这种方法具有愉悦性、知识性、多样性和潜隐性。

隐性教育法是实现思想政治教育功能的一种特殊有效的实施方法，其作用是显性教育所不能替代的。隐性教育法是与显性教育法相区别而存在的教育方法。与显性教育法相比，它不仅能将教育内容和要求渗透到教育对象的社会生活和日常生活的广阔空间，还能充分尊重教育对象的主体地位，有效避免逆反心理，激发参与意识，从而提高思想政治教育的覆盖面和影响力。由于隐性教育有着独特的优势和作用，因而被广泛运用于思想政治教育的实践之中。

二、隐性教育特点

思想工作必须讲求春风化雨，润物无声，耐心细致，潜移默化。这种"润物细无声"的教育事实上就是隐性教育。它相对于"显性教育"而言，是指教育者通过比较隐蔽的形式，在受教育者没有意识到自己在受教育的情况下，自觉自愿或在不知不觉中获得某种思想和经验的教育方式。因此，与显性教育相比，隐性教育有着自己鲜明的特点：

第一，教育内容的渗透性。显性教育的内容是外显、直白、明确的，而隐性教育的内容则是内隐、迂回、不明确的，但时时渗透在受教育者生活周围，虽不为大家所注意和重视，但能有效地对受教育者发挥影响。

第二，教育目的和内容的隐蔽性与暗示性。相对于显性教育而言，在隐性教育过程中，教育者、教育内容、教育目标等都不是直接显露而是隐藏的，即将教育目的和教育内容等隐藏在教育对象的日常工作、学习、生活中，通过激发教育对象的兴趣，使其在不知不觉、潜移默化中接受教育内容，从而达到教育目的。

第三，教育内容的独特性和持久性。隐性教育是通过大学生自身的同化和接受起作用的，在这里，大学生的顿悟和内化发挥着极为重要的作用。因此，隐性思想政治教育具有独特的、其他教育方式无法代替的教育效果。同时，由于隐性思想政治教育需要较长的时间和经历较长的过程，大学生是在不知不觉中接受教育的。因而，和显性教育的单向灌输或理性说教相比，隐性教育的效果常常要稳固得多，且更具有持久性。

三、隐形教育法方式

（一）寓教于文

利用文化载体，是寓教于文的有效方式。《中共中央关于进一步加强和改进学校德育工作的若干意见》明确指出："重视校园文化建设，要大力开展学生喜闻乐见的丰富多彩、积极向上的学术、科技、体育、艺术和娱乐活动，建设以社会主义文化和优秀的民族文化为主体，健康生动的校园文化。"文化是人类在知识传播、知识创新、人才培养和科学实践中形成的物质成就和精神财富。思想政治教育通过文化载体，形成文化氛围，实现"氛围管理"，就能够潜移默化地熏陶人、规范人。

（二）环境熏陶

环境熏陶的重要作用就在于潜移默化。通过设置一定的环境，营造一种氛围来激发学生的情绪和智慧，可以做到形真、情深、意远的统一。这里所讲的环境既包括校容、校貌、设施设备等外化的"硬件"环境，也包括正确的舆论氛围、进步的人文知识、和谐的人际关系、积极的心理暗示等内化的"软件"环境。优美的校园，明亮的教室能使学生产生清新舒适的感觉，形成奋发向上的最佳心理状态。而丰富多彩的活动，健康向上的文化氛围又让学生在不知不慌中提高修养，陶冶情操，达到潜移默化，自我教育的目的。

（三）寓教于人

运用教育者人格的力量进行隐性教育可从三个方面入手：一是高校思想政治教育工作者要注意提升自己的人格魅力。高校教育工作者只有自觉追求人格的自我提高和自我完善，才能用不断提高的良好人格去启迪、感染和引导大学生。二是高校思想政治教育工作者要以学生为本，为了学生的一切，关心学生，帮助学生解决其问题，赢得学生的信任、尊重，从而产生"亲其师"而"信其道"的教育影响力。三是高校思想政治教育工作者要以身作则，言行一致。教育者以身作则，带头践行自己所倡导的道德观念和价值标准，就能以自身的模范行为无声地引导大学生，从而增强思想政治教育的说服力、影响力和感召力。

第五节　提升高校思想政治教育亲和力的几个关键点

　　思想政治教育亲和力是思想政治教育对教育对象所具有的亲近、吸引、融合的倾向或特征，以及教育对象对教育者和教育实践活动产生亲近感、和谐感、趋同感的动力水平和能力。提升高校思想政治教育亲和力是增强思想政治教育实效性的关键，是改善当前高校思想政治教育的"切入点"。高校应始终从教育对象的客观实际出发，按照思想政治教育规律，深入教育对象的心理世界，使教育者与教育对象之间产生强烈的心理认同。只有这样，思想政治教育才能起到"春风化雨、润物无声"的效果。

　　面对"00后"大学生，提升高校思想政治教育亲和力，以解决思想政治理论课的"配方"比较陈旧、"工艺"比较粗糙、"包装"不够时尚等问题，须从教育内容、教育方法、教育载体、教育情境和教育者五个方面下功夫，使教育内容既有深度又有温度，教育方法既引起共鸣又引发共情，教育载体既重视传统性又注重时代性，教育情境既有认知情境又有体验情境，教育者既有人格魅力又有个人亲和力。

　　在教育内容上，既要有理论的深度，又要有人性的温度，让基本原理变成生动的道理。教育内容要有亲和力，一是体现马克思主义中国化的最新成果、中国特色社会主义实践的最新经验、马克思主义研究的最新进展，以内容的新颖性、科学性、人文性和生动性，打动人、吸引人和塑造人。二是以问题为导向，直面现实问题，真正面对大学生思想上的难点、疑点和热点问题，着力回答师生所关注的重大理论和现实问题，旗帜鲜明地批判错误观点和思潮；三是内容要进入生活世界，要有温度，有人情关怀，有艺术感染力，以富有哲理、富有情感和富有艺术的教育，使受教育者感到亲近、兴奋和激动，从心灵深处去思考和接受，从"入眼""悦耳"到"合意""走心"，从而产生价值共识和价值认同。

在教育方法上，既遵循思想政治教育的科学原则，又重视精神的交流与心灵的融合，实现共鸣与共情。采取同构式、渗透式、网络式和体验式等多元方法，让学生便于掌握、易于理解、乐于接受。要因事而化、因时而进、因势而新，坚持"贴近学生、贴近生活、贴近实际"，让思想政治教育切实落地生根。要换位思考，从学生的角度去引导，让学生感受到被尊重、被关怀，从内心主动接受思想政治教育的内容，实现理性与情感的双重认同。

在教育载体上，既要重视传统载体的运用，又要注重利用新兴媒介，搭建起开放性、时代性、互动性的平台。传统的思想政治教育载体主要有课程载体、活动载体和管理载体等。思想政治理论课是高校思想政治教育的主渠道，首先，要提升思想政治理论课的亲和力，拓展其教学内容，增强育人育德的吸引力。要从教材体系转换成教学体系，在遵循教材系统性和完整性的同时，使教学更注重针对性和实效性；要从书面话语转换成通俗话语，表现出通俗易懂、活泼生动等语言特征；要从理论情境转换成现实情境，以减少认知与认同之间的背离。其次，要用好新兴媒介这一新载体。新媒体既为高校思想政治教育提出了新的话语挑战，又提供了开放性、参与式的互动对话平台和途径。微文化背景下，现代媒介的运用使信息的传播更方便快捷，人与人的互动更灵活时尚。教育者的话语要有亲和力，要准确简练，生动形象，机智幽默，做到学理性与通俗性的统一、灌输性与感染性的统一、意识形态性与现实利益性的统一。

在教育情境上，既要创设认知情境，又要有体验情境，让学生在平等和谐的情境中获得感动、受到启迪。思想政治教育情境包括集体学习情境、认知情境和氛围强化等多个方面。增强教育情境的亲和力，就要以"认知情境"为突破口，强化体验情境，让教育对象在情境中参与、体验、感悟，得到自我肯定和心理满足。利用人间真情故事创设感染情境，借助榜样典型创设鼓励情境，结合表演体会创设体验情境，联系生活实际创设鲜活情境，通过爱心行动创设实践情境，挽起和诱发教育对象对感动和道德现象的情感体验，培养教育对象真善美的心灵。通过第一课堂生活情景模拟体验、日常生活实践强化体验、第二课堂生活实践聚焦体验和见习实习团体实践自我检验的全程体验，让学生在平等和谐的情境中获得感动、受到启迪。

在教育者上，既要理解、尊重、接纳学生，又要围绕、关照和服务学生，通过提高人格魅力来吸引学生。思想政治教育的亲和力，很大程度上是思想政治教育者的亲和力。思想政治教育者的亲和力是以自己特有的素质，在思想政治教育实践活动中所产生一种亲近、和谐的力量，一种感染、凝聚的力量。教育者和教育对象均属于主动表达亲和力的要素，两者主观能动性的发挥充分与否、亲和力动机的强弱，直接影响甚至决定着思想政治教育实效性的强弱。因此，教育者要在态度上亲近学生、在才华上吸引学生，在与学生的和谐共处中达成共识。高校思想政治教育应以师生为本，充分发挥教育者与教育对象的双主体作用，实现两者在思想政治教育中的目标、思维、语境和情感同构，促使双方思想共鸣、情感亲近、心灵聚拢。教育者要加强自己的品行修养，提高人格魅力，完善知识结构，提升理论素养，理解学生、尊重学生、接纳学生，以善良、博爱的育人之心，以平等、尊重的姿态和学生们交心做朋友，在亦师亦友的友好交往环境中提升亲和力。

第七讲 传道解惑：

以"四个相统一"全面提升高校
思政教师水平与能力

立德树人是高等教育的根本任务，是教育教学的中心环节，是高等学校的立身之本。立德，先立师德；树人，先树人师。习近平总书记在全国高校思想政治工作会议上指出："高校教师要坚持教育者先受教育，努力成为先进思想文化的传播者、党执政的坚定支持者，更好担起学生健康成长指导者和引路人的责任。要加强师德师风建设，坚持教书和育人相统一，坚持言传和身教相统一，坚持潜心问道和关注社会相统一，坚持学术自由和学术规范相统一，引导广大教师以德立身、以德立学、以德施教。"①"四个相统一"的重要论述是习近平总书记教师教育思想的集中表达和高度概括，体现了他对传道者明道的谆谆嘱托和殷切希冀，更是我们做好新时期高校教师思想政治工作的行动指南。

① 《习近平在全国高校思想政治工作会议上强调：把思想政治工作贯穿教育教学全过程开创我国高等教育事业发展新局面》，载《人民日报》2016年12月9日。

第一节　习近平总书记关于教师教育的思想

围绕新时期高校教师思想政治工作，习近平总书记提出一系列富有创见的新观点、新思想、新论述，形成了具有时代特征和中国特色的教师教育思想。2018 年 9 月 10 日，习近平总书记在全国教育大会上发表重要讲话指出："教师是人类灵魂的工程师，是人类文明的传承者，承载着传播知识、传播思想、传播真理，塑造灵魂、塑造生命、塑造新人的时代重任。"2021 年 3 月 6 日，习近平总书记在看望参加全国政协十三届四次会议的医药卫生界教育界委员时发表重要讲话指出："教师是教育工作的中坚力量。有高质量的教师，才会有高质量的教育。"习近平总书记关于教师教育的思想，深刻阐明了新时期我国教师教育的重大理论和实践问题，丰富和发展了中国特色社会主义教师教育理论，是推进高校教师思想政治工作的强大思想武器。从"三个牢固树立"到"四有好老师"再到"四个相统一"，体现出习近平总书记教师教育思想的鲜明时代性和完备体系性。对尊师重教、德育为先、身体力行、率先垂范的始终重视，是习近平总书记教师教育思想的关键所在。"四个相统一"的最新表达则深刻指出了高校教师思想政治工作的前提基础、基本标准、重要遵循和实施方略。

一、尊师重教，"本源"思想让教师成为受到社会尊重的职业

尊师重教是中华民族的传统美德。"国将兴，必贵师而重傅；贵师

而重傅，则法度存。"习近平总书记在不同场合表达了对教师这一崇高职业的敬意，饱含对教师、对教育、对"教育梦"的期许。2013 年，习近平总书记在向全国广大教师致慰问信时谈道："百年大计，教育为本。教师是立教之本、兴教之源，承担着让每个孩子健康成长、办好人民满意教育的重任。"① 高校教师肩负着培养社会主义建设者和接班人，发展中国特色社会主义事业的重要使命；更承载着中华民族振兴、社会进步的历史重任。正如习近平总书记指出的，"教师的工作是塑造灵魂、塑造生命、塑造人的工作"②，"今天的学生就是未来实现中华民族伟大复兴中国梦的主力军，广大教师就是打造这支中华民族梦之队的筑梦人。"③ 作为教育思想的传播者和教育活动的实施者，高校教师的政治取向直接影响学生政治观念的形成，因此，努力培养造就一大批一流教师，不断提高教师队伍整体素质，是当前和今后一段时间我国教育事业发展的紧迫任务。

"全社会要大力弘扬尊师重教的良好风尚，使教师成为最受社会尊重的职业。"④ 教师不仅要"传道"，还要"授业""解惑"，不仅要成为知识的传播者、真理的播种者，还要成为灵魂的塑造者、思想的缔造者，成为有知识、有道德、有素质、有品行的"大先生"。因此，习近平总书记要求"各级党委和政府要把加强教师队伍建设作为教育事业发展最重要的基础工作来抓，提升教师素质，改善教师待遇，关心教师健康，维护教师权益，充分信任、紧紧依靠广大教师，支持优秀人才长期从教、终身从教，使教师成为最受社会尊重的职业"⑤。

---

① 《习近平向全国广大教师致慰问信》，载《人民日报》2013 年 9 月 10 日。

② 习近平：《做党和人民满意的好老师——同北京师范大学师生代表座谈时的讲话》，载《人民日报》2013 年 9 月 10 日。

③ 同上。

④ 《习近平向全国广大教师致慰问信》，载《人民日报》2013 年 9 月 10 日。

⑤ 同上。

二、德育为先，"三个牢固树立""四有好老师"指明师德建设的基本标准

2013 年教师节，正在乌兹别克斯坦进行国事访问的习近平总书记向全国广大教师致慰问信，对教师提出"三个牢固树立"的要求，要"牢固树立中国特色社会主义理想信念，牢固树立终身学习理念，牢固树立改革创新意识"[①]。2014 年教师节，习近平总书记在北京师范大学与师生代表座谈时提出，高校教师要做有理想信念、有道德情操、有扎实学识、有仁爱之心的"四有好老师"。"三个牢固树立""四有好老师"高度概括了教师应该具备的基本素质和核心素养。

教师的信念是教育的灯塔，决定了教育为了谁、服务谁和培养什么样的人和为谁培养人的问题。高校教师必须牢固树立中国特色社会主义理想信念，"我们的教育是为人民服务、为中国特色社会主义服务、为改革开放和社会主义现代化建设服务的，党和人民需要培养的是社会主义事业建设者和接班人"[②]。高校教师必须要有扎实的知识功底、过硬的教学能力、勤勉的教学态度、科学的教学方法。因此，高校教师必须牢固树立终身学习理念，加强学习，拓宽视野，不断提高业务能力和教育教学质量，努力成为业务精湛、学生喜爱的好老师。改革创新是民族进步的灵魂，是国家兴旺发达的动力。高校教师必须牢固树立改革创新意识，踊跃投身教育创新实践，为发展具有中国特色、世界水平的现代教育作出贡献。要不怕碰壁，不怕困难，勇于求索，开拓进取，不断更新教学观念不断，不断改革教学内容和方法，注重培养学生的主动精神，鼓励学生的创造性思维，引导学生在个人兴趣和发挥潜能的基础上全面发展。

教师的理想信念和道德情操是以德施教、以德立身的基础。"师者，人之模范也。"教师的职业特性决定了教师必须是道德高尚的人

---

①　《习近平向全国广大教师致慰问信》，载《人民日报》2013 年 9 月 10 日。

②　习近平：《做党和人民满意的好老师——同北京师范大学师生代表座谈时的讲话》，载《人民日报》2013 年 9 月 10 日。

群。教师的为人处世、所言所行是其人格力量和人格魅力的重要构成，直接反映了教师的价值观。因此，好老师应该取法乎上、见贤思齐，不断提高道德修养，提升人格品质，并把正确的道德观传授给学生。爱是教育的灵魂，没有爱就没有教育。要把扎实学识通过仁爱之心传递给学生。要培育爱、激发爱、传播爱，通过真情、真心、真诚拉近同学生之间的距离，滋润学生的心田，使自己成为学生的好朋友、贴心人。

三、身体力行，"四个相统一"指明教师的成长路径和育人方略

教师的"四个相统一"和"四有好老师""三个牢固树立"之间是一以贯之、继承和发扬的关系。"四有好老师""三个牢固树立"提出了教师思想政治工作的基本标准和构成要素，"四个相统一"则进一步解答了高校教师应该如何成为青年大学生的引路人和筑梦者。"四个相统一"要求高校教师实现四个结合，即把自我学习和教授学生相结合，既育人又育己；把立德立身和施德施教相结合，率先垂范、以身示教；把课堂教学和社会教育相结合，实践育人、实践塑人；把学术研究和课堂教学相结合，实现学术研究和课堂纪律的协调统一。"四个相统一"的重要论述在深刻把握高校思想政治工作现状基础上，形成了符合思想政治教育规律、符合教师和学生发展规律的方法体系，深刻揭示了教师是高校思想政治工作"最先一公里"的规律，准确回应了高校思想政治工作应该在何处着手、在哪里着力的问题，寻找出了做好高校思想政治工作的"金钥匙"。

四、率先垂范，"系扣子"和"做镜子"完美诠释教师育人精髓

2015年五四青年节，习近平总书记在与北京大学师生座谈时提出，教师要践行社会主义核心价值观，帮助大学生扣好人生第一粒扣子。"学深为师，品正为范""师者，人之模范也"，教师自有的道德素质和知识水平会决定自身的行为习惯，更会通过课堂教学、日常交往、课后沟通等途径不知不觉地影响学生的行为方式和道德素养。因此，作为学

生学习和模仿的对象，"合格的老师首先应该是道德上的合格者"，这就要求教师首先应该做"以德施教、以德立身的楷模"。广大教师应积极从自身做起，通过自己的行动，"用自己的学识、阅历、经验点燃学生对真善美的向往，使社会主义核心价值观润物细无声地浸润学生们的心田、转化为日常行为，增强学生的价值判断能力、价值选择能力、价值塑造能力，引领学生健康成长"[1]。

　　传授知识是广大教师的固有职责，立德树人是广大教师的基本使命。习近平总书记强调，"希望全国广大教师牢固树立中国特色社会主义理想信念，带头践行社会主义核心价值观，自觉增强立德树人、教书育人的荣誉感和责任感，学为人师，行为世范，做学生健康成长的指导者和引路人"[2]。教师要坚持成为学生做人的"镜子"，以身作则、率先垂范，以高尚的人格魅力赢得学生敬仰，以模范的言行举止为学生树立榜样，把真善美的种子不断播撒到学生心中。因此，每一位教师必须严格要求自己，"尽到教书育人、立德树人的责任"，并在平凡、普通、细微的教学、科研、管理中，"做学生锤炼品格的引路人，做学生学习知识的引路人，做学生创新思维的引路人，做学生奉献祖国的引路人"[3]。

　　不仅如此，习近平总书记关于高校教师思想政治工作的重要论述还蕴含着丰富的方法论，是对高校思想政治工作方法的进一步丰富和发展。我们在学习过程中不难发现，习近平总书记阐发教师教育思想的时间节点往往是在教师节、青年节、儿童节等节日期间。习近平总书记教师教育思想的阐发对象层次非常丰富，既包含各级党委政府及其职能部门、各级各类学校，还包括社会各界、教师本身。不仅高瞻远瞩地提出是什么、为什么，更重要的是高屋建瓴地指出怎么办。这就为我们切实做好高校教师思想政治工作提供了有力的方法论指导。

---

　　① 习近平：《做党和人民满意的好老师——同北京师范大学师生代表座谈时的讲话》，载《人民日报》2013 年 9 月 10 日。

　　② 《习近平向全国广大教师致慰问信》，载《人民日报》2013 年 9 月 10 日。

　　③ 《努力培养出更多更好的人才——习近平总书记在北京市八一学校考察时的讲话引起热烈反响》，载《人民日报》2016 年 9 月 11 日。

第二节　"四个相统一"的丰富蕴涵

教师"四个相统一"有着深刻的思想内涵和鲜活的时代价值，为教师的职业发展和素质提升指明了方向。从一定意义上说，"四个相统一"是每个高校教师安身立命的根本所在，也是做好高校教师思想政治工作的根本要求。"教书"与"育人"，"言传"与"身教"，"潜心问道"与"关注社会"，"学术自由"与"学术规范"，"四个相统一"的八个方面内容有着各自丰富的内涵，又有着密切的联系。

一、坚持教书和育人相统一

教书和育人是"四个相统一"的基础，是高校教师职业的基本使命。作为事物的一体两面，教书与育人是一个密切联系的有机体。教书是育人的基础，育人是教书目的的实现，一个偏重知识传授，一个偏重思想形成，两者相辅相成，统一于教书育人的整体过程。育人离不开知识的传授，离开了"教"的"育"只能表达为"生养和养活"，不能发挥答疑解惑的作用；离开了"育"的"教"，就是没有灵魂的知识的传递，没有方向的文字积累，教育"塑造灵魂、塑造生命、塑造人"的使命将无法实现。

教书要"授之书而习其句读"。高校教师要给学生讲授书本知识并帮助他们学习书中的文字，做"精于业""传真知"的"句读之师"。"句读之师"不能照搬书本，更不能唯书本论，而是能够将书本知识融会贯通，讲通讲透，让学生知其一并知其二。教师更要"传真知"。真知是发展的、变化的，是被实践所证明的，是顺应历史发展规律的事物和观念。当今社会，知识体系冗杂、流派众多，教师必须能够作出正确判断并迅速反应，给学生传授科学的、先进的思想，做真理之师。

育人的目的是使教育对象全面发展，使其成长为社会需要的身心健康的人才。育人是教书的最高层次，是"育德""育心""育智""育体""育美"的综合体现。育人的手段是多元的、多维的和多层次的。课堂教学是育人的主渠道。教师日常交往和社会交往也会对学生产生重大影响。就育人的效果而言，教书是授之以鱼，而育人则是授之以渔，教书培养的是具有专业知识的人，而育人则是要引导学生独立思考，培养学生创新的能力、学会做人做事的道理。知识的记忆是暂时的阶段性的，而创造知识的方法是永久的可再生的，教书所传递的信息是可以被遗忘的，而引导学生养成的品格却是相伴一生的。因此，育人的效果更长远，也更深刻。

二、坚持言传和身教相统一

言传和身教是教书育人的重要形式，坚持言传和身教相统一是育人手段的具体要求。言传和身教相统一，既是实践论也是方法论，体现着知行合一的认知规律。言传和身教是相互独立又相互联系的统一体，共同构成了教师育人方式的两个主体。言传和身教还是一种互为补充的关系，言传回答应该怎么样、不能够怎么样，而身教则用实际行动表达自己言传的观点，更强化受教育者的认同。言传是身教的一个重要方面，是直接用语言表达自己的喜怒、哀乐、好恶、赞同什么、抵制什么。身教是言传的起点和落脚点，对一个人观念的评价还是要通过其行为来判断。

言传是一种显性表达。教师应该立场鲜明地明确告诉学生哪些是对的，哪些是错的，要坚定自己的道德认知，决不能模棱两可、似是而非。如果一个教师自己的立场和观点都不鲜明、不坚定，那他就不可能有理、有据、有节地表达自己的观点，更无法让学生心悦诚服、心服口服。言传是一个内化外在知识为自己的认知，并将认知转化为对问题的分析，表达给受众的过程。内化的过程需要正确的世界观、人生观、价值观支撑，外化过程需要教师具备良好的语言表达和生动的叙事能力，因此，言传需要教师不断提升自身的综合能力，用学生认可的语言和方式教育学生。

身教是一种潜移默化。"其身不正，虽令不行；以身教者从，以言教者讼"，教育者自身不正，即使是三令五申，别人也不会听从。而以自己的实际行动教育别人，大家就会真心接受。因此，最好的教育就是"率先垂范"。习近平总书记指出，广大教师"必须率先垂范、以身作则，引导和帮助学生把握好人生方向"，担当起立德树人的历史使命。教师在大是大非面前，面对善恶曲直、义利得失必须自己有正确的道德评价和正确的政治选择，并且要用自己的行动告诉学生自己的选择，用自己的立场引导学生作出正确的选择。在日常生活中也是如此，如果教师在课堂上教育学生见义勇为、尊老爱幼，而在现实生活中容忍小偷行为，公交车上不让座位给老人、儿童；在课堂上教育学生遵从规则，而在现实生活中排队加塞，过马路不顾红绿灯，这样言行不一的教师，教育学生的效果就会大打折扣，学生会听其言、观其行，反观而验证其言，教师再说，学生就不会再信，甚至会培养出说一套、做一套的"双面人"。教师要具备"自育"的能力，以培养学生的目标为培养自己的目标，想把学生培养成为什么样的人，就先把自己培养成什么样子的人，以先进的言论引导学生，以高尚的人格感染学生，以真善美的作风教导学生。

三、坚持潜心问道和关注社会相统一

"潜心问道"和"关注社会"是教师职业发展中密切相关的联系体。教师既要"潜心问道"，也要"关注社会"，"潜心问道"的基础是关注社会，目标是服务社会，因此"社会"是潜心问道的起点和终点。潜心问道是服务社会的手段，通过全面、系统研究，以解决普遍关注的社会问题，实现服务社会的功能。潜心问道与关注社会是一种具体的言传身教，教师潜心从事学术研究，也会带动学生向着相同的方向发展。

教师应该充分利用高校优越的科研环境，潜心问道做好科学研究工作。但是学术研究是一份清苦的工作，要耐得住寂寞、忍得住诱惑、受得了清苦。经济改革的浪潮冲击了高校，在追求"钱途"和"前途"的道路上，有的人下海经商一夜暴富，有的人为了评定职称开展"素

食式"和"快餐式"研究，如此种种必将对潜心问道的高校教师带来一定的冲击。"宝剑锋从磨砺出，梅花香自苦寒来"，高校教师必须要沉下心、俯下身，以"打铁还需自身硬"的精神激励自身，潜心问道，修好内功，提升自身的学术能力和业务水平。

"纸上得来终觉浅，绝知此事要躬行。"高校教师不能将自己禁锢于象牙塔内，而应在深入社会中丰富阅历，在实践中汲取养分。科学研究不应该是脱离社会的无源之水、无本之木，而应该关注社会问题、融入社会之中、服务社会发展。"实践是检验真理的唯一标准"，科学研究更要以社会实践作为检验成果的唯一标准。"意识来源于实践，服务于实践"，用丰富的社会实践为先进思想的产生奠定基础。

四、坚持学术自由和学术规范相统一

学术自由和学术规范是对教师教学科研工作提出的具体要求。学术自由和学术规范是对立统一的矛盾体，学术自由只有在学术规范的大环境下才能产生，而学术规范也只有在学术自由的基础上才能建立。没有自由的学术是无规范可言的，而脱离了规范的学术也是无法长久自由的。高校教师从事学术研究是自由的和开放的，可以设定假设、论证结果，也可以自由畅想某一学术理论的发展方向，提出自己独到见解。但是，这些都必须建立在遵守学术规范基础之上。

自由和不自由是一个问题的两个方面，没有绝对的自由，也没有绝对的不自由，任何事物都应该受到一定规范和限制，这样才能保持长久的自由。学术研究需要有宽松自由的环境，教师有自由选择做什么研究，如何开展研究的自由，对学术成果具有知识产权，在法律允许的范围内有权力决定成果应用的自由。社会也应该为学术发展提供百花齐发、百家争鸣的氛围。学术问题的解决是探索性的过程，是允许有争议、有不同声音存在的，在众多思想的交织、碰撞中才能产出真知。但是对于立场问题、价值取向问题，对于事关国家安定和社会团结的原则问题，是不能够存在杂音的。在这一点上高校教师必须有清醒的认识和准确把握。

教师"四个相统一"是两点论和重点论的有机结合。做好高校教师思想政治工作，既要抓好全面又要抓住重点。教师"四个相统一"八个要素两两之间形成对立统一的关系，"教书"与"育人""言传"与"身教""潜心问道"和"关注社会""学术自由"和"学术规范"是互相依存、互相促进、互为条件、互为目的的，共同构成教师育人育才的有机统一体。同时，教师"四个相统一"的四个统一之间存在着相互贯通、相互渗透的关系，包含着渗透对方的关系和属性，会在一定条件下相互转化。正是因为教师"四个统一"是运动的、斗争的，并在斗争中得以转化，才在实践中得以新的升华。解决教师"四个相统一"中矛盾的主要方面，就要求教育行政主管部门和高校紧紧围绕"育人""身教""关注社会""学术规范"四个方面有的放矢地制定政策、选择方法、解决问题。在抓住矛盾的主要方面的同时，也必须要解决好矛盾的次要方面。在教师"四个相统一"中，如果教不好书，必然影响育人的效果；做不好言传，身教的效用就会减弱；不能潜心问道，就没办法好好服务社会；不能享受学术自由，学术规范就会出现偏差。因此，在高校教师思想政治工作中，我们既要抓住主要矛盾和矛盾的主要方面，又不能忽略次要矛盾和矛盾的次要方面。坚持重点论和两点论相结合的方法，是做好高校教师思想政治工作的关键所在。

第三节　加强高校教师思想政治工作是重中之重

习近平总书记在全国高校思想政治工作会议上特别强调，高校思想政治工作关系高校培养什么样的人、如何培养人以及为谁培养人这个根本问题。这一论断抓住了加强高校思想政治工作的关键。为了切实解决好这个根本问题，需要认真思考"谁来培养人""怎么培养人""如何培养人的人"的问题。高校教师承担着培养人的神圣使命。加强和改进高校的思想政治工作，要把教师思想政治工作当成重中之重。

一是认真把好教师入口关。高校教师直接和学生打交道，身处大学生思想政治工作的最前沿。他们的一言一行、一举一动，都对学生产生着直接或间接、显性或隐性的重大影响。没有思想过硬、素质过硬的教师队伍，难以承担和完成立德树人、教书育人的重要职责。"大学教师只要业务好就行"的观念是十分危险的。补充教师队伍、引进师资力量，特别要注意克服重业务、轻素养的倾向。不能只看业务能力、不看政治表现。要建立科学、全面、系统、精准的准入机制，严肃认真地进行考察和审查。既要对学历、经历等有明确的要求，对学术、成果有具体的规定，更要综合考量和考察其品德、思想、素养等。对于进入高校工作的其他人员，也需提出相应的条件和要求。

二是进一步落实全员育人。立德树人是对高校全体人员的共同要求，而不仅仅是一部分人的任务和使命。离开了"全员育人"，很难做到"把思想政治工作贯穿教育教学全过程，实现全程育人、全方位育人"。高校的党政团干部、思政课教师和哲社科学课教师、辅导员班主任和心理咨询教师，都要因事而化、因时而进、因势而新，不断提高工作能力和水平提升思想政治教育亲和力和针对性。在改进和加强思想政治理论课这个主渠道的同时，"其他各门课都要守好一段渠、种好责任田，使各类课程与思想政治理论课同向同行，形成协同效应"。对业务课教师、对教辅人员、对后勤服务人员、对管理人员等，都应有明确的立德树人的要求。高校所有教师和各类人员都应从有利于大学生健康成长的高度出发，做好本职工作，守土有责、守土负责、守土尽责。

三是高度重视教师思想政治工作。教师和大学生的思想政治工作，是高校思想政治工作的两翼。要比翼齐飞，而不能偏废。从根本上说，教师思想政治工作做不好、抓不紧，会直接影响大学生思想政治工作的质量。近年来，高校大学生思想政治工作取得了长足进步，但教师思想政治工作相对而言还有很大的提升空间。尽管教师比学生更为成熟，但对他们的思想政治工作丝毫不能放松。他们政治上的坚定、素养上的提升、思想上的进步、业务上的提高、生活上的改善，都会遇到各种各样的问题，需要通过思想政治工作及时加以解决、有效进行引导。在当前形势下，教师思想政治工作难度大、情况复杂，需要有更具体、更落地的政策和制度保障，需要有更有针对性、更具实效行动的举措和办法。

四是引导教师做以德立身的典范。习总书记在讲话中对高校教师提出了明确的要求，要求教师做以德立身、以德立学、以德施教的典范。他特别强调要坚持四个"统一"：坚持教书和育人相统一，坚持言传和身教相统一，坚持潜心问道和关注社会相统一，坚持学术自由和学术规范相统一。这为高校教师指明了前进方向和努力目标。作为高校教师，仅仅是业务上精、学术上强、专业上棒、教学上钻是不够的，还要努力成为先进思想文化的传播者、党执政的坚定支持者。只有积极向上、充满正能量的教师，才能够更好地担起学生健康成长指导者和引路人的责任。现在有些教师忙于业务学术，忽视或放松了对自身的要求。这种状况需要尽快改变。

五是加强对教师队伍的管理。高校教师队伍能否真正承担起立德树人、教书育人的职责和使命，除了一般性的号召和普遍教育之外，还需要有科学管理作为基本保障。在加强日常的管理和教育的同时，要进一步完善考评机制，要加大立德树人、教书育人在考评中的权重；要全面贯彻落实意识形态责任制，加强对教育教学全过程的监控。做好相应的预案，努力将问题消灭在萌芽状态；切实执行"师德师风一票否决制"。对于那些有失师德、有悖师风的问题，及时进行必要的处理；实行退出机制，对于那些不适合留在高校教师队伍的人，要及时清理，以保持高校教师队伍的活力。

第四节　练好"三门功"推动高校
思想政治工作"强起来"

高校思想政治工作者是高校思想政治工作的主力军。习近平同志在全国高校思想政治工作会议上强调，要拓展选拔视野，抓好教育培训，强化实践锻炼，健全激励机制，整体推进高校党政干部和共青团干部、思想政治理论课教师和哲学社会科学课教师、辅导员班主任和心理咨询教师等队伍建设。高校思想政治工作者深入学习贯彻习近平同志这一重要论述精神、推动高校思想政治工作"强起来"，应不断提高马克思主义素养，练好"三门功"。

经典研读功。近年来，高校思想政治工作者队伍迅速发展壮大，为培养德智体美全面发展的高等人才作出了重要贡献。但一些思想政治工作者由于没有很好地研读马克思主义经典著作，导致思想政治工作缺乏有力的理论支撑，难以有效纾解大学生思想上的困惑。因此，高校思想政治工作者应将研读马克思主义经典著作作为基本功，至少研读若干马克思主义经典著作选集，从整体上把握马克思主义的立场观点方法，并注重从实际出发分析和解答我国面临的重大现实问题。在研读马克思主义经典著作时，应研究经典作家在什么历史背景下作出这样的结论，区分哪些是在特殊历史阶段作出的结论，在新的历史条件下不能照搬；哪些是针对整个人类历史作出的一般性结论，需要长期坚持，为思想政治工作提供科学的理论支撑。

社会实践功。熟悉马克思主义经典著作，只是找到了开启实践之门的钥匙，并不代表掌握了马克思主义理论。真正掌握马克思主义理论，还要在社会实践中体验、总结和升华，让研读马克思主义经典著作获取的知识点变成系统的、以实践为导向的理论体系，并内化为自己的信仰，进而坚定马克思主义信念。一些高校思想政治工作者大学毕业后直接留校工作，对中国特色社会主义伟大实践缺乏实际了解，其学习研究马克思主义理论往往是就理论而"论理"。因此，高校思想政治工作者在对马克思主义理论进行学习、研究和宣传时，应突出社会实践这个重点，利用社会考察和挂职锻炼等机会深入了解中国实际，补齐实践经验不足这块短板，并在实践锻炼中深化对马克思主义理论的认识。

科学研究功。科学研究是深化和巩固马克思主义理性认识的重要环节。从内容上看，科学研究与社会实践有交叉之处。但科学研究目标更集中、方法更科学，在此基础上形成的认识更加系统和深刻。科学研究的过程，实际上是将马克思主义基本原理同中国实际相结合，解决中国实际问题、推动理论创新的过程。如果思想政治工作者不善于进行科学研究，不善于创新思想方法，就不仅难以有效纾解大学生的思想困惑，更不可能成为一个真正的马克思主义者，难以引导大学生掌握马克思主义理论。实践表明，以科学研究推进思想政治工作，是广大思想政治工作者提高马克思主义思维能力的重要路径。思想政治工作者应深入挖掘中外历史智慧，深入社会开展调查研究，掌握大量第一手材料，并运用马克思主义理论对第一手材料进行整理归纳，得出科学的结论，不断增强思想政治工作说服力、课堂教学吸引力。同时，在搜集整理材料、形成科学观点的过程中，应努力形成站在人民群众立场、全面辩证系统看待问题的思维方式。

第八讲 方向引领：

以"四个正确认识"引导青年学生明辨是非

高校思想政治工作内容丰富、涉及面广，但一定要针对当代大学生思想实际有针对性地回答一些综合性、深层次的理论和认识问题，及时解决当代大学生在一些事关国内外重大理论和现实问题上的困惑。习近平总书记在全国高校思想政治工作会议上明确提出了"四个正确认识"，即教育引导学生正确认识世界和中国发展大势，正确认识中国特色和国际比较，正确认识时代责任和历史使命，正确认识远大抱负和脚踏实地。"四个正确认识"是新形势下加强和改进高校思想政治工作的核心内容，是做好大学生思想政治教育工作的切入点和落脚点，它既为当代青年学生成长发展指明了方向，也对高校思想政治工作提出了新的更高的要求。

第一节　使大学生对大是大非问题保持正确认识
是高校思想政治工作的应尽之责

高等教育是一种社会存在，不同的社会制度决定着不同的教育目的。我国高校是在中国共产党领导下的中国特色社会主义高校，这一政治属性必然要求其成为巩固马克思主义指导地位、发展社会主义意识形态的重要阵地。在新形势下进一步加强和改进高校思想政治工作，不仅事关办什么样的大学、怎样办大学的根本问题，更事关党对高校的领导和中国特色社会主义事业是否后继有人，是一项重大的政治任务和战略工程。

目前，我国高校思想政治工作正面临前所未有的新形势和新挑战。

第一，国际国内新形势对我国高校思想政治工作的新挑战。就国内形势而言，中国的改革和开放事业已经进入攻坚期，社会主义市场经济在深入推进的过程中出现了不同利益之间的博弈。就国际形势而言，全球正处于去西方化的大趋势之中，在全球力量再平衡的过程中，具有不同利益的国家和地区之间的冲突将日益凸显。叙利亚危机、乌克兰东部冲突、英国脱欧等不确定的地区局势，提高了冲突的可能性。在国际和国内形势变化的背后，充满着大量不同思想文化之间的交流、交融、交锋甚至对决，各种社会思潮多元、多样、多变。

第二，互联网等现代传播媒介对我国高校思想政治工作带来了新挑战。互联网等现代传播媒介的迅猛发展，不仅给人类的发展提供了新的增长点，大大提高了工作效率，增进了人们之间跨时空的交往，同时也增加了当代社会治理的复杂性和难度。尤其是在社会思想文化领域，各种社会思潮此起彼伏，其中一些思潮具有强烈的意识形态侵略性，它们利用互联网等现代传播媒介对高校进行意识形态渗透，思想文化领域中争夺阵地、争夺青年、争夺人心的斗争变得日趋激烈。互联网突破了课堂、高校、求知的传统边界，其对学生各个方面的影响正变得越来越大。年轻的大学生几乎是无人不网、无日不网、无处不网，网络生活已经成为其日常生活中难以缺少的一环。而正是借助于现代的互联网，各种错误的思潮也在不断发酵。

面对复杂多变的国内外形势，以及以互联网为代表的现代传播媒介的迅猛发展，当今社会思想文化领域和意识形态领域的情况正变得日益复杂，马克思主义的指导思想正面临多样化社会思潮的挑战，社会主义核心价值观的培养和践行正面临市场经济追逐功利性的挑战，而传统的教育引导方式也正面临网络新媒体的挑战。众多新形势下的挑战，无疑都加大了培养中国特色社会主义事业建设者和接班人的难度。引导大学生正确认识一些重大是非问题，为中国特色社会主义事业培养合格的建设者和接班人，是高校思想政治工作的应尽职责。

之所以要特别强调引领大学生正确认识大是大非问题，其原因主要有两点。

第一，这是由大学生自身的特点所决定的。高校大学生正处于青春年华，大学生活是其今后工作、学习和生活的重要基础。但是，这一阶段的大学生正处于人生成长的关键期，世界观、价值观、人生观的塑造尚未完成，心理也尚未成熟，用正确的思想引领他们今后的人生路尤为重要。"每一代青年都有自己的际遇和机缘，都要在自己所处的时代条件下谋划人生、创造历史。青年是标志时代的最灵敏的晴雨表，时代的责任赋予青年，时代的光荣属于青年。"[1] "青年的价值取向决定了未来

---

[1] 习近平：《青年要自觉践行社会主义核心价值观》（2014年5月4日），《习近平谈治国理政》，外文出版社2014年版，第167页。

整个社会的价值取向，而青年又处在价值观形成和确立的时期，抓好这一时期的价值观养成十分重要。这就像穿衣服扣扣子一样，如果第一粒扣子扣错了，剩余的扣子都会扣错。人生的扣子从一开始就要扣好。"①

第二，这是由高校思想活跃的特点所决定的。大学是各种各样的思想观点的交汇场，也是各种各样的价值观念的碰撞场。"泰山不让土壤，故能成其大；河海不择细流，故能就其深。"② 在思想文化上也要讲究和而不同。只有尊重差异、包容多样，在多样性中寻找共识，在多元中建立主导，在多变中订立方向，将一切有益思想文化的涓涓细流汇入主流意识形态的思想文化之中，才能成就主流意识形态的汪洋大海。但在积极面对大学中存在的庞杂思想观点的同时，一定要增强政治上的敏锐性与鉴别力。对鱼龙混杂的思想观点，要辨析甄别、过滤净化，不能照单全收，当传声筒、扩音器；对各种错误思潮，要保持警惕、有效防范。只有如此，才能防止一些有害大学生思想健康的思想"抢滩登陆"，使大学生始终保持清醒的头脑，始终坚定正确的政治方向。

总之，只有引领当代大学生在一些大是大非问题上具有正确认识，扣好人生的第一粒扣子，才能使他们在思想观念、价值取向上站稳立场，才能增强对中国特色社会主义的思想认同、理论认同、情感认同，才能对中国特色社会主义道路、理论、制度、文化充满自信。

第二节　以"四个正确认识"为切入点，进一步提高大学生思想政治素质

我们都知道，世界和事物是极其复杂的，而个人的视野往往是有限的。当我们以自己有限的视角来理解极其复杂的世界和事物的时候，很

① 习近平：《青年要自觉践行社会主义核心价值观》（2014年5月4日），《习近平谈治国理政》，外文出版社2014年版，第172页。
② 《史记·李斯列传第二十七》。

显然极易出现认知上的错误和偏差。那么，一个人究竟如何才能够避免认识上的错误和偏差而拥有正确的认识呢？一是要有辩证的认识世界和事物的方法论。"不谋万世者，不足谋一时；不谋全局者，不足谋一域。"① 避免一曲之蔽，全面地认识事物，这体现了认识论中的两点论。但是"浓绿万枝红一点，动人春色不须多"，在认识的过程中还应当注意抓重点、抓本质、抓中心，即把握主要矛盾和矛盾的主要方面，这是认识论中的重点论。认识中的两点论和重点论是辩证统一的，二者密切联系、不可分割。两点是有重点的两点，重点是两点中的重点。离开两点谈重点或离开重点谈两点都是错误的。看问题、办事情，既要全面，统筹兼顾，又要善于抓住重点和主流。二是要注重"实践出真知"。社会存在决定社会意识，人的正确认识离不开社会实践，离不开现实社会的实际情况。一切认识都要从实际出发，理论联系实际，不能主观臆断。对于当代中国问题的认识，也必须从中国的国情这一最大的实际出发，避免脱离中国国情看待中国问题、看待世界问题。三是要坚持正确的是非观和价值观，不以错误的一孔之见来认识世界，这一点也十分重要。用错误的是非观和价值观观察世界，就像一个人戴着一副黑色的眼镜，眼前的世界便都是黑色的。摘掉这样的眼镜，才能看到五彩斑斓的真实世界。

加强和改进新形势下高校思想政治工作，必须引导大学生正确认识以下四个方面的问题。

一是要正确认识世界和中国发展大势，引导学生强化社会主义理想信念。尽管人类社会的历史发展充满了曲折性，但总体的方向是前进和上升的。只有引领学生客观地了解世界、了解国情，看清发展大势，把握历史规律，让他们学会敢于面对问题并勤于思辨问题，在这个过程中扬弃错误的观点，树立正确的观点，才能最终坚定社会主义乃至共产主义的理想信念。

二是要正确认识中国特色和国际比较，教育引导学生强化民族自

---

① （清）陈澹然：《寤言二·迁都建藩议》。

信。在全球化和中国改革开放的大背景下，中国与世界时时处于互动之中，大学生总是习惯性地寻求在二者之间进行比较。在这种比较过程中，如果失去正确的立场、观点和方法，往往会得出模糊甚至错误的结论。当代大学生许多思想上的问题便是因此而产生的。必须正视这些问题和回答这些问题，而不能回避这些问题，要引导学生在国际比较中正确认识中国特色和中国优势，教育引导他们强化民族自信。

三是要正确认识时代责任和历史使命，教育引导学生强化责任担当意识。以实现国家富强、民族振兴、人民幸福为基本内涵的中国梦，顺应了当代中国发展的大势、全国各族人民创造美好未来的热切期盼以及世界发展进步的潮流，描绘了中华民族走向未来的宏伟图景，反映了全体中华儿女梦寐以求的共同心愿，展示了中国为人类文明做出更大贡献的意愿。当代大学生应当用中国梦激扬青春梦，为自己"点亮理想的灯、照亮前行的路"。当代大学生应当正确认识中国梦，正确认识时代赋予自己的责任与历史使命，在坚定自信、增强自觉与奋力自强中去谱写自己的美好人生。

四是要正确认识远大抱负和脚踏实地，教育引导学生强化务实笃行。"古之立大事者，不惟有超世之才，亦必有坚忍不拔之志。"① 大学生要早日立下人生大志，成就伟大事业。梦就在自己的前方，路就在自己的脚下。一个人从寻梦、追梦到筑梦、圆梦，是一个充满艰辛和汗水的过程，对此一定要有正确的认识。只有以一种自强不息的奋斗精神，脚踏实地地将自己的远大抱负变成实际行动，才会成就自己的梦想。"梦想从学习开始，事业靠本领成就。"只有让勤奋学习与增长本领成为青春飞扬与搏击的动力，只有锤炼出一种坚强的意志和品格，只有培养出一种奋勇争先的积极进取精神，只有历练出一种不怕失败的过强心理素质，只有保持一种乐观向上的人生态度，才能勇敢面对梦想实现过程中的千辛万苦。

---

① （宋）苏轼：《晁错论》。

整体来看，"四个正确认识"的基本内容可以划分为两个部分来把握。一是对外在的中国和世界的正确认识，包括正确认识世界和中国发展大势、正确认识中国特色和国际比较。二是对内在的自我的正确认识，包括正确认识时代责任和历史使命、正确认识远大抱负和脚踏实地。这两个部分之间相互联系，共同构成了完整而有机的"四个正确认识"的基本内容：只有对中国和世界发展的大趋势与中国特色有正确的认识，才能在担当时代责任与完成历史使命过程中脚踏实地；而个体责任担当与使命意识的确立，则有赖于对当代中国和世界的正确认识。

"四个正确认识"与高校思想政治教育工作的中心环节紧密相连。"高校思想政治工作实际上是一个释疑解惑的过程，宏观上是回答为谁培养人、培养什么样的人、怎么培养人的问题，微观上是为学生解答人生应该在哪儿用力、对谁用情、如何用心、做什么样的人的过程，要及时回应学生在学习生活社会实践乃至影视剧作品、社会舆论热议中所遇到的真实困惑。"立德树人是当前加强和改进高校思想政治工作的中心环节。"思想政治工作从根本上说是做人的工作，必须围绕学生、关照学生、服务学生，不断提高学生思想水平、政治觉悟、道德品质、文化素养，让学生成为德才兼备、全面发展的人才。"[1] 只有做好立德树人工作，提高当代大学生的思想政治素质，才能完成好理想信念教育这一高校思想政治教育的核心工作，才能以社会主义核心价值观来引领当代中国大学生。

第三节　通过高校思想政治工作不断加深学生对"四个正确认识"的理解

"方向决定道路，道路决定命运。"当代大学生只有在思想上保持

---

① 《把思想政治工作贯穿教育教学全过程　开创我国高等教育事业发展新局面》，载《人民日报》2016 年 12 月 9 日。

正确认识，才能成为走在时代前列的奋进者、开拓者、奉献者，才能以执着的理想信念、优良的思想品德、丰富的专业知识、过硬的技术本领，担负起建设中国特色社会主义事业的伟大历史重任。

一、要引导学生正确认识世界和中国发展大势

现在的世界是开放的世界，中国的发展离不开世界，世界的发展也离不开中国。如果说在改革开放初期，我们要站在中国看世界，充分了解世界发展的大势，那么在改革开放近四十年后的今天，我们需要站在世界看中国，了解中国在当今世界的历史方位。

2013 年 8 月，习近平总书记在全国宣传工作会议上明确指出："在全面对外开放的条件下做宣传思想工作，一项重要任务是引导人们更加全面客观地认识当代中国、看待外部世界。"① 2016 年 12 月，在全国高校思想政治工作会议上，习近平总书记再次强调指出："要教育引导学生正确认识世界和中国发展大势，从我们党探索中国特色社会主义历史发展和伟大实践中，认识和把握人类社会发展的历史必然性，认识和把握中国特色社会主义的历史必然性，不断树立为共产主义远大理想和中国特色社会主义共同理想而奋斗的信念和信心。"② 习近平总书记 2019 年 3 月 18 日在学校思想政治理论课教师座谈会上指出："随着我国日益扩大开放、日益走近世界舞台中央，我国同世界的联系更趋紧密、相互影响更趋深刻，意识形态领域面临的形势和斗争也更加复杂。学校是意识形态工作的前沿阵地，可不是一个象牙之塔，也不是一个桃花源。办好思政课，就是要开展马克思主义理论教育，用新时代中国特色社会主义思想铸魂育人，引导学生增强中国特色社会主义道路自信、理论自信、制度自信、文化自信，厚植爱国主义情怀，把爱国情、强国志、报

---

① 《习近平在全国宣传思想工作会议上发表重要讲话：胸怀大局把握大势着眼大事努力把宣传思想工作做得更好》，载《人民日报》2013 年 8 月 21 日。

② 《把思想政治工作贯穿教育教学全过程开创我国高等教育事业发展新局面》，载《人民日报》2016 年 12 月 9 日。

国行自觉融入坚持和发展中国特色社会主义、建设社会主义现代化强国、实现中华民族伟大复兴的奋斗之中。"贯彻落实习近平关于高校思想政治工作会议讲话精神，培养中国特色社会主义事业建设者和接班人，必须教育青年学生对当今世界和当代中国有一个清晰的了解。

1. 东欧剧变没有改变社会主义的历史命运

20世纪80年代末90年代初，苏联解体、东欧剧变，不免会引起人们对人类未来历史命运的担忧。如何看待东欧剧变后社会主义的历史命运，就成为我们正确认识世界的一个首要问题。

第一，社会主义是人类历史上全新的社会制度，最终一定能够代替资本主义。"封建社会代替奴隶社会，资本主义代替封建主义，社会主义经历一个长过程发展后必然代替资本主义。这是社会历史发展不可逆转的总趋势，但道路是曲折的。"①

第二，社会主义国家依然存在，社会主义并没有消亡。从世界范围来看，社会主义运动处于低潮，但这只是整个历史长河中的暂时现象。"中国在建设社会主义，古巴在建设社会主义，还有亚洲一些国家在走社会主义道路。许多亚非拉国家仍向往社会主义。当今世界上包括西方国家中，信仰马克思主义、社会主义的仍大有人在。"②

第三，社会主义的前途是光明的。"一些坚持社会主义制度的国家在不断改革创新中都取得了新的发展，真正的共产党人也没有在困难和挫折面前消沉和退缩，反而从中受到了教育，进一步总结了历史的经验教训，从本国实际出发探索建设社会主义道路。"③

第四，当代中国推进改革开放的目的是坚持和发展中国特色社会主义，续写的是科学社会主义新篇章，而不是要搞其他什么主义。"中国特色社会主义，是科学社会主义理论逻辑和中国社会发展历史逻辑的辩证统一，是根植于中国大地、反映中国人民意愿、适应中国和时代发展

---

① 《邓小平文选》第三卷，人民出版社1993年版，第382—383页。
② 《江泽民文选》第一卷，人民出版社2006年版，第336页。
③ 《胡锦涛文选》第一卷，人民出版社2016年版，第157页。

进步要求的科学社会主义，是全面建成小康社会、加快推进社会主义现代化、实现中华民族伟大复兴的必由之路。"① 我们相信，只要中国特色社会主义这面旗帜不倒，世界社会主义运动的旗帜就不会倒。

2. 共产党人必须树立共产主义远大理想

在我国，共产主义思想的传播，人们为最终实现共产主义理想而进行的运动，早在中国共产党成立和领导新民主主义革命的时候就开始了。我们党从成立那一天起，就在马克思主义指导下，把在中国实现社会主义、共产主义确立为自己的远大理想和奋斗目标，一代又一代中国共产党人确立了为之不懈奋斗的坚定信念。

习近平总书记关于共产主义的系列重要讲话，给高校思想政治工作提供了如下重要启示。

第一，马克思主义政党一旦放弃马克思主义信仰，放弃社会主义和共产主义信念，就会土崩瓦解。共产党人如果没有信仰、没有理想，或信仰、理想不坚定，精神上就会"缺钙"，就会得"软骨病"，就必然导致政治上变质、经济上贪婪、道德上堕落、生活上腐化。

第二，中国共产党人追求的共产主义最高理想，只有在社会主义社会充分发展和高度发达的基础上才能实现。想一下子、两下子就进入共产主义，那是不切实际的。实现共产主义是一个非常漫长的历史过程，我们必须立足于党在现阶段的奋斗目标，脚踏实地推进我们的事业。

第三，"共产主义绝不是'土豆烧牛肉'那么简单，不可能唾手可得、一蹴而就，但我们不能因为实现共产主义理想是一个漫长的过程，就认为那是虚无缥缈的海市蜃楼，就不去做一个忠诚的共产党员。革命理想高于天。实现共产主义是我们共产党人的最高理想，而这个最高理想是需要一代又一代人接力奋斗的。如果大家都觉得这是看不见摸不着的东西，没有必要为之奋斗和牺牲，那共产主义就真的永远实现不了了。我们现在坚持和发展中国特色社会主义，就是向着最高理想所进行

---

① 习近平：《习近平谈治国理政》，外文出版社 2014 年版，第 21 页。

的实实在在努力。"①

第四，高校思想政治工作要把理想信念教育作为思想建设的战略任务，要教育广大青年自觉做共产主义远大理想和中国特色社会主义共同理想的坚定信仰者、忠实实践者。

二、要引导学生正确认识中国特色和国际比较

中国特色社会主义是中国共产党对中国现阶段纲领的科学概括，充分体现了将马克思主义普遍真理与中国具体实际相结合的原理。一方面，我们必须坚持马克思主义的基本原理，坚持社会主义的发展道路，另一方面，我们又一定不能照抄照搬别国模式，而必须走出一条有中国特色的社会主义发展道路。将中国特色社会主义理论、制度与国外相关理论、制度进行国际比较，有助于我们全面客观地认识中国和把握世界，更好地把握中国特色，增强中国特色社会主义道路自信、理论自信、制度自信和文化自信。

1. 通过与资本主义市场经济进行国际比较来正确认识中国特色社会主义市场经济

资本主义市场经济的基础是生产资料的私人所有制，它因为强调依靠市场配置资源和分配产品而使得政府宏观调控能力弱，并将经济利润作为生产决策的指导力量而将其放在支配地位。与此不同，社会主义市场经济强调生产资料的集体所有制和国家所有制，强调经济利益分配中有限的不平等，利用而不是完全依靠市场配置资源和分配产品。

党的十八大以来，中国特色社会主义进入新时代，我们坚持和加强党的全面领导，统筹推进"五位一体"总体布局、协调推进"四个全面"战略布局，坚持和完善中国特色社会主义制度、推进国家治理体系和治理能力现代化，坚持依规治党、形成比较完善的党内法规体系，战胜一系列重大风险挑战，实现第一个百年奋斗目标，明确实现第二个

① 习近平：《做焦裕禄式的县委书记》，载《学习时报》2015年9月7日。

百年奋斗目标的战略安排，党和国家事业取得历史性成就、发生历史性变革，为实现中华民族伟大复兴提供了更为完善的制度保证、更为坚实的物质基础、更为主动的精神力量。中国共产党和中国人民以英勇顽强的奋斗向世界庄严宣告，中华民族迎来了从站起来、富起来到强起来的伟大飞跃，实现中华民族伟大复兴进入了不可逆转的历史进程！

中国特色社会主义市场经济是符合中国国情的经济发展模式，创造了一份份令人惊叹的成绩单。据世界银行公布的数据，中国经济总量自2010年超过日本并仅次于美国以来，持续稳步增长，一直稳居世界第二位。中国经济近些年之所以能够取得令世人瞩目的成绩，与既注重市场的力量又更好地发挥政府作用是直接相关的。借助经济政策与计划、经济立法与司法、行政命令与规定等多重手段来实现的宏观调控，可以有效促进经济增长、增加就业、稳定物价、保持国际收支平衡。反观世界上一些国家，它们因为盲目采用自由主义的资本主义市场经济模式，不考虑本国社会发展的实际，结果跌入了发展的陷阱而不能自拔。

2. 通过与资本主义宪政民主进行国际比较来正确认识中国特色社会主义人民民主

中国特色社会主义民主政治是以工人阶级领导的、以工农联盟为基础的人民民主专政，国家的一切权力来源于人民并属于人民，权力受人民监督也服务于人民。在中国共产党的领导下，"方方面面有事好商量，众人的事情众人商量，能够找到全社会意愿和要求的最大公约数"。中国特色社会主义民主政治体现了在中国共产党领导下、在人民当家作主基础上的依法治国理念。

与我国采取的人民民主不同，西方国家采取的是宪政民主，其形式主要有君主立宪政体和作为主流形态的民主立宪政体。西方宪政民主是近代资产阶级革命的成果，它代表和维护的是资产阶级的根本利益和意志，是以私有财产神圣不可侵犯为逻辑基础，以个人主义为出发点与落脚点的。这种宪政民主以政党轮替、三权鼎立为主要特征，两党制及多党制演变成了"轮流坐庄"，而"轮流坐庄"的实质是"轮流分赃"，从而实现党派利益的平衡。"所谓'权力制衡'演变为权力掣肘，党派博弈绑架国家利益。"而当利益分配不均而无法取舍的时候，便会上演所谓"联合执政"的丑剧。这种宪政民主的运行往往过分依赖私有制和金钱，那些本应当为民谋利的公权力的运用也时常受到各种政治利益集团的牵制，公权力社会功能的发挥受到极大限制，尤其是在处理重大的国内国外社会危机和推动整个社会持续健康发展方面，这种民主政治往往表现出严重的能力不足。这种宪政民主毫不掩饰地以资本主义私有制为逻辑起点，以公民的个人主义价值观为出发点和落脚点，而政治运行中所采取的分权、控权、限权模式又往往使其政权运作的效率大打折扣，一个议案的采纳有时因烦琐的程序而变得遥遥无期甚至最终流产，加之行政机关在执行力方面的严重不足和缺失，国家治理能力低下已经日益成为这种民主政治始终难以治愈的一个顽疾。

"鞋子合不合脚，自己穿了才知道"。一个国家的民主发展道路合不合适，只有这个国家的人民才最有发言权和决定权。"一方面'宪政'作为一个特定概念，有其特定的内涵，比如私有制、个人主义价值观、两党制多党制、普选、限权控权分权等在西方国家是有共识的，而在我国用'宪政民主'替代'人民民主'，不可能提升现行宪法的地位和作用，而只能把人们的思想搞乱。另一方面，用'宪政民主'代替'人民民主'，容易产生歧义和混乱，造成对中国特色社会主义理论、道路和制度的不自信，这样不利于统一全党全国人民的思想"①。

因此，盲目移植、输入或照搬西方宪政民主政治模式，只能给中国带来国家危机与民族灾难，带来政权的无休止的更迭与社会的持续动荡。

3. 通过与资本主义"普世价值"进行国际比较来正确认识中国特色社会主义核心价值观

任何一个社会的有序运行都需要具有自身特色的价值支撑与价值引

---

① 吴传毅：《走出西方宪政民主思潮的迷雾》，载《学习论坛》2014 年第 9 期，第 44 页。

导，任何一个人的发展都需要以核心价值观作为自己的人生航标。只有以主导的价值引领社会，以科学的理论指引航向，以共同的理想凝聚力量，以崇高的精神鼓舞斗志，以优秀的道德培育风尚，中华民族伟大复兴之梦才会实现。

社会主义核心价值观是当代中国社会与中国人的精神之魂，它与一些人所鼓吹的所谓的"普世价值"绝不相同。"普世价值"不同于共同价值，和平、发展、公平、正义、民主、自由等是全人类的共同价值。"人类价值共识大体上表现为两种形式：一是作为超越时代、民族和地域的纯粹理想和美好愿望。如关于人类'大同'的理想，这是各民族世世代代的一种追求，对于人类的道德进步和人性修养具有重要的积极意义。二是特定时代的时代精神和特定民族的民族精神。这种价值共识是一个民族、一个时代的精神纽带，是维系社会团结、推动历史前进的强大现实力量。"① 我们承认有共同的人性，有人类共同的价值。所谓的"普世价值"，则"是指存在一种为普天下所有的人共同接受、并贯穿人类社会发展过程始终，亦即普遍适用、永恒存在的价值。它打破了所有民族、种族、阶级、国家的界限，也超越了一切文明、宗教、信仰的差异，并且不会因时代的变迁、社会形态的更替而有任何的改变"②。关于"普世价值"的当代论争，其背后的本质是资本主义制度是否具有普世性和永恒性。主张"普世价值"的人实际上是想将西方的国家制度精神作为核心价值观，是想推销西方的三权分立、多党制与极端个人主义。

社会主义核心价值观是当代中国的核心价值观，它是中国各族人民普遍认同并接受的共同价值，具有鲜明的中国特色。追求以权利公平、机会公平、规则公平为主要内容的公平正义，强调由人民共享发展的成果，这是中国特色社会主义核心价值观的内在要求，彰显了中国特色社会主义核心价值观的优越性。这种价值观完全不同于有些人所鼓吹的"普世价值"，他们口中的"普世价值"实际上指的是以美国为首的西

---

① 侯惠勤：《"普世价值"的理论误区和制度陷阱》，载《求是》2017 年第 1 期。
② 汪亭友：《"共同价值"不是西方所谓"普世价值"》，载《红旗文稿》2016 年第 4 期。

方资本主义核心价值观。这种核心价值观崇拜自由市场经济、崇尚个体本位与自我价值，实质是一种强调拜金主义、享乐主义、个人主义的核心价值观。"当代资本主义的核心价值观无疑是当代资本主义经济基础和政治法律制度在意识形态上的集中反映和表现，其实质是个人主义（自由主义）、拜金主义、享乐主义，外在表现形式和口号是自由、民主、平等、人权。"①

以所谓的"普世价值"来规约的资本主义核心价值观，具有极大的思想欺骗性、危害性与破坏性。正如有学者一针见血地所指出的："'普世价值'是当代资本主义的核心价值观，要害是把资本的社会特权视为自然权利，本质是'不平等'。'普世价值'的价值观，不仅制造社会等级和社会对立，而且制造民族歧视和民族隔阂，因而不可能成为被压迫民族争取民族平等和创立新的国家精神的武器。"②"以'普世价值'为思想武器，按西方（主要是美国）的民主模式全面颠覆我国的社会主义政治制度，根本改变我国民主政治建设的社会主义方向，是'普世价值'贩卖者坚定而明确的追求。"③

4. 通过与资本主义社会制度进行国际比较来正确认识中国特色社会主义社会制度

中国特色社会主义不仅有前面提到的经济特色与优势、政治特色与优势、文化价值特色与优势，还有自身的制度特色与优势。

中国特色社会主义经济制度体现为：社会主义公有制为主体、多种所有制经济共同发展的基本经济制度，按劳分配为主体、多种分配方式并存的分配制度，实现共同富裕等。这种制度强调国有经济在社会经济发展中的主导作用，既考虑当前利益、局部利益，也注重长远利益、整体利益，既发挥了市场经济的长处，也体现了社会主义基本经济制度的

① 袁银传：《当代资本主义核心价值观评析》，载《马克思主义研究》2014 年第 6 期。
② 侯惠勤：《"普世价值"的理论误区和制度陷阱》，载《求是》2017 年第 1 期。
③ 侯惠勤：《马克思的意识形态批判与当代中国》，中国社会科学出版社 2010 年版，第 621 页。

优势。这显然不同于资本主义市场经济所推崇的以私有制为主体，按照生产要素进行分配的基本经济制度。

中国特色社会主义政治制度体现为：人民代表大会制度这一根本制度，中国共产党领导的多党合作和政治协商制度、民族区域自治制度、基层群众自治制度等基本制度。这种政治制度充分满足了人民群众和各利益群体的政治需求，扩大了公民的有序政治参与，保证了人民依法实行民主选举、民主决策、民主管理和民主监督，并最终使其享受到广泛的政治权利和政治自由，同时其人权也得到了尊重和保障。基层群众自治制度的典型特征是直接民主与自我管理，它是中国特色社会主义政治制度特点和优势的集中体现，是真正实现人民当家作主的最为有效与最为广泛的途径。

我们赞同，判断一个国家的基本制度是否具有优越性，主要是看其是否能够立足于本国实际而有利于解放和发展生产力，是否能够适应本国社会经济发展的需要，是否能够有助于本国人民生活水平的稳步提高，是否能够促进人类命运共同体的构建和为世界各国人民创造福祉。中国的发展，已经成为世界发展的机遇。中国经济长期高速发展所带动的整个亚太经济的长期繁荣发展，已经成为全球经济长期疲软背后的一股强劲的增长动力和独特风景线。也正是有了上述的制度特色与优势，中国的发展才取得了一个又一个令世人瞩目的骄人成绩。"东亚病夫"的帽子已经远远被抛到了历史的垃圾堆中，"贫穷落后"业已成为历史记忆中的痕迹。2020年7000多万农村贫困人口实现脱贫，是我国全面建成小康社会最艰巨的任务。"改革开放以来，我们实施大规模扶贫开发，使7亿农村贫困人口摆脱贫困，取得了举世瞩目的伟大成就，谱写了人类反贫困历史上的辉煌篇章。"① 事关人民福祉的扶贫开发工作不仅巩固了党的执政基础，维护了国家长治久安，更提升了中国的国际形象，彰显了中国的制度魅力。经过全党全国各族人民共同努力，在迎来

---

① 《中共中央国务院关于打赢脱贫攻坚战的决定》，人民出版社2015年版。

中国共产党成立一百周年的重要时刻，我国脱贫攻坚战取得了全面胜利，现行标准下 9899 万农村贫困人口全部脱贫，832 个贫困县全部摘帽，12.8 万个贫困村全部出列，区域性整体贫困得到解决，完成了消除绝对贫困的艰巨任务，创造了又一个彪炳史册的人间奇迹！这是中国人民的伟大光荣，是中国共产党的伟大光荣，是中华民族的伟大光荣！这是何等的勇气、责任和担当！总有一些人认为"外国的月亮比中国圆"，但是中国现实与未来的发展必将扭转他们的错误看法，慢慢会从内心里真诚地认同"月是故乡明""风景这边独好"！

中国特色社会主义的最终目的是实现中华民族的伟大复兴，并彻底实现广大人民群众的共同富裕。它始终坚持"以民为本"，坚持人民的主体地位，始终把实现好、发展好、维护好广大人民的根本利益作为工作的出发点与落脚点，始终不忘权为民所用、情为民所系、利为民所谋。中国共产党人始终深怀爱民之心、恪守为民之责、善谋富民之策，始终坚持为人民群众服务，为百姓多办实事，坚持维护社会公平正义，坚持走共同富裕道路，坚持促进社会和谐。在中国特色社会主义指引下，中国公民将会感受到不断增加的幸福感，将越来越体会到自己在世界范围内的与日俱增的地位和尊严！

三、要引导学生正确认识时代责任和历史使命

所谓使命，古时指使者奉命出行，后引申为肩负重大任务和责任。马克思曾说："作为确定的人，现实的人，你就有规定，就有使命，就有任务，至于你是否意识到这一点，那都是无所谓的。"[①] 当代大学生身上所承载的历史使命和时代责任，就是为饱受屈辱磨难的国家民族正本清源，努力实现中华民族伟大复兴。

1. 真实可感的中国梦

中国共产党诞生于灾难深重的旧中国，无数仁人志士前赴后继，用

---

① 《马克思恩格斯全集》第三卷，人民出版社 1960 年版，第 329 页。

生命和热血换来了中华人民共和国，从此进入了建设社会主义的新时代。新中国的建设者们筚路蓝缕，用艰辛汗水和非凡勇气谱写了一部可歌可泣的创业史，开始了崭新的历史征程。改革开放使积贫积弱的文明古国焕发出盎然生机，一个充满希望和活力的中国崛起在世界东方。建设富强、民主、文明、和谐的社会主义中国成为中国人民共同的理想和追求，激越奋进成为新时期的主旋律。

改革开放40多年来，中国的深刻变革和历史进步让世界瞩目。国民经济和各项事业蓬勃发展，社会安定和谐，综合国力和国际影响与日俱增，国际地位空前提高。在这个崭新的时代，中国已经走上了繁荣昌盛的强国之路。自2010年起我国就稳居全世界第二大经济体的位置，被国际社会誉为"奇迹"，创造了经济社会发展的"中国模式"。中国仅用了40多年的时间，就使7亿人摆脱贫困，成为世界上第一个提前实现联合国确立的脱贫目标的发展中国家。从载人航天飞船的发射成功，到横跨陆地的高速公路、全球最大的风力发电站的建成；从奥运赛场上国歌嘹亮、五星红旗飘扬，到世博会成功举办，中国取得的成就令世人刮目相看。

中国的发展创造了无数奇迹，无数奇迹也充分见证了中国的成长。《瞭望》新闻周刊一篇文章提出："近年来，越来越多的中国人发现，世界对中国的关注急速升温。'中国制造''中国因素—中国价格''北京共识'以及'中国威胁论—中国机遇论'等此起彼伏，蜂拥而至。昔日连中国政府的行为都很少能引起国际关注，如今中国企业、中国商品、中国资本的动向，甚至中国国民在国际上的举手投足，也可能引发国际社会的广泛热议。"

当代中国正在一条人类文明史上前所未有的特色之路上求索。虽然我们依然面临各种考验和挑战甚至质疑，但是中华民族伟大复兴的梦想从来没有像今天这样具体真切、真实可感。拥有五千年一脉相承灿烂文明的中国，正以日出东方的壮志豪情和全新面貌向世界展示大国崛起的自信。2013年全国两会闭幕式上习近平总书记说："生活在我们伟大祖国和伟大时代的中国人民，共同享有人生出彩的机会，共同享有梦想成真的机会，共同享有同祖国和时代一起成长与进步的机会。"这"三个共享"不仅是对全党更好践行党的宗旨、实现人民幸福、凝聚中国力量的具体要求，更是党中央以福泽苍生、心系人民的情怀向世界宣告，当代中国是焕发光芒的中国，当今时代是放飞梦想的时代，中华民族正以崭新姿态屹立于世、阔步前行。

2. 中国梦是国家和民族之梦，也是每个中国人的梦

实现中华民族伟大复兴的中国梦，是贯穿世纪中国最突出、最清晰的历史主线和时代主题。从西方列强欺我中华促使国人觉醒开始，中国人民从未屈服，强我中华、民族复兴成为几代人魂牵梦萦的、最强烈的期盼和渴望。

中国梦，是中国共产党第十八次全国代表大会召开以来，习近平总书记所提出的重要指导思想和重要执政理念，正式提出于 2012 年 11 月 29 日。习总书记把"中国梦"定义为"实现中华民族伟大复兴，就是中华民族近代以来最伟大梦想"，并且表示这个梦"一定能实现"。"中国梦"的核心目标也可以概括为"两个一百年"的目标，也就是：到 2021 年中国共产党成立 100 周年和 2049 年中华人民共和国成立 100 周年时，逐步并最终顺利实现中华民族的伟大复兴，具体表现是国家富强、民族振兴、人民幸福，实现途径是走中国特色的社会主义道路、坚持中国特色社会主义理论体系、弘扬民族精神、凝聚中国力量，实施手段是政治、经济、文化、社会、生态文明五位一体建设。

2017 年 10 月 18 日，习近平同志在十九大报告中指出，实现中华民族伟大复兴是近代以来中华民族最伟大的梦想。中国共产党一经成立，就把实现共产主义作为党的最高理想和最终目标，义无反顾肩负起实现中华民族伟大复兴的历史使命，团结带领人民进行了艰苦卓绝的斗争，谱写了气吞山河的壮丽史诗。习近平指出，实现伟大梦想，必须进行伟大斗争；必须建设伟大工程；必须推进伟大事业。

中国的发展历史和其他国家的兴衰历程，都让中国人深知，国家、

民族和个人的命运从来都紧密相连，也正因为如此，中国人民世代相承、生生不息的强烈的家国情怀成为中国梦的理想源泉、情感基础和力量所在。

中国有句古话叫"大河有水小河满，小河无水大河干"，所以说中国梦是国家和民族的梦，但"归根到底是人民的梦"，它根植于人民心中，根本归宿也在于人民。它把国家的追求、民族的向往、人民的期盼紧密相连。"人民对美好生活的向往，就是我们的奋斗目标"，"不断实现好、维护好、发展好最广大人民根本利益，使发展成果更多更公平惠及全体人民"，这是新一届中央领导集体对全体人民的郑重承诺，是对党和国家未来发展的政治宣言。

3. 历史使命义不容辞，民族复兴责无旁贷

"历史和现实都告诉我们，青年一代有理想、有担当，国家就有前途，民族就有希望，实现我们的发展目标就有源源不断的强大力量。"如果说实现民族复兴的中国梦是全体中国人民共同的追求，一切赞成、支持和参与中国特色社会主义建设的阶级、阶层和社会力量都属于人民的范畴，都是实现中国梦的依靠力量，那么其中青年无疑是实现中国梦重要的先锋力量。

青年强则国家强，青年兴则国家兴。历史告诉我们，青年从来都是实现民族复兴的生力军，是推动历史前进的重要动力。在国家民族命运岌岌可危之时，大批进步青年学生以救国救民为己任，在战争烽火中锻炼成长。在社会主义建设时期，广大青年更是勇于解放思想，努力学习先进的现代技术和管理经验，自觉担负起振兴中华的历史使命。我国著名桥梁建筑专家茅以升，23 岁在美国获得工科博士学位，为投入国家建设毅然决然放弃国外的优越条件。新中国成立之初，一大批年轻人在党的召唤下到苏联学习，带着所学知识投入百废待兴的祖国建设。我国的航天科研团队也是以青年为主体，"嫦娥团队""神舟团队"平均年龄才 33 岁。青年大学生是中国当代青年的优秀代表，最有可能拥有先进的科学技术和文化知识，是未来人才的后备军，是推动社会前进的最

重要的力量。当代大学生是实现中国梦的希望所在，在实现中国梦的舞台上必将大有可为。民族复兴的伟大事业，青年学生责无旁贷。

4. 用青春梦点燃中国梦，勇做开拓奋进者

今天的中国处于改革开放、科学发展的新时代。这个时代为大学生成长成才创造了更为优越的条件和更多的发展机遇，但也要求大学生有更多的责任担当。

"中国梦是国家的梦、民族的梦，也是包括广大青年在内的每个中国人的梦。得其大者可以兼其小，只有把人生理想融入国家和民族的事业中，才能最终成就一番事业。"一个人只有把自己的发展进步与国家和集体的事业紧密相连，才能最有力量。只有在实现民族复兴中国梦的伟大事业中发挥个人的才华和智慧，才能更好地实现个人的梦想。树立为祖国富强繁荣而奋斗的远大理想与充分发挥自身才能相辅相成、相得益彰，只有在这样的奋斗中，才能更加充分地发挥个人的才干，个人的生命价值才能得到更加完美的展现。2021 年 7 月 1 日，习近平在庆祝中国共产党成立 100 周年大会上的讲话指出：未来属于青年，希望寄予青年。一百年前，一群新青年高举马克思主义思想火炬，在风雨如晦的中国苦苦探寻民族复兴的前途。一百年来，在中国共产党的旗帜下，一代代中国青年把青春奋斗融入党和人民事业，成为实现中华民族伟大复兴的先锋力量。新时代的中国青年要以实现中华民族伟大复兴为己任，增强做中国人的志气、骨气、底气，不负时代，不负韶华，不负党和人民的殷切期望！

中国梦的广阔舞台为青年学生的青春梦想提供了蓬勃生长的空间，中国梦也需要一代代青年薪火传承。大学生应该自觉地将个人发展与国家需要紧密结合起来，心系祖国，不畏艰难，做到与祖国和人民共命运、齐奋斗、同发展，为国家和人民建功立业，在报效国家的过程中成就一番事业。要用青春梦来点燃中国梦，用中国梦来激发青春梦，使青春之梦在中国梦里熠熠生辉、绽放光彩。这不仅应该成为青年学生的理想和追求，更应该成为每个人心中时刻铭记的历史使命和责任担当。

四、要引导学生正确认识远大抱负和脚踏实地

"现实是此岸，理想是彼岸。中间隔着湍急的河流，行动则是架在川上的桥梁。"远大抱负和脚踏实地密不可分，都是成功不可缺少的要素。远大抱负强调的是理想目标，脚踏实地突出的是务实作风。空有理想而不孜孜以求就是好高骛远，而只是忙于赶路没有方向则是浑浑噩噩。真正有所作为的人无不是将高远理想根植于坚实大地。

1. 胸怀青云之志，以高远理想引领人生航向

在中国古代，理想抱负叫作"志"，强调"夫志当存高远"，"三军可夺帅也，匹夫不可夺志也"。

理想作为人类特有的精神现象和精神世界的深层核心，是一个标尺，把生命体区分成人与动物，把人生区分为高尚充实和庸俗空虚。理想信念就如同指南针，能够决定一个人前进的方向和事业的高度。理想是行为的风向标，决定着行为方式。理想是行为的动力源，决定着行为深度。理想能够驱散重重迷雾，能够使人永葆内心的力量，能够让精神意志永放光芒。正如北宋哲学家张载所说："人若志趣不远，心不在焉，虽学无成。"

理想具有阶级性。费尔巴哈说："皇宫中的人所想的和茅屋中的人所想的是不同的。"封建士大夫向往的是光耀门楣，劳动人民向往的是"三十亩地一头牛，老婆孩子热炕头"。理想具有时代性。《礼记·礼运篇》中描述的"天下为公"是古代人民大同理想的最早蓝本。马克思主义的社会理想是实现共产主义，消灭剥削压迫，使人类获得全面而自由的发展。它既体现了数千年人类始终憧憬的"世界大同"的理想，又与前人明显不同：它不仅有美好的目标，更具有科学系统的理论基础，揭示了人类社会发展的必然趋势。从马克思主义诞生到现在，在近170年的时间里，其理论体系在不断丰富发展，在实践层面也已经从一种学说演进成为影响世界发展进程、声势浩大的运动，催生了前所未有的崭新制度。

近代中国饱受屈辱，一百多年来，中国人民始终坚持不懈地寻求国家富强、民族独立之路，经历过无数的迷茫困惑，自从找到了马克思主义，才不断地走向坚定自信，逐步走上民族复兴之路。是马克思主义深刻改变了中国的面貌，是社会主义运动产生的巨大推力使中国不断前行。

当代大学生肩负民族复兴的历史使命，是祖国美好未来的创造者，一定要坚定马克思主义信仰，坚定对中国共产党领导、对社会主义制度的信念和信心，切实做到虔诚笃实、赤诚执着，把个人的崇高理想和祖国、民族的命运紧紧联系在一起，具体落实到建设中国特色社会主义事业上来，并为之执着追求、奋斗不息，这样的人生才能是丰富的、有意义有价值的人生。

2. 坚持躬行践履，用力学笃行铸就进步阶梯

远大抱负如果只是停留在主观领域，就只能沦为空想，只有把理想转化为行动的热情和意志，才会成就伟大事业。因此，我们必须脚踏实地，把理想付诸行动。正如李大钊所说："凡事都要脚踏实地去做，不驰于空想，不骛于虚声，而惟以求真的态度做踏实的工夫。以此态度求学，则真理可明；以此态度做事，则功业可就。"

实践既是理论的基础，又是理论的出发点和归宿。实践与真理紧密相连，对理论起决定作用，任何真理都需要实践的检验。我国历来有重视实践的传统，前人先贤以哲理思考和身体力行为后人留下了可资借鉴的宝贵经验和启示。"岸上学不好游泳，嘴里说不出庄稼"；"动手干，硕果累累；说空话，一事无成"，这些谚语虽然语言浅显，却言简义丰。脚踏实地要求当代大学生要具有重视实践、深入实践的意识，要有"纸上得来终觉浅，绝知此事要躬行"的求索精神。要求当代大学生要勇于实践，以科学严谨的态度努力探索客观事物发展的本质和规律，凡事不"想当然"，不轻率浮躁，不能纸上谈兵、坐而论道。还要求当代大学生要持之以恒，不能浅尝辄止，要锲而不舍、精益求精，扎扎实实、一丝不苟。

大学时光是人成长成才的黄金时期，我们要倍加珍惜，为学务须

尚实。当代大学生要完成好学业，关键在于"力学笃行、注重实践、学以致用"。要把勤勉进取、努力践履所学、以求真的态度做踏实的功夫当作一种责任、一种追求，集中精力、心无旁骛，不断提高与时代发展和事业要求相适应的素质能力，练就建设祖国、报效人民的过硬本领。

3. 勇于艰苦奋斗，将自我成长根植祖国沃土

艰难困苦玉汝于成，要成大器必经磨砺。要实现远大抱负，在艰苦奋斗中磨炼意志是最为重要的途径。古今中外，凡成就大业、有大作为的人，无不是沿着这样的轨迹走向成功的。艰苦奋斗是中华民族精神的基本内核，是我们具有永恒意义的精神财富。

习近平总书记强调："人类的美好理想，都不可能唾手可得，都离不开筚路蓝缕、手胼足胝的艰苦奋斗。我们的国家，我们的民族，从积贫积弱一步一步走到今天的发展繁荣，靠的就是一代又一代的顽强拼搏，靠的就是中华民族自强不息的奋斗精神。"[1] 在革命战争年代，青年志士不惧生死，满怀革命理想抛洒热血。在新中国建设时期，一批批热血青年不畏艰辛奔赴荒原、走向基层，艰苦创业。在当前社会主义建设时期，与重要发展机遇并存的是前所未有的困难和挑战，实现富国强民，实现个人发展，都需要广大青年锲而不舍、驰而不息。

当代大学生应当"立足本职、埋头苦干，从自身做起，从点滴做起，用勤劳的双手、一流的业绩成就属于自己的人生精彩。要不怕困难、攻坚克难，勇于到条件艰苦的基层、国家建设的一线、项目攻关的前沿，经受锻炼，增长才干。要勇于创业、敢闯敢干，努力在改革开放中闯新路、创新业，不断开辟事业发展新天地"[2]。把自己成长的根深深植入祖国的沃土，使祖国的事业熠熠生辉，这是当代大学生成就自我、报效祖国应有的选择。

---

① 习近平：《在同各界优秀青年代表座谈时的讲话》，载《人民日报》2013 年 5 月 5 日。
② 习近平：《在同各界优秀青年代表座谈时的讲话》，载《人民日报》2013 年 5 月 5 日。

第九讲 与时俱进：

新时代高校思想政治工作创新途径

习近平总书记在全国高校思想政治工作会议上的重要讲话，从培养中国特色社会主义合格建设者和可靠接班人的高度，深刻回答了事关我国高等教育事业长远发展和高校思想政治工作的一系列重大问题，为我国高等教育事业改革发展指明了方向。高校思想政治工作既要坚定政治立场，又要深刻把握时代环境的变化，创新方式方法，更接地气、更顺应时代、更有成效。通过学习总书记的重要讲话，广大教育工作者更加认清了高校培养什么样的人、如何培养人、为谁培养人的问题，更加明确了推进高校思想政治工作改革创新的着力点，增强了做好高校思政工作的信心与决心。

第一节　教材创新的途径

一、要与党中央的精神保持一致

中共中央宣传部、教育部印发《普通高校思想政治理论课建设体系创新计划》（以下简称《创新计划》）指出："高校思想政治理论课担负着大学生思想政治教育的重要任务。高校应该建立思想政治理论课教材研究中心，加强对教材内容和表述方式的研究，加强对思想政治理论课学术话语体系的研究，推动提高思想政治理论课教材编写质量和水平。各地各高校要确保思想政治理论课教学使用统编教材。"此《创新计划》的颁布是及时雨，为高校思想政治教育的创新指明了大方向。它分别从立体化教材体系、教学人才体系、课堂教学体系、第二课堂教学体系、学科支撑体系、综合评价体系、条件保障体系等七个方面对高校思想政治理论课教材的创新进行了部署。

《创新计划》指出，思想政治理论课建设自身还存在许多困难和不足：一些地方和高校对思想政治理论课仍然重视不够，政策条件保障尚未落实到位，思想政治理论课在高校考核评价体系中的地位和作用不够突出；统筹推进教材修订完善、教师队伍建设、教学方法改革的意识不强，思想政治理论课建设体系尚未完全形成；教师队伍建设不适应思想政治理论课改革发展需求，整体素质亟待提升；改革创新的手段不多，制约思想政治理论课针对性、实效性的瓶颈亟待突破；有效整合全社会资源的力度不够，思想政治理论课建设全员全方位、全过程、育人的格局仍需巩固。

《创新计划》的实施将推进统编教材编写使用，构建面向教师和学生不同对象，辐射本专科生、研究生各个层次；提高专职教师队伍整体素质；改革教学方法，形成第一课堂与第二课堂、理论教学与实践教学、课堂教学与网络教学相互支撑的思想政治理论课教学体系；加强马克思主义理论学科规范化建设，构建有效支撑思想政治理论课建设的学科体系；健全完善评价标准，构建有效的综合评价体系；加强独立二级机构，重点建设一批马克思主义学院。

《创新计划》分别从立体化教材体系、教学人才体系、课堂教学体系、第二课堂教学体系、学科支撑体系、综合评价体系、条件保障体系等六个方面对高校思想政治理论课教材的创新进行部署。一是以统编教材为基础，建设思想性、科学性和可读性统一的思想政治理论课立体化教材体系。二是切实提高专职教师整体素质，建设专兼结合、结构合理的思想政治理论课教学人才体系。三是积极培育和推广优秀教学方法，建设理念科学、形式多样、管理有效的思想政治理论课课堂教学体系。四是努力强化实践教学，建设与课堂教学相互促进的思想政治理论课第二课堂教学体系。五是努力加强马克思主义理论学科，形成以马克思主义理论学科为引领、相关学科为补充的思想政治理论课学科支撑体系。六是坚持管理与激励并重，建设导向明确、系统完善的思想政治理论课综合评价体系。

培养什么人、如何培养人，是我国高等教育必须首先解决的一个根本问题。高校开设思想政治理论课是贯彻党的教育方针的集中体现，反映着我国高等教育的目的，在一定程度上决定着我国高等教育的性质。党的十八大报告提出，要倡导富强、民主、文明、和谐，倡导自由、平等、公正、法治，倡导爱国、敬业、诚信、友善，积极培育和践行社会主义核心价值观。"三个倡导"是对社会主义核心价值体系的提炼和概括，进一步丰富了社会主义核心价值体系的基本内涵，对我们推进

"兴国之魂"工程提出了具体目标，也对我们进一步加强和改进高校思想政治理论课提出了新的要求和努力方向。

二、要以培育大学生社会主义核心价值观为主

恩格斯指出："人们自觉或不自觉地、归根到底总是从他们阶级地位所依据的实际关系中——从他们进行生产和交换的实际关系中，获得自己的伦理观念。"作为对大学生进行思想政治教育的骨干课程，高校思想政治理论课承担着比其他课程更加重要的育人功能，它旨在通过马克思主义世界观方法论的教育教学，用马克思主义的立场、观点和方法教育大学生，提高他们的马克思主义理论素养和水平，使其正确认识世界、社会、自我，以树立正确的世界观、人生观和价值观，端正思想认识，培养积极健康的生活态度，自觉抵制错误思想观念的影响，引导和促进他们健康、顺利成才。价值观教育是马克思主义理论教育的重要组成部分，在大学生思想政治教育中处于核心地位，统领着高校思想政治理论课的教学工作。从这个意义上说，高校思想政治理论课就是大学生价值观教育课。只有正确地认识到这一点，才能从宏观上把握高校思想政治理论课的总体要求，完善课程设置，充实教学内容，创新教学方法，完成教学计划，实现培养目标。在马克思主义指导下，着力培育大学生的社会主义核心价值观，是高校思想政治理论课的一项根本任务，是实现高校思想政治理论课教学目标的必然要求，也是进一步加强和改进高校思想政治理论课的客观需要。2014 年 5 月 4 日，在同北京大学师生座谈时习近平总书记指出："青年的价值取向决定了未来整个社会的价值取向，而青年又处在价值观形成和确立的时期，抓好这一时期的价值观养成十分重要。"因此，在高校思想政治理论课的教学过程中，必须将社会主义核心价值观教育作为衡量高校思想政治理论课教学效果的重要指标，注重培育大学生的社会主义核心价值观，真正将"三个倡导"的精神实质内化为大学生的价值认同，进而外化为大学生的自觉行动。

　　一种价值观要为人们所接受和认同，必然表现出较高的吸引力，能够反映人们的利益和诉求。因此，在高校思想政治理论课的教学过程中，社会主义核心价值观要为大学生所接受和认同，就必然要反映大学生的利益和诉求，解决大学生面临的实际问题。高校思想政治理论课是对大学生进行思想政治教育的主渠道。高校思想政治理论课是帮助大学生树立正确的世界观、人生观、价值观的重要途径，体现着社会主义大学的本质要求。这就要求我们在明确高校思想政治理论课的课程性质和学科定位的同时，必须将其育人功能摆在更加突出的位置，积极实现大学生对社会主义核心价值观的接受、认同和内化。

　　当然，大学生对社会主义核心价值观的接受、认同和内化需要一个过程，这一过程能否顺利完成，取决于我们对高校思想政治理论课价值导向功能的认识。要实现这一功能，就需要充分发挥高校思想政治理论课在培育大学生社会主义核心价值观过程中的载体和依托作用。现阶段我国高校思想政治理论课在加强和改进大学生思想政治教育，培育大学生社会主义核心价值观方面发挥着各自的作用。《思想道德修养与法律基础》契合了公民层面的社会主义核心价值观，有利于大学生提高思想道德素质，增强法制观念，树立正确的社会主义荣辱观；《中国近现代史纲要》彰显了民族、时代精神，有利于大学生树立民族自尊心、自信心和自豪感，深化其对马克思主义、中国共产党、社会主义道路的认识；《马克思主义基本原理概论》突出了社会主义核心价值体系的灵魂，有利于大学生提高马克思主义理论素养，掌握和运用马克思主义的立场、观点和方法，坚定共产主义理想信念；《毛泽东思想和中国特色社会主义理论体系概论》体现了社会主义核心价值体系的主题，有利于大学生从整体上把握马克思主义中国化的历史进程及其理论成果，认同中国特色社会主义共同理想，坚定其走中国特色社会主义道路的信心。这些课程不能截然分开，共同构成一个有机整体，对此，我们要从宏观上予以把握，切实将社会主义核心价值观融入相关教学内容中去。

高校思想政治理论课的课堂教育教学，是培育大学生社会主义核心价值观的主要途径，承担着将社会主义核心价值体系融入大学生头脑的重任。课堂教育教学是师生双方互动的过程。教师在上课前应该明确教学目标、教学重点和教学任务，熟悉教学内容，从大学生关心的现实问题入手，聚焦社会热点，积极主动地将社会主义核心价值观融入教学过程中，以实现社会主义核心价值观入课堂的目的。大学生是思维活跃、精力旺盛、求知欲强、富有创新精神的青年群体，他们视野开阔，具有较强的进取心和自信心，对新事物的接受能力强。作为具有一定独立思考能力的个体，大学生会对自己的所见、所闻形成自己的分析和判断，但是由于大学生尚处于成长阶段，心理发展不成熟，社会经验不足，所以他们缺乏一定的辨别能力，极易受不良思想的影响。要解决这一问题，就需要结合大学生的身心发展特点和规律，对他们进行必要的价值观教育和引导。要通过组织有效的课堂教育教学，帮助大学生区分善恶，明辨是非，识别美丑，明确自身的责任和使命，从课堂教育教学中汲取精神营养，获得精神动力。价值观是人们的世界观在价值问题上的具体反映。价值观具有层次性，既有个体价值观，又有社会价值观。个体价值观从属于社会价值观，社会价值观规范和制约着个体价值观。在社会生活中，人们的社会活动既要受到个体价值观的影响，也要受到社会价值观的影响。当人们接受一定的社会价值观，将个体价值观与社会价值观统一起来时，人们就会自觉地以社会价值观为指导，通过规范自身的社会活动，进而推动社会的发展和进步；当人们排斥一定的社会价值观，以个体价值观为导向，割裂个体价值观与社会价值观的统一时，就会过分强调个体，将个人价值置于社会价值之上，推崇个人主义，进而阻碍社会的发展和进步。因此，为了规范个人行为，避免社会价值观失范，维护社会秩序，就要发挥社会价值观的导向功能，对个体进行价值观教育。价值导向是社会主导价值观的基本功能，对于任何一个社会而言，价值导向都是不可或缺的，因为只有通过价值导向，一个社会的主导价值观才能为个体所认识、接受和认同，才能为实现其个体内化创造前提条件，才能引导、规范、激励和调节个体的价值取向，以实现个体和社会的和谐统一。当前，我国正处于经济社会转型期，中西文化相互激荡，新旧价值观不断碰撞，各种矛盾彼此交织，面对新情况、新问题和新变化，不能消极应对，只能通过积极培育大学生的社会主义核心价值观，充分发挥和实现其价值的导向功能。

　　社会主义核心价值观是社会主义核心价值体系的基本内核，是具有中国特色的社会主义主导价值观，对包括大学生在内的全体社会成员都具有普遍的规范和约束力。大学生正处于个体价值观形成的关键时期，思想相对单纯，具有较强的可塑性，对他们进行必要的、正确的、及时的价值观教育，既是大学生自我成才的需要，也是大学生健康成长的需要。一般而言，大学生的马克思主义理论素养和水平不高，不能灵活地运用马克思主义的立场、观点和方法正确地认识、分析、解决问题，因此，他们一般难以对各种价值观进行有效辨别，更易为错误的价值观所影响和左右。要有效弥补这一缺陷，消除大学生在价值观问题上的迷茫与困惑，首要的措施就是要对大学生进行马克思主义理论教育，充分发挥社会主义核心价值观的价值导向功能。社会主义核心价值观规定着高校思想政治理论课的教学内容，离开了社会主义核心价值观，高校思想政治理论课教育教学就会偏离方向，难以帮助大学生树立正确的价值观、抵制腐朽思想文化的侵蚀。从这个意义上说，社会主义核心价值观的价值导向功能与高校思想政治理论课的价值导向功能是一致的。当代大学生的价值取向日趋多元化，个人主义、功利主义、实用主义受到广泛推崇，拜金主义、享乐主义、物质主义大量充斥校园，在这种情况下，高校思想政治理论课如果不重视发挥社会主义核心价值观的价值导向功能，主动占领大学生社会主义核心价值观教育高地，那么我们将要失去的不仅是社会主义事业的建设者和接班人，而且是中国特色社会主义的美好未来。在这种情况下，高校思想政治理论课的价值导向功能不能削弱，只能加强。具体而言，高校思想政治理论课的价值导向功能主要表现在以下几个方面。

第一，教育引导。价值教育功能是高校思想政治理论课的基本功能。以理想信念教育为核心，培育大学生的社会主义核心价值观是高校思想政治理论课教育教学必须始终围绕的中心任务。这一中心任务的确立，既是由社会主义核心价值观的基本内容所规定的，也与高校开设思想政治理论课的根本目标相契合。高校思想政治理论课着力于通过向大学生传授马克思主义理论，提高他们的马克思主义理论素养和水平，教育他们正确认识人类社会发展的基本规律，正确认识社会主义的前途和命运，正确认识自身的社会责任和历史使命，坚持和运用马克思主义的立场、观点、方法，树立正确的世界观、人生观和价值观，不断增强自身认识世界和改造世界的能力。高校思想政治理论课对引导大学生澄清关于马克思主义的种种误解，区分善恶、美丑、荣辱，抵制各种错误思潮和腐朽思想的影响，在中国共产党领导下坚定不移地走中国特色社会主义道路，弘扬中国精神、凝聚中国力量、实现中国梦等等方面，发挥着不可替代的引导作用。高校思想政治理论课以实现大学生的健康成长为价值旨趣，契合了教书与育人两大职能，彰显了大学生思想政治教育的本质要求，对塑造大学生的时代精神、弘扬其民族精神、培养其创新精神具有重要的现实意义。

第二，社会规范。高校思想政治理论课是教育和培养人的一门课程，其一切教育教学活动直接作用于大学生，最终指向大学生的价值观教育和行为规范的培养。因此，能否进一步加强和改进高校思想政治理论课，直接关系着高等教育立德树人使命的实现程度，直接关系着高校"培养什么人"的根本问题。作为被教育者，大学生接受高等教育的目的在于学习科学文化知识，接受智力训练，获得一定的社会技能，成为社会所需要的专业人才。大学生接受高等教育的过程，就是大学生实现社会化的过程。其中，对大学生进行思想政治教育是其实现社会化的中心环节，而其能否有效实现社会化，关键取决于思想政治理论课教育教学的实施效果。实现社会价值规范内化是大学生社会化的基本内容，高校思想政治理论课是实现大学生社会价值规范内化的重要途径。通过高校思想政治理论课教育教学，能够提高大学生的思想道德素质，增强其自我教育、自我规范和自我调控的能力；能够培养大学生的公民意识，教育大学生以集体主义价值规范为准则，引导自己的思想，规范自身的行为；能够教育大学生知规范、守准则，自觉遵守社会公德，维护公共秩序，正确处理个人利益与集体利益的关系，成为一名合格的公民。

第三，认知评判。随着我国经济体制改革的不断推进，中国社会进入了一个史无前例的大变革、大转型和大发展时期。社会结构的深刻变动，利益格局的深刻调整，思想观念的深刻变革，生活方式的深刻变化，在一定程度上冲击和影响着人们原有的传统价值观，改变着人们原有的价值认知和评判标准。当前，我国传统的一元化价值评判标准越来越不为人们所遵循，价值评判标准的日益多元化已经成为一个不争的事实。在整个社会大环境的影响下，大学生的价值认知更加突出其主体性、独立性、功利性，其评判标准也逐渐走向多元化，实用、功利、个人与非理性因素在其价值评判中往往发挥着相当大的影响作用。高校思想政治理论课以对大学生进行社会主义、集体主义、爱国主义教育为主线，内在地规定着大学生所应遵循的价值评判标准。大学生的思想观念尚未完全成熟，情绪波动性较大，易于感情用事，难以有效进行价值评判。因此，在价值评判标准多元化的社会环境下，进一步加强和改进高校思想政治理论课教育教学，有利于引导大学生消除价值观困惑，以集体主义为价值评判标准，积极进行理性价值评判，摒弃非此即彼、非黑即白的直线型思维方式，能够不断增强其对社会主义核心价值观的认同感。

第四，自我激励。大学生是国家和民族的希望，肩负着实现中华民族伟大复兴的历史重任。大学生铸就着时代的精神，代表着未来的方向，谁赢得了大学生，谁就赢得了未来。对于高校而言，要赢得大学生，就要全面履行育人职责，对大学生进行社会主义核心价值观教育，以民族和时代精神为动力，培养大学生为全面建成小康社会而不懈奋斗的坚定信念和自觉性。高校思想政治理论课是激励大学生的精神食粮，传递着正能量，通过将社会主义核心价值观融入教育教学，大学生能够加深对以爱国主义为核心的团结统一、爱好和平、勤劳勇敢、自强不息的伟大民族精神的理解，提高国家和民族认同感，进一步增强民族自尊心、自信心、自豪感，自觉把个人前途和国家的未来、民族的命运紧密结合起来；高校思想政治理论课可以增强大学生对社会主义初级阶段基本国情的认识，把握当前我国社会发展的阶段性特征，正确认识我国社会发展所面临的深层次矛盾和问题，更加自觉地投身于社会主义现代化建设；高校思想政治理论课为大学生弘扬时代精神提供了思想理论基础，能够激励大学生以科学发展观为指导，以朝气蓬勃、奋发有为、勇于争先的时代风貌，锐意进取，改革创新，顽强拼搏，为民族振兴、国家富强、人民幸福奉献青春和力量。

高校思想政治理论课肩负着培育和践行大学生社会主义核心价值观的双重任务。培育是践行的前提和基础，践行是培育的目的和归宿，两者相互依存，相互促进，不可分割。积极培育和践行社会主义核心价值观，是进一步加强和改进高校思想政治理论课的内在要求，也是实现其价值导向功能的内在要求。在新形势下，我们应遵循高校思想政治理论课的教育教学规律，积极开展教育教学创新，从培育和践行两个基本路径探讨实现高校思想政治理论课的价值导向功能，提高社会主义核心价值观教育教学的实效性。

社会主义核心价值观是社会主义意识形态的价值体现，是社会主义先进文化的集中反映。在社会生活中，社会主义核心价值观始终发挥着主导作用，维护着社会秩序，统领着人们的思想，规范着人们的行为，为人们认识和改造世界提供了强大的思想武器。要以社会主义核心价值观引领大学生政治思想道德建设，促进其健康成长，必须充分发挥高校思想政治理论课在培育大学生社会主义核心价值观中的主阵地作用，进一步突出其育人功能，使社会主义核心价值观成为大学生的一种自觉追求，内化为他们的理想信念，为自我发展提供精神动力；外化为他们的具体行动，以实现个人价值和社会价值的统一。对此，在教育教学过程中，我们需要着重把握好以下几点。第一，端正思想认识，明确高校思想政治理论课的课程性质、课程任务、教学目标，树立育人为本、德育为先的理念，以理想信念教育为核心，积极引导大学生树立社会主义核心价值观。第二，以社会主义核心价值观为指导，推进高校思想政治理论课的相关教材编写、章节安排、内容选编等工作，切实将社会主义核心价值观融入教育教学之中，把握规律性，提高实效性。第三，围绕大学生思考什么、关注什么、需要什么，积极调整教学计划，充实教学内容，联系社会现实，聚焦社会热点，把握国际动态，摆事实，讲道理，增强社会主义核心价值观教育的针对性。第四，坚持贴近实际、贴近生活、贴近学生的原则，从大学生的认识水平和接受能力出发，创新教育教学模式，综合运用各种教学方法，不断提高社会主义核心价值观教育教学的吸引力、感染力。

实现高校思想政治理论课的价值导向功能，必须以践行社会主义核心价值观为基本着力点。一般来说，课堂教学旨在从理论层面上对大学生进行社会主义核心价值观教育，以纠正其错误的思想认识，消除其价值观困惑，树立起集体主义的价值取向。理论层面的社会主义核心价值观教育，过于抽象，缺乏直观性，而且枯燥乏味的"灌输"和"说教"容易引起大学生的反感，使其教育教学效果大打折扣。因此，在培育大学生社会主义核心价值观的同时，必须积极践行社会主义核心价值观，在社会实践中实现认识的升华，最终将价值共识转化为大学生的自觉行动。

社会主义核心价值观的生命力在于指导人们的社会实践。只有在社会实践中，社会主义核心价值观的引导、规范、评判和激励作用才能真正显现和发挥出来。培育大学生社会主义核心价值观的最终目的，不是为了让大学生学习基本概念和理论知识，而是为了使其真正掌握实质，用于指导社会实践，以实现对客观世界的改造。大学生是校园生活的主角，也是践行社会主义核心价值观的重要力量，大学生只有投身大学校园生活才能将社会主义核心价值观外化为实际行动。因此，大学生活动的组织、管理要做到以下几点。第一，注重课外活动的实效性。组织和引导大学生积极参加校党团活动、学生社团活动、志愿者活动等课外活动，创新活动方式，丰富活动内容，拓宽活动领域，在活动中凝聚力量、扩大共识、增长才干。第二，依托实践提高教学效果。深入开展教学实践活动，组织大学生走出校门，深入社会、深入群众，到基层体验生活，了解国情，锻炼意志，塑造品格，在活动中接受教育，培养实践能力，增强社会责任感。第三，开展养成教育。充分调动大学生的价值主体性，变被动为主动，增强他们的自我教育、自我约束、自我管理和自我监督的能力，在躬行践履中认同社会主义核心价值观。

高校思想政治理论课教师是大学生思想政治教育的施教者，是社会主义核心价值观的宣讲者。高校思想政治理论课的价值导向功能是否能够顺利实现，在很大程度上取决于高校思想政治理论课教师的价值引导作用的发挥。从这个意义上说，加强高校思想政治理论课教师队伍建设是一项极为重要的基础性工作，对实现高校思想政治理论课的价值导向功能具有重要的现实意义。高校思想政治理论课教师要承担育人使命，成为大学生健康成长的指导者和引路人。他们必须坚持正确的政治方向，强化责任意识，全面提高自身的思想政治素质和业务素质，深刻领会社会主义核心价值观的精神实质。但当前还有一部分高校思想政治理论课教师对自身的职责和使命认识不清，对学科性质、课程定位、教学任务认识不足，教育教学方法不得当；不了解高校思想政治理论课与社会主义核心价值观之间的关系，对社会主义核心价值观理解不到位；不太重视社会主义核心价值观的教育教学，缺乏将社会主义核心价值观融入高校思想政治理论课的积极性、主动性和自觉性。这些问题的存在，在一定程度上制约着高校思想政治理论课价值导向功能的发挥，有悖于加强社会主义核心价值体系建设的基本要求，无法真正将社会主义核心价值观的教育教学目标、计划和任务落到实处。因此，在新形势下，要进一步加强和改进高校思想政治理论课，必须将培育和践行社会主义核心价值观作为切入点，并贯穿于高校思想政治理论课教育教学的全过程，以实现全员育人、全程育人、全方位育人、全时空育人。

三、要符合高校的教学实际

思想政治理论课是巩固马克思主义在高校意识形态领域指导地位，坚持社会主义办学方向的重要阵地，是全面贯彻落实党的教育方针，培养中国特色社会主义事业合格建设者和可靠接班人，落实立德树人根本任务的主干渠道，是进行社会主义核心价值观教育，帮助大学生树立正确世界观、人生观、价值观的核心课程。切实教好思想政治理论课是贯彻落实《意见》的内在要求和重要任务。

新时代教好高校思想政治理论课，必须清醒认识到社会思潮多元化的现实，必须紧密联系当代大学生思想实际、学习实际，遵循教学规律，在编好教材、建好队伍、抓好教学上下足功夫。全面深化高校思想政治理论课建设综合改革创新，要不断深化中国特色社会主义和中国梦教育，深入开展社会主义核心价值观教育，坚持不懈地推动中国特色社会主义理论体系进教材、进课堂、进头脑，让思想政治理论课成为大学生真心喜爱、终身受益的优秀课程。好的教材是教学的根本，编好、用好教材是上好思想政治理论课的前提保证。统一使用马克思主义理论研究和建设工程重点教材，才能让构筑大学生精神之厦的"蓝图"不走样，才能保证思想政治理论课的课堂"源头活水常清"，才能真正把立德树人的根本任务落到实处。同时，还要兼顾教师的差异性和学生的个性化，创新教学资源建设的新机制，构建面向不同对象、辐射各个层次、涵盖多种载体的立体化教材体系。

教学是上好思想政治理论课的根本环节，决定着课程建设目标的实现程度。互联网已成为当代大学生获取知识和信息的重要渠道，"00后"成为大学生的主体，不断改革创新教学方法，进一步巩固思想政治理论课教学的吸引力、感染力的任务更加凸显。当代大学生非常渴望生动鲜活的思想政治理论课课堂教学，要充分利用现代化教学手段，综合运用研究式、讨论式、辩论式、实践式等教学方法和手段，把历史观、国情观和价值观教育有机融于课堂教学实践中，积极调动大学生学习思想政治理论的兴趣和热情。

放眼民族伟大复兴的中国梦，聚焦第二个"一百年"的奋斗目标，教好高校思想政治理论课责任重大、使命光荣。各有关方面要全力以赴推进中国特色社会主义理论体系进教材、进课堂、进头脑，在多元多样多变中立主导，在交流交融交锋中谋共识，让主旋律更响亮，让正能量更强大，把大学生凝聚在共同理想的旗帜下，让大学生们坚定中国特色社会主义道路自信、理论自信、制度自信，自觉做社会主义核心价值观的培育者、践行者、弘扬者。组织编写与本专科思想政治理论课统编教材相配套的教师参考书、疑难问题解析、教学案例解析、学生辅学读本等教学用书，更好地促进统编教材的使用。开展对教材重点难点研究，完善教学系列用书编写体例，创新编写模式。加强编写队伍建设，形成老中青相结合、学科背景相补充的梯队。各地各高校，特别是民族地区，可以组织编写符合实际需要的思想政治理论课教学参考用书。加强"高校思想政治理论课程网站"建设，完善网站建设机制，优化栏目设置，使之成为全国思想政治理论课教师共建共享共管的平台。成立全国思想政治理论课网站信息共享联盟，整合各地名高校优质网络教学资源。推动思想政治理论教育网络期刊建设，探索建立思想政治理论教育类优秀网络文章在科研成果统计、职务评聘方面的激励机制。建立文献共享资源库。建设一批教学资源研究实验室，系统总结凝练优质教学资源。建立大学生思想政治理论课主题学习网站和微信公众账号学习平台，使之成为宣传展示学生理论学习成果的阵地。各地各高校要积极参与相关网站建设，采取切实措施推动本地本校教学资源共建共享。实际上，在大学生时代接受的任何一门课程，都具有宣传、说教和灌输的功能，只不过其他的许多专业课，对不同年级的学生来说都是新课，并且能带来功利，学生们鱼贯似地走进教室，为的是获得就业的技巧和本领，教师"一言堂"的讲课方式根本不会引起学生的逆反心理。思想政治理论课有其自身的特点，要进行准确的定位。

首先，是信念定位。信念是思想范畴，属于精神领域。人的本质除了有追求物质享受的欲望之外，还应具有精神追求的动力。在社会发展的过程中，精神追求的层面应该始终超越物质的层面，才有社会不断文明的进步。因此，从事思想政治教学这一行的教师，应该要有崇高的使命感和荣誉感，思想政治课教师缺乏理想，底气不足是要出问题的。在社会主义市场经济的大潮中，高校思想政治理论课更是要承担起大学生理想信念教育的重任。因此，"思想理论课给予学生的不应是一些概念、原则、结论，而应是一种理论思维，是观察当代世界和当代中国的基本立场、观点和方法"。

其次，学理定位。应该充分认识思想政治理论课是一门学科，是一门专业。它向全校的所有大学生开课，更说明了该课程的重要地位。平时我们可以说一个概念外延越大，内涵越浅；外延越窄，内涵越深。外行教师也认为，这类课授课的学生面这么广，根本就没什么内容，这是不对的。授课的学生面广，正是说明了该课程的重要性和深刻性。大学生的教育是人才的教育，大学生的培养是德智体美全面素质的培养，缺乏思想政治素质的教育，任何专业的教育都是失败的。当然，学科的深刻，要有深厚的学理为支撑，要有其自身的独特性、系统性和科学性。这门学科往往被学生们轻视还有一个很重要的原因，就是认为思想政治课就是围绕形势政策和党的方针政策转。这个问题应从两方面看，一方面作为政治课是不可能离开当下的时事政治，任何政治课都必须坚持执政党的指导思想和基本原则。但由于我党的执政地位几十年没有发生变化，也不可能变化；思想基本路线也没有改变，也不可能改变。因此，一些学生就会产生对政治的心理麻木和疲劳情绪，认为十几年学生时代的政治课就是一些"老套套"。另一方面，教师在授课中忽视了该学科的学理基础。其实，在今天高校政治理论课教学新方案实施中的4门必修课，各自都有自己的学理基础。其中，"原理"课是从基本理论角度阐明什么是马克思主义？为什么要始终坚持马克思主义？如何坚持和发展马克思主义？"纲要"课是从中国近现代历史的角度，说明中国人民为什么选择了马克思主义，选择了中国共产党，选择了社会主义道路；"概论"课是从马克思主义基本原理与中国革命、建设和改革的实际相结合的理论成果角度，说明为什么马克思主义要中国化，什么是中国化的马克思主义，毛泽东思想、邓小平理论、"三个代表"重要思想、科学发展观和习近平新时代中国特色社会主义思想对中国革命、建设和改革，实现中华民族伟大复兴的重要性，从而坚定在党的领导下走中国特色社会主义道路的理想信念；"基础"课主要是进行社会主义道德教育和法制教育，帮助大学生树立社会主义荣辱观，提高大学生思想道德素质，澄清大学生成长过程中遇到的实际问题。这4门课是一个有机的整体，"原理"课基础性、学理性最强，"概论"课的实践特色、民族特色、时代特色鲜明，"纲要"课以历史的深度和厚重见长，"基础"课则注重应用性和实践性。它们充分体现了历史和逻辑的统一，学理和实际的统一，理论和实践的统一。正如黑格尔说过：同一个真理，老人会说，小孩子也会说，但小孩子不会了解真理走过的整个世界和历史。这是很有道理的。

　　第三，态度定位。毛泽东曾经说过：世界上怕就怕"认真"二字，共产党人就最讲认真。在当今大学生所学的课程中，可以说没有一门课程的设置受到党中央如此重视，教材的编写，课程的设置，内容和课时安排都经过了政治局常委集体讨论，做出明确的规定。这说明大学生的思想政治理论课，上牵着中央领导同志的殷切希望，下连着莘莘学子对政治理论课的接受程度。可以说，这其中承担政治理论课教学任务的教师起着关键作用。但要讲好政治理论课不那么简单，课程本身的非功利性，在当今的市场经济氛围中，在大学生中容易产生一种逆反心理。如果说，教学的一般原则是不能离开教学大纲外，那么，教学效果如何就要看教师自身的教学方法和手段，去施展自身的十八般武艺：专题讨论、多媒体教学、社会考察、论文写作、演讲比赛等。一句话，让课程能够进大学生头脑，得到学生们的认可，起到积极的效果。这一过程就要看教师的态度是否认真，方法是否创新，这是需要花大力气的，没有蜡炬成灰的奉献精神是很难做到的。中国哲学家张载说过："为天地立心，为生民立命，为往圣继绝学，为万世开太平。"今天，作为政治理论课教师无论是个体还是群体都承担不起如此重的使命。但是，封建社会的文人学士况且有如此抱负，我们也完全能够做到在三尺讲台上，不忘人民教师的光荣称号，时代的使命，人民的重托！

第四，组织定位。毛泽东同志指出：政治路线确定之后，干部就是决定因素。打造一支高素质的从事高校政治思想理论课教学的教师队伍是十分重要的，应该引起各级教育部门和有关领导的高度重视。第一，这支队伍要有高门槛的准入制度，并不是任何人都可以承担这门课的教学工作的。以往人们认为政治理论课教师都是"万金油"教师，拿起教材谁都会上课，成员中有学生辅导员队伍中退下来的，从行政岗位上调剂下来的，还有其他专业改行过来的同志。总之是这门课谁都能凑合。形成了这支队伍总体理论水平不高，教学水平也就可想而知了。因此，今后对新加入这一行的教师应该有一定的学历和专业背景要求。第二，要有严格的教学评估和考核制度。目前各高校都有一套教学评估体系，对那些确实因教学水平差，方法落后，同学反映强烈的教师应该及时更换。第三，要有培训提高机制，在现有的教师队伍中，尤其对青年教师要建立传、帮、带的优良传统，使教学水平在整体上得到不断提高。第四，要有一定的经济收入保障。从事政治理论课的教师大多没有自己的"自留地"和各项副业可搞，整体收入不高，这需要上级有关部门给予关心，我们常说事业留人，实质上也是待遇留人。要有一定的措施，保证政治理论课教师的收入水平不低于本校教师的平均水平，否则，自己看不起自己，也会被他人看不起。

四、要让学生乐于学习和接受

思想政治理论课究竟起到怎样的作用？作用有多大？有些人可能对

这门课不以为然。但也有的人认为，它关系到大学生的世界观改变，人生价值的选择，高素质人才的培养。因此，大学生队伍中出现了一位马加爵，不能认为是思想政治理论课的失败，因为大学生队伍中也涌现出一大批洪战辉、冯艾等优秀学生代表，是思想政治理论课的积极成果。而学校领导将自己优秀学生的事迹，归咎于思想政治理论课的作用，这也使人感到有一种硬往自己脸上贴金的嫌疑。应该看到大学生的政治素质的提高是一项系统工程，思想政治理论课是其中的一个环节，其实学校的众多社团活动，暑期实践，党团组织，辅导员工作等，都对大学生的世界观、人生观和价值观转变起到了积极的作用。那么思想政治理论课起到什么作用呢？应该包括以下几个方面：

第一是感悟的启迪。《三字经》的首句是"人之初，性本善"。鲁迅说，即使是一个天才，他的第一声啼哭也不会是一首好诗。一个人的成长过程，也是不断感悟的启迪过程。家长、各级学校、社会条件，甚至一段生活阅历都会起到积极作用。大学生时代是即将走上社会的最后学习时期，思想政治理论课教师应该以自己的人格魅力、品德修养、社会阅历去启迪大学生。

第二是知识的传授。感悟毕竟是经验的，经验必须要有理论的支撑，否则就像天上的白云飘忽不定。目前的大学生所学的4门必修课，各自有自身的理论特点，尤其是"原理"课，是从整体上概括了马克思主义的基本原理，是科学的世界观和方法论，原理本身虽然比较抽象，但它由一系列的知识点、概念和范畴组成，具有内在的、严密的逻辑性，认真教授这方面的知识是十分重要的。这就要求我们教师具有深厚的理论根基，较强的科研能力，还要有高超的授课艺术。这三者是统一的。

第三是信念的确立。大学生是具有激情，富有理想，朝气蓬勃的群体。但他们没有走上社会，人生经历不丰富，一方面对有些事情容易陷入理想化，另一方面又会感到不理解和困惑。尤其是当今社会上的一些负面的价值观念和理想判断，经常影响着学生们的日常学习和生活，大学早已不是一块儿纯净的世外桃源。这并不是一件坏事。它有助于大学生毕业后走上工作岗位，积极面对各方面的挑战。但在大学时代，通过教师的一系列教学活动，让学生们在比较中选择，在困惑中认清，逐步确立各自的理想信念很重要。我们不可能期望大学生都具有整齐划一的信念，这不仅可笑，也没有现实基础。但我们可以积极引导大学生确立不同层次的理想信念，如，当看到社会的一些消极和阴暗面时，一些学生喜欢高谈阔论，似乎境界很高，就是不把自己放进去；遇到个人的行为和处理生活小事时，却又失去了方向。根据学生不同的成长目标和要求，塑造不同的知识结构和平台，是学生发挥个人特长并在社会中发展的基础。

第四是行动的引导。无论是怎样层次的理想信念，最终都可以在落实行动中得到体现，大学生的日常行为也反映了其整体的思想素质。就拿校园社团活动来说，既有高层次的专家讲座，也有陶冶艺术情操的各类文化活动，更有社会流行的大众娱乐文化，如那些影视明星、歌星的粉丝，在大学生的群体中也大量存在，"超女""好男儿"等 PK 活动，大学生中也有许多知音，还有个别大学生沉迷于网络世界中一些庸俗无聊的东西等。作为思想政治理论课的教师有责任引导大学生，指出那些活动具有永久的魅力，那些只是昙花一现。引导大学生参与积极的高层次的校园文化活动，对于提高身心健康是十分重要的。

第二节　教育环境创新的方法

一、净化网络环境，凝聚社会正能量

生活在如今繁荣昌盛时代的人，甚至包括小孩，网络对于他们而言都是不陌生的。玩网络游戏打发时间，浏览世界各地发生的新鲜事，或者学习知识。网络上的知识面是很广的，更贴近实际生活。上面所说的情况当然是好的，但是但凡事物，则必有它的两面性，网络也是，网络也有它的弊端。一方面，网络存在诸多不利于青少年发展的因素，例如网络游戏、色情网站等等，尤其是青少年深受其害，严重影响了自身的学习。据调查显示，有将近60%的青少年沉迷于网络游戏无法自拔，他们每天只顾着上网、打游戏，过着与世隔绝的生活；另一方面，网络上的不良信息对于青少年犯罪也同样成为很大的因素，青少年自身法律意识弱，不能正确对待处理网络上的不良信息，往往容易被不法分子所利用，导致其走向违法犯罪的道路，所以，加强对网络的管理是很重要的一个内容。

而这仅仅是互联网不良状况的一个小小的点，影响不是很大。可是，还有一些人在网上传播谣言，唯恐天下不乱，这样的行为相比较前者，其影响的恶劣程度就不可小觑了。网民自律是净化网络环境的关键，不能因网络空间的自主性，而在其中为所欲为、肆意妄为，不受法律的约束，在发言之前，应该先想一想，自己是否守住了法律和道德底线，切莫为吸引"眼球"而信口开河，切莫因发泄个人情绪而恣意胡言，更不能无中生有、造谣惑众、胡作非为。在自己不造谣、不传谣、不信谣的同时，更要做网络健康环境的维护者，发现网络谣言及时举报。网络监管部门应严厉打击网络谣言的制造者和传播者，不断规范互联网传播秩序，防止一些不明真相的网民跟风，防止一些网站为吸引眼球、提高点击率而故意为网络谣言提供传播渠道。此外，还应不断加强网民和网站的自律教育，充分发挥社会公众监督的作用，有效提高全社会、全行业的网络媒介素养。坚决曝光缺乏社会责任意识和担当的大型互联网企业，坚决曝光对微博、微信、微视、微电影管理失职的网站平台，坚决曝光利用QQ群等社交平台和网络群组传播淫秽色情信息的犯罪分子。严格网站和微信平台的责任，依法依规经营，抵制网络淫秽色情、暴恐音视频等有害信息，营造健康文明的网络文化环境。要"让学生在了解自身权益的同时，了解可以采取什么方式、通过哪些渠道表达。要注重加强纪律教育、增强学生法制观念，引导学生在不损害公共秩序和他人正当利益的前提下，才可以合法有序地表达利益诉求"。

二、提高思想政治教育工作者的待遇

首先，加强思想政治教育队伍内部管理制度建设，建立相对稳定和合理流动的制度。在学校总体规划与思想政治队伍发展方向相统一和学校利益与思想政治工作人员利益相统一的基础上，积极为思想政治工作人员拓宽发展空间，完善政策以事业留人，有计划培养、提拔骨干人员，使队伍建设在动态中保持相对稳定。其次，坚持标准，改善结构，严格思想政治工作队伍选拔制度。学校要充分考虑到大学生思想政治教育工作的特点，一方面严格把好人才关，择优选拔党员教师和党政工作人员从事大学生思想教育工作，同时扩大队伍来源，充实专职思想政治教育工作队伍，优化队伍结构，以适应不断变化的新形势。再次，要完善学生思想政治工作人员评优奖励制度。各地教育部门和高校要将学生思想政治工作人员表彰奖励纳入各级教师、教育工作者表彰奖励体系之中，按比例评选，统一表彰；树立一批辅导员、班主任先进典型，宣传其先进事迹，充分肯定辅导员、班主任在大学生思想政治教育中的贡献，构建独立学院思想政治工作的长效机制。

学校要充分发挥专业教师队伍对学生思想品德的教育引导作用，尤其是优秀党员教师对学生进行教育和引导的作用，要调动学校教职工参与思想教育工作的积极性。高校要进一步增强全员育人的意识，采取积极的政策导向，对教师参与思想教育工作进行科学合理的评价考核，及时表彰和奖励思想教育工作的先进典型；可以在职称评定、津贴评定等过程中充分体现思想教育工作的价值比重，吸引广大专业教师参与思想教育工作，充分调动其积极性和主动性，把辅导员、班主任和兼职教师制度落到实处，形成全方位、多层面的思想政治教育格局。学校要对思想政治工作者加强理想教育、价值观教育，培养他们热爱教育事业、勇于奉献的精神，激励他们在培养和教育学生的过程中实现自身价值；其次，强化政治理论教育。学校要结合新形势发展的需要，更新观念，开展理论学习和培训，通过组织培训班、举办专题讲座及研讨会等多种形式的活动，提高思想政治教育工作者的政策理论水平和工作能力。

再次，强化社会实践教育。高校要组织思想政治工作人员参加社会实践，通过深入企业、农村、部队及兄弟院校，了解国情，了解现代高等教育中出现的新情况、新问题，学习新时期思想政治工作的好做法。广大思想政治教育干部要勇于实践，善于实践，运用所学的知识，结合自己的业务工作，从实践中总结经验，使其条理化、系统化、理论化，从而提高自己的工作能力和工作效率。

三、引导大学生树立正确的择业观

择业观是职业价值观的重要组成部分，对大学生择业有着重要的影响。但是很多大学生对人才市场用人标准和自身条件都不是很清楚，在择业观念上有一定的盲目性，只是一味地追求"我想干什么"，而不考虑"我能干什么"，以至于求职时四处碰壁。因此，解决大学毕业生就业难题，要求大学毕业生树立正确的择业观。当代大学生的择业特点与当代大学生的认识价值观密切相关。随着市场经济的发展，金钱似乎在人们的生活中显得更为重要，当代大学生的价值观由此而趋于功利性，有些大学生甚至以金钱、物质享受作为认识追求的最高目标，并以此来衡量人生价值的大小，这使得他们在选择职业时；将找到一个工资高、收入好、工作环境舒适的单位视为成功，反之，则被认为是失败。适应社会需求，端正择业志向，是当代大学生的当务之急。这需要大学生树立起正确的人生价值观。大学毕业生就业形势严峻。如何解决好大学生就业难问题，除了政府行为以外，大学毕业生如何树立正确的择业观应从以下三个方面考虑：

1. 要有科学的职业规划。根据社会需要和自身条件，及早做好自己的职业规划，增强就业和创业能力，对于大学生将来能否顺利就业非常重要。对很多毕业生而言，与其说是"就业难"，不如说是"就业迷惘",对自己未来发展缺乏科学规划,这往往也成为他们面对就业压力时感到手足无措的一个重要原因。俗话说,机会总是垂青于那些有准备的人。大学生将来要找到理想的职业,先要未雨绸缪,及时明确职业目标,提前做好职业规划,有针对性地进行知识储备和社会实践;同时,要通过科学的认识方法和手段,对自己的兴趣、气质、性格和能力等进行全面正确分析,认清自己的优势与不足,努力使自己的"长处"更长,把"短处"补长。"有志者事竟成",只要有恒心、有效力、坚持不懈地沿着目标前进,就必定会获得成功。

2. 要有良好的就业心态。就业本身就是一种竞争。由于大学毕业生年轻,往往有急于求成的心理,一旦在就业中遇到挫折,很容易意志消沉,一蹶不振。因此,保持良好的就业心态,对于大学毕业生顺利就业很重要。面对严峻的就业形势,大学毕业生要充满自信,勇敢地去面对竞争,既不能妄自菲薄,缩手缩脚,不敢"推销"自己,也不能狂妄自大,对单位挑三拣四,最终"高不成,低不就"。要清楚地认识到,求职遇到的困难、挫折、委屈是暂时的,在所难免的,一味地抱怨解决不了问题,关键是对待挫折要有充分的心理准备,坚信"天生我材必有用",摆正位置、调整心态,变压力为动力,使自己能从容、冷静地面对就业这一人生重大课题,并作出正确而理智的选择。

3. 要有创业的精神准备。据有关资料介绍,目前,发达国家大学毕业生创业率在20%—30%,而我国仅为1%—2%。勇于创业,既是就业的一条行之有效的方式,也是实现大学毕业生理想的一条捷径。要进一步完善鼓励大学毕业生创业的法律和政策,加强对大学毕业生的创业指导和技能培训,努力给大学毕业生创业提供更有利的条件。大学毕业生就业问题备受社会关注,目前大学生择业趋向多元化,树立正确的择业观直接关系着毕业生能否顺利就业。就业是民生之本。如今我国的就业形势日益严峻,大学毕业生就业问题正在呈现出显性化发展的态势。"统分统配"向"自主择业"的转变使大学生失去了政策的保障,就业压力变大，就业状况不甚良好。在市场经济条件下，指导大学生择业是摆在高校面前的重要任务之一。近年来，随着高校扩招，就业竞争日益激烈，大学生就业成为社会关注的热点问题。一方面，大学毕业生找工作难的呼声越来越高；另一方面是大学生缺乏职业化素质、职业规划意识而导致自身缺少市场竞争力。如何能在强手之中脱颖而出，撑起属于自己的一片天这就需要我们思考怎样选择职业，怎样规划职业生涯，怎样使自己处于优势地位。只有做到个人选择与社会需要相结合，并拥有高度战略眼光和较强学习能力的大学生，才能在就业道路上走出高校毕业生择业心理误区。从众心理重的人容易接受暗示，无主见，依赖性大，不思考而迷信名人和权威。在大学毕业生择业问题上从众心理表现在随大流，愿意到大城市、大机关去工作。其实到大城市、大机关工作并不一定是你最佳的职业选择，而只是从众心理影响的结果。虚荣心过强者在择业中往往把注意力集中在社会知名度高、经济上实惠的就业岗位。这些人不从发挥自身优势出发，不考虑自己的竞争能力，甚至不考虑自己的专长爱好，他们选择职业是为了让别人羡慕，做给别人看而不是寻求个人发展。在就业问题上大学生受到挫折是因为他们的去向和抱负不能为社会和亲友所理解和接受，从而产生怀才不遇的感受。这往往是大学生自我评价太高造成的，而且通常是期望值越高挫折感就越重。在校内熟人圈子里他们还能应付，一出校门便感到手足无措。特别是毕业生分配制度改革方案出台后在"供需见面"和在公务员考试的面试中普遍存在的羞怯心理直接影响到用人单位对他们的取舍。可就在面临毕业即将走向用人单位时，却突然怀疑自己的价值和能力，总觉得事事不如人，以自己的短处和别人的长处相比，从而失去自信心。现在许多大学生都是独生子女，从小受到父母的百般呵护，从来没有受过任何委屈，适应社会的能力较差，表现在择业方面就是具有较强的依赖性，缺乏主动性，总是希望依靠父母、亲戚朋友帮忙找工作，别人安排什么做什么，从不考虑自己的性格、兴趣爱好、能力、价值观等方面的因素。

第三节　教育教学理念创新的途径

一、坚持"以人为本"的理念

思想政治教育是做人思想的工作，必须始终坚持以人为本的基本理念。不仅要把人视为思想政治教育的中心，而且要把人视为思想政治教育的目的；不仅要把人看作思想政治教育的出发点，更要把人看作思想政治教育的落脚点。

在思想政治教育中坚持以人为本，应努力把握好几个原则：一是学会积极引导，而不是试图左右学生的思想；二是强调交流互动，而不是单向灌输；三是解放学生的思想，而不是束缚学生的思想。具体而言，就是做到尊重学生的主体地位，把学生看作权益的主体、实践的主体，不断增强学生的主体意识和责任意识；充分调动学生的创造性和参与热情，把学生看作能动的、有创造力的主体，把外在教育引导与学生的内在需求有机结合起来，充分发掘学生的自我教育、自我发展潜能。应培养学生积极的人生态度和科学的价值判断，努力使思想政治教育体现深厚的人文关怀，让学生感受生命、体验美好、追求崇高，在感动中净化灵魂、升华人格。

第一，由单向性向多向性拓展。计划经济的整齐划一性容易使人们形成单向、单一、单调的方法，观察分析和处理问题往往习惯于一个方向，一个方面或一个思路、一种模式。市场经济中经济主体和利益主体的多元化，必然导致社会阶层和思想观念的多元化，而思想政治教育对象的多层次性和思想问题的多元性，又决定了思想政治教育方法必然要有多向性。由单向转向多向，首先要形成工作部门的多向合力。思想政治教育涉及社会生活的各个阶层、各个方面，不仅思想政治教育部门要做，党委的其他部门也要做；不仅党委部门要做，政府各个部门以及工会、共青团、妇联等人民团体和其他组织也要做，还要充分发挥社会科学、新闻出版、文化艺术工作者和教育工作者的重要作用，建立思想政治教育责任制、联席会议制度等工作机制，形成多方面的强大合力。其次，要形成思想教育的多向方法。由于市场经济条件下思想意识的复杂性和价值取向的多样性，过去的以"一把钥匙开一把锁"的思想教育方法已远远不够。"锁"的复杂性、多变性，决定了如今不仅要根据千千万万种"锁"铸造出形形色色的"钥匙"，而且即使是面对一把"锁"，也可能需要成百上千把不同"钥匙"用不同方法方能打开。

第二，要形成信息传递的多向手段。当前要特别加强对"互联网"的运用，加强对网络和大学生"网民"的研究，加快建立思想政治调研网络和信息网络，有针对性地开展网上宣传，使"互联网"成为开展思想政治教育的有效载体。

第三，由偏重灌输向注重渗透拓展。在社会主义市场经济的大潮下，西方的价值观念和自由思想无时无刻不在影响着大学生的价值取向。邓小平指出："对外文化交流要长期发展，我们要向西方发达国家学习一切对我们有益的知识和文化，但是，属于文化领域的东西，一定要用马克思主义对它们的思想内容和表现方法进行分析、鉴别和批判。"向大学生灌输马克思主义，历来是思想政治教育的一个重要方法。即使是在新的历史时期，灌输的方法仍然具有重要的意义。但是，我们也应当看到，市场经济的自主性特点不断强化着人们的自主性意识，不断强化的自主性意识对外在的灌输产生了一定的阻力，甚至逆反心理，使灌输受到了环境、诸多方面的制约，实际效果受到削弱。适应市场经济人们思想自主性强的心理，在强调灌输的同时，我们还要注重思想渗透，把思想政治教育渗透到繁纷复杂的经济活动中，渗透到社会生活的各个领域中，渗透到群众性的创建活动中，渗透到丰富多彩的文化娱乐活动中，寓教于知，寓教于乐，寓教于美，寓教于管理，推动思想工作贴近群众，贴近工作，贴近生活。

二、思想上强化创新意识

新时代思想政治教育的创新，关键是要建设一支创新意识强的思想政治教育队伍。实现思想政治教育的创新，必须要有科学理论的指导，有丰富知识的支撑，有开拓进取的精神。

科学理论指导是创新的灵魂。理论是行动的指南。没有科学理论指导，思想和行动就会偏离正确的价值轨道。以科学的理论武装人，首先要用科学的理论武装自己。当前，特别要全面、准确、系统地领会和把握党的十九大以及十九大以来的中央历届全会精神。要把学与用、知与行结合起来，着眼于马克思主义理论的运用，着眼于对实际问题的理论思考，着眼于新的实践和新的发展。

创新教学基本理念是思想政治理论课教学创新的核心。教学基本理念是教学活动的核心，对教学的发展具有先导性和前瞻性，它决定着教学的成败。由于人类的活动总是在理念的指导下，先进的教学理念产生积极的教育行为，使教育获得成功；反之，落后的教育观念则产生消极的教育行为，导致教育的失败。因此，思想政治理论课教学的创新，首先要以教学基本理念的创新突破来带动教育改革的新发展。

我们要树立多元文化观念，确立坚持文化民族性与坚持文化世界性相统一的文化发展观，确立尊重社会价值与尊重个人价值统的德育价值观。"认定社会条件是产生道德的决定性条件，社会是道德教育的最后根据；承认道德规范的社会文化差异性与普遍性……强调社会规范对个体的制约作用，也有一定的合理因素。"多元文化发展的历史潮流，使传统的思想政治教育工作者已不再是信息的中心和权威的代表，它要求思想政治理论课教学要坚持以人为本，以学生为本，注重学生的个性发展，培养其独立人格，尊重其主体意识，充分发挥其积极性、主动性和创造性，作为教师，应从大学生的实际出发，了解和关注他们的现实生活和思想实际，研究其身心特点，关心和维护其切身利益，引导他们的思想与身心健康成长，充分发挥教师的主导作用。

就教学基本理念而言，无论是建构主义还是面向 21 世纪的"以人为本"教育观念，都不约而同地将"以学生为本"作为其教学基本理念的核心。

建构主义重新解读教学过程的实质，指出教学过程是学习者在教师帮助下，在原有知识经验背景、社会历史文化背景、动机及情感等多方面因素综合作用下主动建构意义的过程。显然它强调学生对知识的主动探索、主动发现和对所学知识意义的主动建构，而不是像传统教学那样，教师是权威，学生则是训导的对象，学生围绕教师活动。

面向 21 世纪的教育观念，主要是"以人为本"理念。当今社会的终极目标是为了满足人的发展需要，全面提升人的综合素质。这一目标的实现，必然要求教育"以人为本"。因为思想政治理论课教学承担着人的道德塑造的重任，更应当遵从"以人为本"教育理念。思想政治理论课教学过程中必须重视个性教育，要根据学生特点因材施教，充分发挥学生的主体性、主动性，坚持不断满足学生的全面要求，使不同个性特点的学生都得到充分发展。

更新思想政治理论课教学的基本理念，以学生为本，就是要从学生实际出发，确立学生在学习中的主体性地位，真正民主的、平等的对待来自不同文化背景的学生，不歧视他们的文化与价值观，尊重他们，尊重他们的文化与价值观。关注学生的基本特点，选择一些贴近实际的、贴近学生的事例作为教学内容，探讨学生普遍关心的重大理论和现实问题，采用易于把抽象的理论具体化的直观和协作的教学方法，最大限度地调动学生学习的热情。另一方面，教师在教学中更多地不是对学生灌输一些不容置疑的价值概念，而是激励学生提出自己的观点，并对学生的观点进行富有启发价值的道德评价。只有这样，思想政治理论课教学才会更有成效，顺利达到教学的根本目的。丰富知识支撑是创新的基石。时代在前进，知识在更新，世界科技在迅猛发展。21 世纪将是知识经济的世纪。谁没有一定的知识积累，谁将会被时代无情淘汰；缺乏以丰富知识为基础的实践，只能是蛮干，根本谈不上什么创新。思想政治教师是"人类灵魂的工程师"，他们工作的对象是人，做以理服人的工作，没有深厚的知识底蕴，在掌握知识特别是现代知识深度和广度上落在时代的后面，落在别人的后面，就将丧失"人类灵魂工程师"的资格。创新思维的形成，创新思路的确定，只能构筑在丰富知识的基石之上。思想政治教师只有不断学习，不断积累，不断攀登，才能使自己的知识水平和思想境界始终处于时代的前沿。

开拓进取是创新必需的精神状态。创新是一个破旧立新的过程，必然伴有困难和风险，可能会遇到挫折和失败。因而创新必须有足够的勇气和积极进取的精神状态。江泽民同志曾多次强调，精神状态很重要，他要求广大干部要意识到自己所肩负的重任，要有一种时不我待的紧迫感，一种坚韧不拔、奋发向上的良好精神状态，那种萎靡不振的精神状态，患得患失的畏难心理，只能按老办法办事的工作思路，不但创不了新，而且还会贻误我们的事业。开拓进取精神从何而来？来自强烈的事业心和责任感，来自不计较个人名利地位得失，来自全心全意为人民服务的信念。有了这样的精神状态，才能有创新的胆识和勇气。党的十五大报告强调的"抓住机遇而不可丧失机遇，开拓进取而不可因循守旧"，实质上就是一种勇于创新、积极进取的精神状态。思想政治工作者只要坚持以创新的精神迎着困难上；就一定能够不断创造出无愧于伟大时代，适应于时代发展的新经验、新方法。

如何培育和践行社会主义核心价值观，从国家、社会、个人三个层面向广大师生进行宣传教育的同时，不断强化工作举措取得了明显效果。从国家层面看，强化宣传普及，增强认知认同。从社会层面看，抓方向、抓载体、抓示范、抓效果，通过"四抓"引领广大师生汲取先进、优秀的社会主义核心价值观，统领推进高校思想政治教育建设发展。从个人层面看，鼓励广大师生要树立正确的人生观、价值观，做到人人参与，人人做核心价值观的践行者。特别是领导干部要率先垂范，干部职工要爱岗敬业，甘于奉献，干一行，爱一行，争做社会主义核心价值观的伟大实践者。通过采取个人自学、中心组集中学、专家讲学、班子成员领学、深入基层调研学、向身边典型学、集体研讨学等多种形式，全面提升广大师生队伍素质。特别是《社会主义核心价值观》道德讲堂专题讲座的及时举办，有力地凝聚了师生的思想和向心力，为党的群众路线教育实践活动的深入开展，进一步夯实了坚实的思想基础。同时在党的群众路线教育实践活动中，带头贯彻落实中央"八项规定"，带头反对"四风"，以"向我看、跟我干"和"向我看齐"的姿态听意见、摆问题、查根源、抓整改，产生了良好的示范效应，有效带动了教育实践活动深入开展。使群众路线教育实践活动，成为"四个新常态"。即：继续坚持和发扬党的群众路线，使群众路线贯彻落实到以后的工作中成为新常态；坚持和发扬转变作风，使整治"四风"现象成为新常态；坚持发扬党员领导干部的表率作用，使遵纪守法成为新常态；继续抓好整改方案，使制度建设不断科学完善成为新常态，使党的群众路线切实融入广大干部职工今后的工作中。

三、要着眼于解决大学生的实际问题，讲究实效

在经济建设中，随着形势的发展变化，新情况、新问题层出不穷。要正确看待和处理这些新的情况和问题，就必须有科学的头脑，有正确的立场、观点和方法作指导。马克思主义是科学世界观，全人类精神文明的伟大成果，社会主义意识形态的灵魂，是我们各项事业的根本指导思想。建设有中国特色的社会主义理论和科学发展观是马克思主义在新历史条件下的运用和发展，它对我们改革开放事业的各项工作具有科学的指导作用。对于当前经济建设和各项工作而言，认真学习和掌握马克思主义的立场、观点和方法，特别是学习关于发挥政治优势、践行宗旨观念的理论，领会其精神实质，具有极为重要的现实意义。

大学生是社会的未来，是弘扬社会正能量的主力，做好大学生的思想政治教育显得尤为重要。近几年，受社会一些不良现象的影响，有些人思想上出现了"一切向钱看"的现象，严重影响了大学生人生观、

世界观的健康发展。高校思想政治教育应该高度重视加强对大学生的社会主义理论教育，使大学生真正认识到自己应肩负的历史使命。要引导大家树立起正确的科学的世界观、人生观、价值观和集体观、利益观，提高对社会主义初级阶段的认识，并学会以科学的方法看待和处理各种新情况、新问题，明辨是非，克服片面性、盲目性和表面性，以充分发挥主力军作用。思想政治教育直接作用于人的思想领域，帮助人们提高认识能力，是一项实践性很强的工作。当前高校的思想政治理论课教学中存在问题很多，如学生上课不听讲，觉得乏味、无聊，老师跟学生有距离感。18～23 岁年龄段正值大学生世界观、人生观、价值观形成的重要时期。思想政治教育工作者应思考什么样的理论才能让大学生容易接受，愿意接受。兴趣是最好的老师，不被接受的理论是很难影响、教育到他们的。人的思想、观点、立场是在生产劳动和从事的社会活动中表现出来并随其发展变化的，日常生活、学习的点点滴滴，直接影响着大学生的情绪和思想观念。"人们可以从所读到、看到和听到的内容，发展出对物质现实和社会现实的主观及公认的意义构想。"

　　思想政治教育只有深入到实际中去，真心实意地解决大学生的实际问题，才能提高大学生的认识水平。作为思想政治课教师要及时地深入到大学生的学习和生活中去，与大学生交朋友，了解大学生行为动向，把握大学生思想脉搏，进而做到想学生所想，急学生所急，理解大学生的处境和个性，尊重他们的权利和合理要求，及时帮助他们解决利益需求和思想困惑。这样，思想政治教育才能深入人心，求得实效。实践证明，由于实际困难而引起的思想问题，仅仅靠空洞的说教是解决不了的。不办实事，只说空话，是思想政治教育的大忌。只有扎扎实实地为大学生办实事，把组织的关怀和温暖送到大学生的心坎上，让大学生从切身利益中悟出道理，加深对集体的亲切感，才能真正使大学生焕发出高昂的热情。

　　毛泽东同志提出著名的"从群众中来、到群众中去"，是说党的一切决定决策和政策路线，一定要来自于群众，不能自己编造，要通过耐心地引导启发，让群众自己去感悟、去提炼、去倡导，形成具有浓厚的本土特色的基本思路，进而形成路线和政策。同时，路线方针的贯彻实施又要放手发动群众去组织、去推动。这一论断提醒我们做思想政治教育的人，一定要与学生加强联系，真正了解、理解和贴近职工群众，与大学生心连心交朋友。在实际思想政治教育过程中，一定要遵循这一原则。思想政治课教师要把大学生摆在与自己平等的位置，允许大学生提意见，发表自己的看法和观点，然后耐心地摆事实，讲道理，用合乎实际、反映事物本质和发展规律的观点，对大学生思想中的症结加以疏导，而绝不能用强制的压服的方法和命令来使大学生服从，不能以长者自居，高高在上。同时，思想政治课教师要带头实践自己提倡的道德标准和价值观念，言行一致，要求别人做的自己首先做到，要求别人不做的自己首先不去做。吃苦在前，享受在后，大公无私，廉洁奉公，用自己的行动去带动和感染大家。如果自己只说不做，语言上是巨人，行动上是矮子，要求大学生勤勤恳恳、任劳任怨，自己拈轻怕重、牢骚满腹，要求大学生无私奉献，自己却斤斤计较、占小便宜。这样，思想政治教育失去了人格的力量，也就失去了真理的力量，其实际效果也就会不存在了。另外，做大学生思想政治教育工作是一门艺术，要讲究技巧。要善于推心置腹、将心比心、设身处地，学会说群众的语言，说群众听得懂的语言，让大学生感受到自己的真诚，切忌满口之乎者也、理论主义，拒人于千里之外，更不要耍威风、摆架子、拉大旗作虎皮，那样做思想教育的效果一定不会好。

第四节　教学方法创新的途径

从育人的导向来说，思想政治理论课的教学方法关系到教学目标能否实现，教学效果能否完成。所以，思想政治理论课的教学活动应该重视对教学方法的研究。与其他课程相比，思想政治理论课自身的特点，更加要求教师在教学过程中重视对教学方法的研究。根据这一目标，高校思想政治理论课应该采取以下的教学方法来尝试改革。

一、充分利用现代化教学手段

随着科学技术的发展，以手机和互联网为代表的传媒工具正在走进校园。高校思想政治理论课教师可以利用大学生喜闻乐见的网络语言加大对大学生的思想政治教育，与大学生进行顺畅的网络语言交流，营造良好的沟通氛围，把正确的思想观念、政治观点和道德规范传递给他们。高校思想政治理论课教师应该在深入了解大学生的思想、语言和情感的基础上，把深奥、复杂、抽象的理论和概念简单化、具体化，从而大大地提高思想政治理论课的教学效果。高校思想政治理论课教师应该从实际出发，在深思熟虑的基础上，灵活地运用语言技巧，选取一些流行的新兴词汇，探索语言表达的新方法，才能更好地提高思想政治教育的效果。例如"剁手""颜值"等网络词汇和新兴词汇。习近平指出："坚持团结稳定鼓劲、正面宣传为主，是宣传思想工作必须遵循的重要方针。我们正在进行具有许多新的历史特点的伟大斗争，面临的挑战和困难前所未有，必须坚持巩固壮大主流思想舆论，弘扬主旋律，传播正能量，激发全社会团结奋进的强大力量。关键是要提高质量和水平，把握好时、度、效，增强吸引力和感染力，让群众爱听爱看，产生共鸣，充分发挥正面宣传鼓舞人、激励人的作用。"问题是时代的声音，马克思主义就是在解决资本主义社会的各种矛盾问题过程中产生和发展的。思想政治理论课不是给学生提供一大堆书本知识，不是提供一成不变的答案，而是在呈现老问题、回应新问题的过程中，让学生掌握马克思主义的立场、观点和方法。因此，必须坚持问题导向贯穿思想政治理论课教学的全过程。首先，思想政治理论课应该培养学生的问题意识，引导学生始终带着问题去学习，不但要追问历史发展过程中前人遇到和解决的问题，更要思索当代中国经济社会发展中面临的重大理论和实践问题。事实证明，在思想政治理论课教学过程中回避问题既不明智、不负责任，也难以让学生信服。凡是教学效果好的课，都能通过对重大问题的关注而吸引学生注意，激发学生的探索兴趣。其次，思想政治理论课应该教给学生分析问题和解决问题的正确方法。部分教师虽然也会讲一些现实问题，甚至有意无意地渲染问题，采用宣泄问题的方式误导学生，却不能教给学生看待问题、解决问题的正确方法。思想政治理论课的教学过程，应该是综合运用辩证思维、系统思维、底线思维、比较思维等方式分析解决问题的传达过程，是正确的思想方法的培养和凝聚过程。再次，思想政治理论课应该营造平等、理性的问题讨论氛围，培养学生的包容心态和民主作风，让学生学会，尊重别人，理解别人，善于听取别人的意见和建议，为构建和谐社会服务。

计算机多媒体教育技术，以其特有的汇集文字、图片、音频和视频为一体的形式，给传统思想政治理论课教学方法带来了一场深刻的革命。教师使用多媒体技术进行思想政治理论课教学，能够有力地激发学生的学习兴趣，调动学生的学习积极性，提高思想政治理论课课堂教学效果。要将网络教育技术引入到思想政治理论课教学的具体学科教学过程之中，为思想政治理论课教学服务。第一，提取和筛选网络上丰富的信息，充分利用这一资源直接为思想政治理论课课堂教学和课后辅导服务。校园网具有快速方便、受众多、容量大、交互性强的特点，是高校思想政治教育的一种交流与互动的快捷沟通工具。教师与学生在课前和课后展开多层次、多渠道的讨论和广泛交流，能有效地补充、丰富和深化课堂教学内容。思想政治理论课教师可以建立自己的网上教学博客、微信群等，发布自己的思想政治理论课教学信息。同时，也应该鼓励学生建立自己的网上学习博客和微信，以便教师与教师、学生与学生、教师与学生之间进行广泛的思想、情感和生活交流。第三，积极主动开辟网络阵地，制作自己的思想政治理论课教学平台，在网上建立思想政治理论课教师自己的教学家园，使网络成为思想政治理论课教育教学的另一个重要阵地。条件好的高校还可以与校外类似的思想政治理论课网站建立多重链接，使思想政治理论课教学形成开放式、立体式的教育空间，使各学校资源共享信息互补、形成合力，加大思想政治理论课教学的辐射力。随着科技的不断发展和进步，教育技术领域不断取得突破和发展，高校思想政治理论课教学要充分运用先进的教育技术辅助手段。

现代思想政治理论课教学中已经离不开多媒体课件的使用，我们一般常用的多媒体内容包括图片、声音和视频影像等，色彩鲜明，内容丰富，无论是具有时代特征的图片，还是追溯历史场景的视频影像，只要合理利用多媒体组织教学，发挥声、光、电的辅助功效，都可以比文字更有效地把枯燥的理论说教变得直观、生动，从而吸引学生注意力，提高学习兴趣，引发学生思考。如，教学中合理使用解放战争激烈的战斗场面，让学生深切地感受到新中国成立的艰辛，增强爱国情怀，珍惜世界和平；再如我国成功举办奥运会和冬奥残奥会的激烈比赛画面，齐心协力抗击"5·12"汶川地震灾害和抗击新冠病毒的图像，都是我们进行爱国主义教育的鲜活事例。

网络为思想政治理论课的教学开辟了新的教学平台，高校思想政治教育教师要与时俱进，充分利用网络阵地。一方面网络可以提供学习思想政治理论课的媒介，制作思想政治理论课教学精品课程网站，将教师的教学内容及相关知识甚至是教学录像制成课件挂在网上，供学生随时查阅观看。另一方面，网络为学生间相互交流及师生间交流提供了良好的沟通渠道，如QQ、微信等。把QQ、微信等应用到思想政治理论课教学中来，对加强师生交流有着重要的现实意义。

二、尝试师生角色互换

教学方法首先需要研究的问题是教师在讲课时以什么为起点，也就是怎样导入新课的问题。思想政治理论课是一门理论性很强的课程，理论讲述是课堂教学的重要内容。但是，理论讲述不一定必须从理论着手，教师可以选择一个现实热点问题作为切入点，通过现实热点的分析来引导出要讲的理论，并通过理论和现实问题的联系，把运用理论对现实问题的分析作为教学的重点，这样的教学方法能够更好地达到思想政治理论课的目标。思想政治理论课的教学目标是要使大学生在学习马克思主义理论的基础上，能够对现实问题作出正确的分析和基本判断。所以思想政治理论课教师必须在教学过程中把马克思主义的基本理论观点和现实问题结合起来，以实例引出问题，用理论来分析实例，这应该是把理论和现实结合起来的有效方法。如果思想政治理论课教师只热衷于在课堂上空讲理论，那是出力不讨好，这也许适用于专门搞理论的教学，但不适合思想政治理论课的教学。

思想政治理论课的根本目标是立德树人，要在教学过程中围绕德育下足功夫。在教学原则上，必须突出以人为本，聚焦人的需求、人的价值、人的心理、人的全面发展等问题，把大学生的身心健康发展放在最突出的位置；在教学内容上，必须突出"传道"，而不仅仅是"授业"，要让学生在对先进文化发展方向和人类历史发展规律充分认识的基础上，树立正确的世界观、人生观、价值观；在教学着力点上，必须突出德育，既包括政治立场、政治观点、政治素质等方面，也包括伦理道德、自身修养、人格完善等内容，让学生明白待人接物的道理和规则，使学生在走入社会以后，能够成为社会主义核心价值观的自觉践行者和社会主义事业的合格接班人。大学生对思想政治理论课是否有兴趣，直接决定着思想政治理论课教学的成效。因为兴趣是最好的老师，兴趣是学习的动力。努力提高大学生对思想政治理论课的学习兴趣，是一个高校思想政治理论课教师应该努力树立的理念。老师应该把学生的需求放在第一位置，时刻关心学生在想什么，学生希望学习什么，对什么问题最感兴趣。如何引导学生对思想政治理论课的学习兴趣，离不开教师对思想政治理论课教学方法的研究。教师通过适合学生特点的教学方法的运用，能够有效地提高学生的学习兴趣。

思想政治理论课本身的特点，对教师如何运用教学方法提出了更高的要求。学生的认识问题，思想政治理论课的教学环境的问题，学生的学习动力等问题，都必须通过教学方法的改革和创新来解决。思想政治理论课教师必须从观念上提高对教学方法的重要性研究，要把对教学方法的研究贯穿于整个教学过程之中，使教学方法的研究贯穿于教学的各个环节，成为一个思想政治理论课教师教学的必备素质。由于思想政治理论课不是专业课，理论性又强，学生对这门课的兴趣普遍不高。教师应该根据这一现状，多多研究教学方法来尽可能提高学生的学习兴趣。学习兴趣与学习效果之间是成正比例的。学生在没有学习兴趣的情况下，是很难提高学习效果的。所以，教师应该把提高学生的学习兴趣作为教学方法研究的前提。学生对学习是否感兴趣，与教学内容是否符合学生的需要有着直接的联系。在现实生活中，面对各种复杂的问题，大学生往往会产生各种迷茫和困惑，会有许多需要从思想上理论上搞清楚的东西，这实际上就是学生的需求和兴趣。教师对教学方法的研究，就应该从这些问题入手，放下架子，多与大学生交流讨论，使大学生的疑惑得到解决。就像企业生产的产品必须满足消费者需求一样，思想政治理论课的教学也必须满足学生的需求，才能抓住学生。毫无疑问，这种办法是符合大学生需求的，更符合学生的学习兴趣。

在一个创新的时代，教学方法的创新已成为思想政治理论课教学有效性和生命力的保障。思想政治理论课教学方法的创新要确立以学生为本的创新理念，关注和研究教育规律，重视和借鉴相关学科的教育理论来研究大学生接受思想政治教育的作用机制。思想政治教育的价值和归宿就是以人为本。思想政治教育的对象是人，它是教育人、说服人、塑造人的工作，它是建构在"人"的基础上的社会实践活动，它肩负着关注人的自身发展、解读人的存在意义、建构人的精神家园，促进人的全面发展的历史使命。人的价值问题既是思想政治教育价值的逻辑起点，也是思想政治教育价值的最终落脚点。因此，只有坚持以人为本，思想政治教育才能卓有成效，才能产生亲和力和影响力，取得实效性。因此，思想政治理论课教学如何以更加贴近大学生的成长需要，更好地展示理论的现实力量，将改革开放和科学发展的理论内涵、思想魅力和实践展开引入教学过程中，以更加客观地传递事实逻辑的方式和内涵进行思想政治理论课教学，即如何把思想政治理论课的课堂向经济社会实践延伸，架起当代大学生与广阔社会天地之间的紧密联系，不断创新讲述方式和价值传递方式，而不是枯燥无味地照本宣科，这是思想政治理论课教学方法创新的迫切要求和必备环节。思想政治教育活动作为一种传播思想观念、政治观点和道德规范的社会实践活动，我们可以把它看作是一种特殊的传播过程，把学生当作这种传播活动的接受者，有利于我们深化对思想政治教育对象接受机制的认识，增强思想政治教育的针对性和实效性。

思想政治理论课教学要深入了解和把握当代大学生的基本特点与价值冲突，掌握其价值取向与行为选择的特点和模式。特别要关注大学生内心世界的发展，要关注他们内心世界的培养，真正读懂学生的所思、所想、所需、所求、所疑、所惑和所急。因为我们所面对的大学生群体，受社会主义市场经济大潮的影响，内在的差异性大增强。这种差异不仅表现在性别、年龄、家庭、地域等方面，而且表现在思想观念、认知水平、学习能力等方面。比如，不同年级的大学生，其群体特点、心理特征、需求内容和所面临的问题也有所不同，甚至其话语系统都有所差异。"00后"大学生进入大学后，他们所面对的是如何看待和处理学业、生活、人际关系的困惑和矛盾，如何正确地定位自己，客观地评价他人，尽快地适应大学生活，他们将自己的所疑所惑解读为"纠结"。因此，这种种特点，使大学生群体本身恐怕已难以形成一种普遍的、均质的自我认同，他们在生活学习态度、思维行为方式、精神文化需求上也不太可能保持高度的一致性。对此，我们要充分估量由这种差异性给学生思想政治教育带来的变化。

因此，针对不同群体的受教育者时，我们必须要适时适人地调整教育内容和方法。只有在准确、全面、客观地了解教育对象的特点和需求的基础上，才能有针对性地对教育内容和教育方法进行有效创新，才能实现社会要求和大学生的有效沟通，外在的教育才能转化为内在的需要。这样的教育才有意义。

三、改变以教材为中心的"满堂灌"模式

高校的思想政治理论课教学，长期以来形成了固定的、僵化的"满堂灌"模式，教师在课堂上不善于启发，主要采取灌输式教学，学生被动地接受，教学效果很不好。有的老师也不时发牢骚，说自己在讲课时也想启发学生，但费了好大劲，学生却启而不发，老师自己也很无奈。

思想政治理论课涉及哲学、政治经济学、心理学、教育学、法学等多方面的理论知识，实践性强，要求教师不但要具备丰富的知识储备，而且要有高超的教学方式方法，深谙思想政治工作的本质规律。第一，要善于"润物细无声"，深入浅出，循循善诱，让学生得到深启迪，明白其中"大道理"。如果老师一味地采取"满堂灌"模式的教学，很难取得好的教学效果。当前，高校思想政治理论课教师要充分发挥优秀传统文化怡情养志的重要作用，将中华优秀传统文化贯穿到大学生思想政治理论课教学中，将中华文化的精神与马克思主义理论很好地融合起来，融入到大学生对社会主义先进文化的学习中。第二，"绝知此事要躬行"，要千方百计为学生创造实践体验机会，明确规定体验式教学的课时比例，把学生参与社会实践的情况作为考试考核的重要内容。由学生被动接受改为发挥学生的主观能动性。例如参观考察革命圣地或深入农村、社区、企业等经济社会发展一线现场；聘请领导干部、企业家和其他社会工作者做兼职教师；约请道德模范或其他成功人士现身说法，谈理想、谈人生；安排学生直接参与社会实践，开展社会调研，参加志愿活动等。第三，要努力做到不断创新思想政治理论课的内容、方法和形式。根据时代的要求、形势的变化、对象的变换，进行创新，做到"一把钥匙开一把锁"。要重视在教育教学模式创新上下功夫，由简单的"我说你听式"的灌输模式向双向互动的"你我合唱式"的参与模式转变，适应网络等新技术发展趋势，充分运用信息技术推进教学方式方法的变革创新。

由于现实中的各种原因，大学生对思想政治理论课学习的重要性并没有充分认识，这从一开始就增加了教学的难度。由于大学生对这门课的重要性认识不足，要高质量地实现教学目标是不可能的。认识到了这一点，高校思想政治理论课教师必须首先想办法解决好大学生对课程的认识问题。教师要想方设法改进教学方法，努力扭转大学生对思想政治理论课认识误区的局面，使大学生一开始就能够对思想政治理论课有一个正确的认识，为整个教学打下良好的基础，思想政治理论课的教学环境与其他课程相比具有的特殊性就是直接受到社会大环境的影响。社会主义市场经济的各种现象、各种思潮既会对高校思想政治理论课的教学形成有利的影响，产生正能量，也会形成不利的因素，产生负能量。在学校、在课堂上思想政治理论课教师要努力营造一个有利于思想政治理论课教学的小环境，这就需要在教学方法上下功夫，把大学生牢牢地吸引到课堂上来，使他们认识到，这门课是非常有用的，是能够解决许多现实问题的。一般而言，教师的教学效果好坏取决于理论水平和教学方法这两个基本要素。理论水平是内在的，是提高教学效果的基础，但理论水平短期内是很难提高的。同时，理论水平并不简单地等于教学效果，因为它要通过教学方法来体现。教学方法的运用要以理论水平为基础，没有理论水平，教学方法的运用就没有根基，没有扩展的空间。理论水平与教学方法是互相联系、不可分割的关系。有高深的理论水平，又有较好的教学方法，就能够使理论水平得到充分的发挥和体现。在理论水平与教学方法这两个因素中，教师应该把教学方法放在更重要的位置上，即教学方法的改进对教学效果能够起促进作用。更进一步说，要把教学方法放在更加突出的位置上。一本好的教材从学科角度在编写质量上被认定之后，怎样使它在使用效益上得到学生的认可和接受，充分发挥教育效益，使教材内容从"静态"的文本成为好用的教材，就必须处理好教材体系和教学体系的关系，而灵活多样富有技艺的教学方法则是把握和处理这一关系的重要环节和纽带。教学方法是为了实现特定的教学目标，对教学过程各种要素之间的逻辑结构和教学活动的运行进行整体设计而形成的操作样式。它是将教材体系和教学体系有机结合的重要环节和纽带。在思想政治理论课教学过程中，教师只有根据学生的所思所想和接受状况，采取启发式、激励式等灵活多样富有技艺的教学手段和方法，将教材内容主体化、情景化、信息化，进而转变为能动的教学内容，教学才能"走进"学生，也才能收到好的效果。正像优秀的导演和演员一样，既能正确地把握剧本又不拘泥于剧本，才能获得观众的喝彩。

可以采取开放式教学方法。第一，案例教学法。形成"引入问题—导入案例—讨论实际—总结提升"的案例教学模式。将鲜活、生动的案例呈现到课堂理论教学中来，通过一系列具有内在逻辑关系问题的设置，引导学生围绕案例逐层深入的进行分析、讨论，引发学生进行深入的交流与碰撞；最后教师进行总结评价，对学生进行必要的理论指导。第二，专题教学法。本着学习马列"精讲管用"的原则，根据思想政治理论课课程教学的特点，以学生普遍关心的社会热点问题、重大理论问题为牵引，注重发挥教师队伍和学科研究的整体优势，以专题的形式把课程涉及的基本内容和主要理论观点结合实际讲深、讲透。第三，"大小结合"法，即"大班授课，小班研讨"。以"研究问题、启发思维、师生互动、双向交流"为主要措施。"大班授课"以教师为主导，把握课程重点和教学难点，向学生传授理论知识；"小班讨论"以学生为主体，紧扣难点、热点和焦点或围绕精选的教学案例进行深入讨论，为学生答疑解惑。"大班授课"与"小班讨论"各有侧重又相互促进，较好地实现思想政治理论课的教学目的和教学要求。第四，实践教学法。学校教学小课堂与社会实践和社会教育大课堂相结合。充分利用社会教育资源充实教学内容、增强教学现实感和吸引力。第五讲座教学法。引导教师"发现和捕捉身边的感动"，将案例主人公或业界精英以特邀嘉宾身份请进课堂进行报告或讲座，结合其自身的经历和感受，围绕某一教学主题现场说法，提供真实可信、气氛活跃、交流融洽的教学情境，拉近思想政治理论与现实生活距离。当然，"双主体"的关键是教师的主体性和学生的主动性的相互结合。

第五节　教师队伍创新的途径

一、教师队伍应该做传播中国化马克思主义理论的使者

第一，师生之间应加强协作、加强互动。教师和教学过程紧密相连，有什么样的教师，就会提供什么样的教学。让学生真心喜爱、终身受益的某门课程，往往其任课教师也会让学生真心喜爱、终生难忘。同样的教材、同样的教学内容、同样的教学方法手段，往往因为教师的不同而让教学效果迥然不同。因此，加强思想政治理论课建设，务必在培养优秀的思想政治理论课教师方面下足功夫。第二，高校思想政治理论课教师师资队伍整体构建，要突出全员性、全程性、整体性。师资队伍建设包括人员构成、年龄结构、学历状况、职称层次等项目的建设，也包括对教师的要求、培养和使用等内容。全员育人、全过程育人是对新时期高校思想政治教育的基本要求。整体构建思想政治理论课师资队伍，就是要把校内优秀的思想政治工作者和专兼职教师集中起来，共同参与到教学、管理和实践中，如让政工干部讲《形势与政策》课、组织学生到社会上拓展训练，发挥其作用，一定程度上可以解决高校思想政治理论课师资不足的问题，让更多的人参与进来，体现全员性。第三，整体构建思想政治理论课师资队伍还要体现全程性，除政工干部外，专职教师也要对学生的思想教育全程负责。可以建立教师联系学院（系部）、联系班级、联系学生的制度，鼓励教师深入基层、深入学生，了解实际情况，解决实际问题。师资队伍建设的整体性体现在对全体教师的统一要求、统一管理、统一使用。发挥思想政治理论课教学部（教研室）的作用，研究情况，设计方案，解决问题。发挥各门课程小组的作用，统一教学内容，统一备课、说课，统一进度，统一考核等。

成立定向联系院（系）的固定教师协作组，即相对稳定每个院（系）的思想政治理论课教师，并成立由思想政治理论课不同课程教师组成的协作组，集中研究这个院（系）的学生情况、课程进展情况、音像资料的使用情况、社会实践及拓展训练情况，体现联系性和递进性。内有干劲，外有提升。加强思想政治理论课教师与各个院系学生的联系和互动。

二、摆正思想政治理论课教师的角色定位，尊重学生身心的自由表达

高校思想政治理论课老师常常从道德观念的制高点来教育学生，压抑甚至强制学生去服从，学生很少有选择的余地。这样很难使学生信服。学生不能真正理解反映和代表社会长远利益的价值教育目的和价值观内容，就把这种教育看作外在的强制和约束，从而产生逆反心理。这种情况下，思想政治理论课老师忽略了学生的主体性和成长过程的个体差异性，压制了学生的自主性，忽视了学生心里的塑造，导致社会道德规范无法真正渗入到学生的内心。要改变这种现状，要求思想政治理论课老师摆正自己的位置，和学生多交流，放下架子，和学生真正打成一片。思想政治理论课教师是人类灵魂的工程师，是思想政治教育工作的专家，是教育教学的领路人，是道德和人格的塑造者，其选拔标准应该高于其他人文社会科学教师。目前部分高校存在降低教师标准、任意安排思想政治理论课教师的现象，应该采取有力措施予以纠正，对思想政治理论课教师可以采取特殊的准入制度和退出机制。思想政治理论课教师不仅要具备较强的专业水平、应变能力、创新能力等，还要有坚定的政治立场、坚实的理想信念、丰沛的道德力量和丰满的人格魅力。因此，对思想政治理论课教师的培养应该采取非同寻常的方法手段，比如应该进行系统的政治培训、业务培训、教育学心理学培训；应该进行一定的实际工作锻炼，可以采取挂职锻炼、深入基层等方法使其深入了解世情国情；应该定期进行提升训练等。各高校要在学校发展规划、经费

投入、公共资源分配中优先保障思想政治理论课建设，在人才培养、职称评聘、科研立项、评优表彰等方面重视思想政治理论课教师，为教师职务职称晋升、培训访学、待遇提升等创造条件和方便，努力激发教师对思想政治理论课的热情，促使教师不断提升教学质量和水平，让思想政治理论课成为大学生真心喜爱、终身受益的课程。思想政治理论课教师也应该学会谦虚谨慎，反躬自省，在取长补短的过程中不断超越自我。努力提高自己的道德修养和学术水平。同时，思想政治理论课教师还应该尊重学生的主体地位，听取学生的心声。高校思想政治理论课新方案的调整和改革，要求教学方法和手段也要做相应的发展与创新，使它既能反映时代特征，又能充分实现教学目标和教学方法体系。思想政治理论课教师必须坚持以教学方式与方法改革作为生命线，关注思想政治理论课教学方法的研究价值，研究思想政治理论课教学方法的独特要求与特点，重视和借鉴其他相关学科的优点，精心选择和实施恰当有效的教学方法，构建以学生为主体、双向互动、生动活泼、符合大学生认知意趣和接受特点的课堂教学互动模式。

三、提高高校思想政治理论课教师的准入门槛，实施教师专职化、学术化

教育大计，教师为本。要建设一支理想信念坚定、道德品质高尚、理论功底扎实、教学能力突出的思想政治理论课教师队伍。在新形势下，只有紧紧抓住教师队伍建设这个"牛鼻子"，思想政治理论课建设才能扎实地向前推进，才能实现优化发展、科学发展和创新发展。要严把质量关、狠抓培训关、强化保障关，采取多种措施招聘好老师、培养好老师、宣传好老师，让有理想的人讲理想，让有信仰的人讲信仰，使思想政治理论课教师的影响力从课堂走向学校，从学校走向社会，使他们成为在社会上有影响的传递正能量的骨干队伍。

高校在招聘新的思想政治理论课教师的时候，应该对其进行全方位考核和评估，确保新招录的每一位思想政治理论课教师不但具有扎实的

理论功底，更必须有真正的马克思主义信仰，能够在向学生普及理论知识的同时，传递社会正能量。有条件的学校可以适当放宽思想政治理论课教师的职称评定限制，积极探索实施思想政治理论课教师的专职化，确保教师有足够的时间和精力从事课堂教学和科研工作。

加强对思想政治理论课教师队伍的监督，适当引入考评机制。应该形成不同层面的监督体系，加强对高校思想政治理论课教师思想情况和教学情况的检查监督，不定期进行抽查和检查，对考核不合格的教师进行教育和劝诫，甚至辞退。高校大学生从互联网等媒体上了解全球各种即时发生的国家大事、政治事件，全程点击跟踪民情反响、舆论导向等。同有意识地通过互联网直接输送文化，以全新的视野和前沿性研究成果吸引大学生，而高校学生拥有善于掌握新媒体技术的智力优势和求新欲望。在这种信息繁杂、多元价值观和文化理念共存的时代中，新媒体技术的普遍适用使高校学生与青年教师在信息储备量和信息来源途径方面渐趋接近状态，有的学生甚至超越了教师。新媒体使我们很容易全方位获取信息，高校学生在网络上不仅欢呼各种感染人的正面事例，也乐于本着公民身心健康、社会和谐发展的目的直面社会阴暗面。这就使学生所获得的思想政治理论信息不仅仅来源于教师课堂上的讲授。新媒体技术推动信息普及化，触动了教师知识地位的微妙变化，那么，传统的思想政治理论课教育教学方式也必然要发生变化。思想政治理论课教师需要作出相应的转变：借助各种新媒体符号，师生双方在平等主体平台上以对话沟通和辨析为主。新媒体网络建设的基本普及引发思想政治理论课教师的知识权威地位逐渐消解，师生间的平等意识也越来越浓厚。大部分学生已经习惯于操作鼠标，在知识链接中潜移默化地接受多元化的生活理念、思维方式、价值观念和意识形态。对他们来说，教师的话语体系显然已经不再占据优势地位。在课堂上教师机械地灌输主流意识形态和价值观念的方式不仅效果不大，甚至会磨灭学生的求知热情和探讨欲望，并将思想政治理论课逐渐推向边缘。学生渴望在平等和宽松的对话环境下进行价值观念和意识形态方面的交流。高校可以尝试开创展现人性解放、对话辩证、互动创造、关注差异与民主实践等特色的"对话教育"理念活动，定会大大提高大学生的参与热情。这种情况非常适用于中国新媒体时代高校思想政治理论课教学。思想政治理论课程重在培养学生运用马克思主义理论去解决中国社会主义现代化建设实际问题以及辨析价值观取向的能力，改善社会和谐的生活制度和群体关系，课程效果评价的基本思路是教师对马克思主义理论和社会主义核心价值观的传播能力，以及学生的马克思主义理论和思想政治品德的形成。教师不仅要在教学过程中真正尊重学生，不以权威方式操控学生，彼此间积极面对差异，以创设师生合作和学生自主学习、自由发展的话语体系，发展多元文化的和谐社会为目的，而且，在教学手段上善于运用科技时代的新语言和新媒体技术的符号系统，去诠释社会现象。BBs、聊天室、博客、播客（PODcAsT）、QQ、微信等交流工具具有超越时空限制性和突破面对面交流的尴尬性特点，使学生更容易表达对课程内容、授课方式的意见，也能更自由地倾吐心理阴霾、解读政策规范。擅长运用这些新媒体的教师在对话教学中须针对学生真实的想法与要求及时调整教学活动，帮助学生成为一个负责任的社会行动者，认同自己在团体和学校中的角色、地位，服从于教育教学活动的规范和原则，不能想说什么就说什么，更不能攻击社会主义和党的领导。同时，这种交流沟通活动能促进教师有目的地选择学生关注的民生热点、民情民愤，诠释思想政治理论课的课程精髓，从而以真实、公正、科学和理性的态度与时俱进地提高思想政治理论课的教学水平。

四、提高高校思想政治理论课教师的能力

建立了一支能够保障开放性教学落到实处、具有开放创新精神、素质较高、能力较强、结构合理的教师队伍只是前提，各高校还有一系列的后续工作要做，采取各种措施来提高思想政治理论课教师的业务能力。深入研究思想政治教育教学规律和学生认知规律，进行系列教学改革与实践。构建以思想政治理论课教师为核心，辅导员、关工委老教师、机关干部、专业课教师等共同参与的思想政治理论课"小班讨论"的指导教师队伍。拓展各高校间的交流，实行知名专家兼职教授聘任制。有利于思想政治理论课教师接触各种信息，达到取长补短的效果。在教研部门，教师知识成长主要依靠个人的积极主动，而在教师职业成长、思想成长过程中，老教师对年轻老师"传帮带"作用非常重要。老教师在教学、科研方面手把手给予无私帮助，为年轻教师在职业成长过程中起到了很好的桥梁作用；在思想成长方面，支部委员更多是通过对年轻教师在工作、生活等多方面的观察交流，进一步促其在思想政治学习、工作态度、生活态度等方面更快地成熟成长起来；对符合条件的非党员老师，教研室党支部应该积极做思想工作帮助其提升认识，更快地成为一名合格的党员。让年轻教师在面临工作压力、生活压力时少了抱怨，多了更积极、乐观、主动的态度去面对和解决。

思想政治理论课教师应该具备以下能力：

第一，政治思辨能力。要求高校思想政治理论课教师具有高尚的师德，极强的政治领悟能力和社会责任感。这是由思想政治理论课的性质决定的。高校思想政治理论课教师必须坚守政治底线、法律底线、道德底线，在教育教学和言谈举止中不能散布不当言论，不能夸大一些社会事件的负面影响，不能把一些不良情绪传导给学生，不能传递负能量。对一些社会热点问题，能恰如其分地作出合理解释。

第二，理论创新能力。思想政治理论课属于理论性很强的课程，这就要求思想政治理论课教师具备较强的理论创新能力，用自己的理论水平去释疑解惑，培养大学生的理想信念，培养大学生对中国特色社会主义事业的信心。对于一些属于社会上的理论热点，思想政治理论课教师要能张弛有度，从容应付，树立自己在学生中的威信。该维护什么，批判什么，必须有自己的深刻的理论辨别能力。

第三，较高的科研水平。科研水平是一个高校思想政治理论课教师所必不可少的，是一个高校思想政治理论课教师理论能力的具体反映。必要的科研能力对教育教学能力也是极大的促进，可以使教师的课堂授课更有深度和逻辑性，更能彰显一个思想政治理论课教师的人格魅力。

第四，较高的教育教学水平。老师最基本的能力就是教学，它是老师教书育人作用的最直接体现。教学能力不只是表达能力，而是各种综合能力的最高体现。离开了教育教学，思想政治理论课就脱离了根本，失去了初衷。高校思想政治理论课教师要敬业奉献，既然选择了教师职业，就要好好干，兢兢业业做好本职工作。要求思想政治理论课教师具有强烈的社会责任感，把事业作为自己的生命信仰，把事业化为生命的内在要求，对社会负责。

第六节　教学内容创新的途径

一、解决学生的思想问题

思想政治教育要树立问题意识。回顾思想政治教育的发展过程，我们可以比较清晰地看到，思想政治教育经历了从"体系意识"到"问题意识"的发展。问题意识与问题导向，为思想政治教育的创新发展注入了生机和活力。当前，我们已站在了新的历史起点上，经济文化的发展进步为提供了更加广阔的舞台，党和人民事业的深入推进，呼唤高校思想政治教育发挥更重要的作用。思想政治教育工作者应当自觉承担起时代赋予的神圣使命，坚持立德树人的根本方针，积极适应学生主体意识、参与意识日益增强的新形势，适应现代传播方式和传播手段发展的新趋势，适应学生社会心理和交流习惯的新特点，深入研究信息化条件下思想政治教育的特点和规律，以改革创新精神推进思想政治教育的现代化。思想政治教育要反映时代精神。随着经济社会发展与变革的不断推进，思想政治教育的理论和实践面临着诸多新困难和新挑战。不仅研究范畴出现新扩展、新特征，一些新的规律性、前沿性的问题也不断出现。这些问题往往关系到党和国家的前途和命运，并对改革开放和社会主义现代化建设、大学生成长成才以及思想政治教育创新发展产生极其重大的影响，具有普遍性、关键性、集中性和迫切性等特点。这就需要高校思想政治教育工作者站在推动中华民族伟大复兴和实现国家长治久安的历史高度，立足经济社会发展的大局，密切关注中国特色社会主义建设的伟大实践，认真研究与党的事业紧密联系的理论和实践问题；深入到社会中进行实际调查研究和理性思考，认真把握时代发展脉搏，认真总结高校思想政治教育的宝贵经验，不断提高发现、分析、解决问题的能力；以追求真理的科学精神面对现实中出现的新问题，发现困扰思想政治教育实践的新问题，切中制约思想政治教育发展的真问题，聚焦关系到思想政治教育创新的大问题，努力推动高校思想政治教育的创新发展。

一方面，随着对外开放的深入推进，西方社会的意识形态、生活方式，乘机而人影响了当代大学生的思想。另一方面，我国封建残余思想的长期存在对大学生思想也产生了影响。面对新形势、新问题，要解决大学生思想上出现的新问题，应积极进行思想政治教育的创新。马克思主义思想政治教育理论只有与中国国情相结合，与时代发展同进步，与人民群众共命运，才能焕发出旺盛的生命力、创造力和感召力，才能推进中国特色社会主义现代化建设的发展。思想政治教育的创新是建设中国特色社会主义现代化建设的要求。思想政治教育是为了保证党和中华民族奋斗目标的实现，以宣传和传播社会主义和共产主义思想体系，引导人们的政治态度，解决思想问题，提高思想、道德和心理素质，完善人格和调动积极性为首要任务，对大学生进行的以政治教育为核心的思想教育、道德教育和心理教育的综合教育过程。它是我们党的传家宝，是经济工作和其他一切工作的生命线，是社会主义经济、政治、文化、社会、生态建设的重要保证。我国要实现国民经济又好又快的发展，坚定不移地发展社会主义民主政治，推动社会主义文化大发展大繁荣，实现构建社会主义和谐社会的目标，达到社会主义生态文明的进步，就必须进行思想政治教育的创新。

二、增强思想政治理论课教学的思想性，实用性、针对性

思想政治理论课的重点是对学生进行思想政治教育，课程内容要充分体现思想性和政治性。《马克思主义基本原理概论》（以下简称《概论》）课程主要是帮助大学生正确认识马克思主义的科学性、真理性，坚定学生对马克思主义的信仰。《概论》课主要帮助大学生正确认识和把握马克思主义基本原理在当代中国的实际运用及马克思主义中国化的理论成果，坚定学生走中国特色社会主义道路的理想信念。在教学方法的设计上，充分发挥学生学习的积极性。要运用启发式教学，多开展课堂讨论、课堂辩论等方式让学生参与到教学中来；在教学环节的设计上，要多运用多媒体等现代教学手段，增强教学的直观性、感染力；在实践教学环节的安排上，形式既要新颖，又能达到培养能力、教育学生的目的。《中国近现代史纲要》课主要讲授的是近代以来中国人民奋斗的历史，帮助大学生了解国史、国情，让学生懂得"三个选择"的必然性。《思想道德修养与法律基础》课（以下简称《基础》）主要帮助大学生提高思想道德素质，增强社会主义法制观念，解决学生成长成才过程中遇到的实际问题。思想政治理论课教学，一定要充分体现这一思想，贯彻落实这一思想。这是提高学生学习兴趣，提高学习积极性、主动性的有效方法。一定要结合学生的思想实际，结合学生关心的热点、难点问题确定授课内容。

为把学习贯彻习近平新时代中国特色社会主义思想进一步引向深入，根据中央要求，中央宣传部组织编写了《习近平新时代中国特色社会主义思想学习纲要》，共 21 章、99 目、200 条，近 15 万字。全书紧紧围绕习近平新时代中国特色社会主义思想是党和国家必须长期坚持的指导思想这一主题，以"八个明确"和"十四个坚持"为核心内容和主要依据，对习近平新时代中国特色社会主义思想作了全面系统的阐述，有助于广大干部群众和青年学生更好理解把握这一思想的基本精

神、基本内容、基本要求，更加自觉地用以武装头脑、指导实践、推动工作，是广大干部群众和青年学生深入学习领会习近平新时代中国特色社会主义思想的重要辅助读物。

高校思想政治教育要适应"微时代"的发展需求，以增强实用性。所谓"微时代"是指在互联网技术、移动终端与社交媒体快速发展的大背景下，以数字通信技术为基础，通过能实现即时信息获取传播的显示终端，使用简洁的文字、形象生动的图像和音视频等多种方式，进行传播活动的时代，其主要特征是实时、互动、高效。"微媒体"指以微博、微信为标志，包括 QQ、MsN、skype、Gtalk 等一系列方便快捷、时尚个性、深层次改变人们工作和生活方式的互动媒体平台。这与"互联网＋"的倡议是不谋而合的。关于这一波以移动互联、微媒体为中心的高科技浪潮，作为引领时代发展潮流的大学生群体，微媒体的使用已经逐渐内化为他们的生活和学习方式，影响着他们的世界观、人生观、价值观。这就要求思想政治工作者深入思考如何有效利用微媒体平台，拓展思想政治教育载体的内涵与外延，从而促进思想政治教育的有效开展。

思想政治教育载体的设计运用，体现着时代的要求和科技的发展。互联网技术和手机媒体的发展进步，使得各种群体基于微博、微信等平台，以兴趣、爱好、学习、地域等多种方式聚集在一起，开展丰富多彩的活动，思想政治教育载体的形式也更加多样化和具有时代性。

以手机为主要工具的物质载体。随着 3G、4G，甚至 5G 技术的日益成熟和普及，手机作为新兴的、移动属性非常强的联系交流平台，成为人们沟通交流和获取信息的主要渠道，继报刊、广播、电视、网络四大传媒之后，手机媒体被称为"第五传媒"。在"微时代"，手机已经完全超越了原来接听电话、收发短信的单一功能，它具有携带方便、即时性强、资源丰富等特点，手机 QQ、飞信、微信、各种 A 即等丰富的应用，可随时随地、方便快捷地查询各类信息、进行各种交流。每个人都是媒体，每个人既是信息的消费者，又是信息的制造者、传播者。手机媒体已成为大学生思想政治教育中一个新的阵地，也是对传统的高校思想政治教育的一个巨大挑战。以手机作为大学生思想政治教育的物质载体，是指在大学生思想政治教育过程中，基于手机媒体平台，发挥思想政治教育的主体性，有目的地进行思想政治教育信息的制作传播，从正面引导大学生思想观念、道德规范的养成，使他们形成健康向上的世界观、人生观、道德观，以实现大学生德智体全面发展。

以微媒体为主要平台的网络载体。微型博客，简称微博，于2009年8月底推出的新浪微博，继国外的 Twitter 之后，开启了国内的微博潮，是"微时代"到来的最早的也是最主要的表现形式，随后微电影、微语录、微服务等微媒体逐渐兴起，使人们更真实地感受到"微时代"的来临。微博用户可以使用电脑和手机两种平台，以140个左右的字符随时随地发布和分享文字、图片、视频等各类信息，实现实时互动交流。除此之外，腾讯推出的微信作为一种新兴的以手机为媒介的即时通信工具，有后来居上的态势，微信以其新颖的界面、跨平台沟通、零资费、私密性等特点，已经成为一种重要的传播方式。微博、微信、手机QQ、飞信等微媒体以其快捷方便、信息丰富等特点在大学生群体中迅速普及，大学生可以随时随地以各种方式记录生活的点滴，第一时间了解社会热点、前沿资讯，更为自由和便捷地进行交流互动，微媒体也因此成为大学生思想政治教育的重要网络载体。

以兴趣、爱好、社团等为主要依托的活动载体。活动载体是思想政治教育载体的重要形式，其教育目的明确，成员参与性广泛，社会实践性鲜明。以手机为介体，微媒体为平台，大学生以共同的兴趣、爱好、地域、社团等组成不同的群体，如微博的好友圈、微信的朋友圈、手机QQ群、百度贴吧的吧友群、豆瓣的各种活动小组。无论有什么样的兴趣、爱好、想法，都可以找到自己志同道合的朋友，互相交流，分享成功的经验和失败的体会，在圈子中找到依靠感和社会支持网络，促进共同成长，这种圈子可以起到家长和学校难以发挥的优势。大学生不仅在诸如科研小组、健身群、旅游朋友圈等各种各样的微平台群体中找到了归属感和学习成长的动力，更有人在当前就业形势严峻的状况下，发掘微媒体平台商机，组建团队进行创业并取得了成功，成为大学生实现自身价值的新通道。基于微平台的各类活动是大学生思想政治教育活动载体的有力补充，高校思想政治教育工作者要不断考察和探索这种新型的活动载体，发挥通过微媒体开展活动的优势，提升学生的思想境界和综合素质，而不是一味地禁止大学生使用这些平台。疏堵结合，循循善诱，方能取得较好的教育效果。互联网等信息技术的发展，大学生通过网络可获取各类知识和信息，但是学生缺乏信息判断的能力，对大学生的思想政治观念有着重要的影响。有害信息的传播导致大学生精神世界空虚，更有甚者走上了违法的道路。

教师的理论知识不过关，难以满足学生的要求，从而导致大学生对思想政治课程学习兴趣不高。大学生思想政治教育中，教师承担着知识传播的责任，为学生授业解惑。新形势下，思想政治课不仅要宣扬社会主义的道德观，同时还要对学生的人生观和价值观的树立进行引导。一名合格的思想政治理论课教师必须要具备扎实的马克思主义理论功底，能够引导学生对社会的认识和思考。

思想教育教材内容和体系太过老旧，与社会主义市场经济的发展要求不相符合。教材内容陈旧，无法引导学生如何吸取其精华、去除其糟粕的吸收知识，不利于学生的人生观、世界观和价值观的培养。传统的思想政治理论课教学方式过于沉闷，学生不仅难以激起思想政治理论课的学习兴趣，还难以消化教学内容。新形势下，信息技术高度发达，但是大部分高校仍然沿用老一套教学方式，很难达到预期教学效果。部分学校忽略了大学生的主体地位，教师对课程内容的讲解说教，使大学生被动地接收思想政治知识内容。实际上大学生应该是思想政治教育的主体。目前我国高校思想政治理论课教育中，存在着普遍忽略了学生的主体地位的现象，学生缺乏一定的选择性和自主性，不利于学生自主学习能力的培养。所以，提高教师的自身素质，提高学生的学习兴趣，促进大学生自主学习能力的培养，是高校思想政治理论课的必然要求。大学生的思维模式已经接近于成年人，他们具备更强烈的平等意识和主体意识，这就要求教师在教学中充分重视学生的主体地位，尊重并且理解学生，让学生参与教学过程中，达到知识接受和自主学习的目的，使思想政治理论课教学更具有针对性。

三、增强思想政治理论课的关联性、综合性

高校思想政治理论课教学过程包括教学方法的设计、教学手段的运用、学生成绩的考核、教学实践环节的安排等内容。如果高校思想政治理论课教学方法的设计、教学手段的运用、教学实践环节的安排不能做到统筹兼顾，合理安排，就会出现重复、交叉的弊病。如在《纲要》课讲到第五章中国革命新道路的开辟，组织学生观看电影《秋收起义》，《概论》课讲到毛泽东新民主主义革命理论时也组织学生观看这一影片，就会导致大学生产生反感情绪，进而影响教学效果。每门课程教师都是根据自己本门课的教学内容组织教学的，这样不可避免地出现了重复现象。因此，教学过程要统筹安排，各高校应该把四门课程的教学过程作为一个统一的整体进行认真设计和安排。本着有利于调动高校师生加强思想政治理论课程建设的积极性，有利于加强对高校思想政治理论课程建设的规划与管理，有利于实现高校思想政治理论课程建设整体提高的原则，一切改革创新的方法都可以大胆尝试。要突破旧观念，解放思想，开拓创新。由单一的具体课程建设向思想政治理论课程整体构建转变；由简单的知识传授向系统的思想教育转变；由注重课堂教育向课堂教学与实践教育相结合转变；由思想教育的显性教育向心理教育、素质提高、人格拓展等综合教育的转变。要突破旧模式，提倡改革，推进创新。变教师独立思考为集体研究；变经验总结为课题攻关；变课程改革为大学生思想教育工程建设。要突破旧机制，积极引导，激励创新。建立翔实的高校思想政治理论课程整体构建的考评机制，督促广大教师参与构建活动；建立完善科技支持计划，吸引广大教师参与构建活动；建立系统的全员育人机制，调动高校各层次的力量参与构建活

动，努力使高校思想政治理论课程整体构建形成"千帆竞渡，百舸争流"的局面。

宣传贯彻习近平新时代中国特色社会主义思想，要求思想政治教育必须从悬空状态回到现实中来，贴近实际、贴近生活、贴近群众开展工作。为此，思想政治教育的对象，要从抽象的人转到现实的具体的人。这就需要改变用主观设计的理想化的人格模式去衡量和要求对象的观念，从关注大学生思想道德的心理基础开始，区分对象的个性特点开展工作。思想政治教育的着力点，也要从注重道义上的说教，转到注重人文关怀上来，要尊重人、关心人、理解人，从关注大学生的个性需求入手，按照行为科学的规律，持续地调动激发大学生的积极性。

四、增强思想政治理论课的方向性、引导性、递进性

由于高校思想政治理论课各门课程具有各自的特点，因此在培养目标上各有不同。《基础》课主要是对大学生进行适应性教育，培养他们高尚的道德情操、远大的理想、崇高的信念；《原理》课主要是培养学生分析问题、解决问题的综合能力，运用马克思主义的基本原理解决现实生活中的一些实际问题；《纲要》课主要是培养学生对党、对社会主义、对祖国的热爱情怀，帮助大学生坚持党的领导、坚持社会主义道路、坚持马克思主义指导的自觉性；《概论》课主要是对学生进行马克思主义中国化理论成果的教育，坚定大学生走中国特色社会主义道路的理想信念。要实现每门课的教学目标，就要求思想政治理论课教师从整体上把握，突出方向性、引导性、递进性，无论教学内容的安排，还是教学过程的设计都要突出教学目标的培养。这是真正完成教学任务的关键所在。把握原则、尊重规律是对高校思想政治理论课整体建设的基本要求，是实现高校思想政治理论课整体优化的基本条件，是高校思想政治理论课科学发展、全面建设的基本保证。坚持以育人为本的原则，要明确高校思想政治理论课课程建设的目标，即全面提高学生的思想政治理论素质，用社会主义核心价值体系引领学生，培养合格的"四有"

新人。高校思想政治理论课教师围绕这一目标设计教学内容、选择合适的教学方法和手段，尊重学生、教育学生、服务学生。要明确课程建设的主体。要充分发挥广大高校思想政治理论课程教师的作用，让他们在教学中发现存在的问题，在实践中探索教育教学规律，在研讨交流中总结、学习经验。运用系统的思维方法，整体构建高校思想政治理论课程是科学发展观在高校思想政治理论课程改革中的具体运用，是高校思想政治理论课程改革的理性升华，是高校思想政治理论课程改革的最有效的方法。系统发展的原则是高校思想政治理论课整体建设的理论依据，各高校应该按照系统论的原理指导高校思想政治理论课程建设。坚持系统的方向性，进一步明确高校思想政治理论课程建设的目标；坚持系统的主体性，进一步明确高校思想政治理论课程建设的任务；坚持系统的各方协调性，进一步促进高校思想政治理论课程建设各方面的协调发展；坚持系统的复杂性，努力促进高校思想政治理论课程建设的探索与研究；坚持系统的创新性，努力提高高校思想政治理论课程建设的创新能力。要在系统建设中突出重点，在宏观布局中注意细枝末节，在求实创新中体现本学科特色，在善于思索中总结经验。通过整体构建使高校思想政治理论课程更加符合各高校实际，更加符合社会主义市场经济的时代特征，更加符合教育教学规律。努力实现教学内容与教学方法的互相配合，教学方法要与教育对象相适应，要切实实现教学方法对教育对象的教育效果，不断提高高校思想政治理论课程建设的层次和水平。

第七节　教学实践创新的途径

一、有关各方齐心协力，创造和谐的教学环境

思想政治理论课教学是高校党建和思想政治教育的重要内容，是引导大学生树立正确的人生观、世界观的重要途径，也是高校实施质量工

程、提高教育质量的重要阵地。因此，它应当成为高校领导的共同职责和工作措施。高校党委必须首先统一思想认识，完善体制机制，采取措施切实加强组织领导。既要有分管校领导主抓思想政治理论课建设，更要学校党政领导班子和相关部门一起参与，形成齐抓共管的工作格局。发挥各方专家教授的作用，统筹协调和共同指导思想政治理论课建设和教学工作。与此同时，学校还在人力、财力、物力和相关政策上大力支持，确保人员配备、经费到位、保障有力。

学校领导可以经常到思想政治理论课教学现场听听老师讲课、召开老师座谈会与老师和学生沟通。这样，领导既可以及时掌握教学一线的实际情况，听取师生关于思想政治理论课实践教学的意见和建议，又可以通过这些途径传递出学校领导对思想政治理论课教学的关心，从而营造出领导重视、上下呼应的氛围。有利于加强实践教学在思想政治理论课教学中的重要作用。高校教务部门在制定教学大纲时，应该把实践教学列入教学计划，确保每学期每门课都有一定的实践教学时间，保证课时达标。在实践教学中，选择改革开放以来取得突出成绩的先进典型进行考察，譬如深圳等特区城市，沿海重点开放城市，江苏华西村等，点线面结合使学生的许多理论疑问在社会实践中找到答案。还可以集中时间组织学生到工厂或农村感受社会生产实践，然后组织学生开展专题讲座，通过开展这些丰富多彩的实践活动，突出思想政治理论课教学的特点，既充实了教学内容，也活跃了教学气氛，使理论教育不空洞，使思想政治理论课不抽象，既精又管用。

学科建设是加强和改进思想政治理论课教学的基础。中央非常重视思想政治理论课的学科建设工作，专门把马克思主义中国化列为一级学科，积极引导各高校申报"马克思主义理论与思想政治教育"硕士点和博士点。而围绕教书育人的目标，又必须把学科建设落实到课程建设上，并最终体现在教学上。新教材中的每一个知识点，都需要教师在课堂教学中旁征博引、深入浅出，才能保证学生愿意听，才能增强感染力。为加强学科建设和研究成果对思想政治课理论教学的支撑，各有条件的高校可以成立思想政治教育研究所，并最终形成主干课与选修课相结合、理论教学与社会实践相结合的精品课程群。

结构合理的教师队伍是思想政治课学科建设和教学的优质人力资源。为打通资源瓶颈、推动优质资源共享、实现优势互补，可以跨学院、跨部门形成思想政治理论课讲师团。极大地提高教师队伍的"质量"，有效弥补部分专任教师一定程度上存在的教学经验不足和教学水平不齐的缺陷。推动思想政治理论课教师之间互相切磋交流，不断提高水平。加强和改进大学生思想政治工作，必须紧紧抓住思政课理论教学和经常性思想政治工作这两个重要环节，紧紧抓住思政课教师队伍建设和辅导员队伍建设这两个关键。因此，从完善大学生思想政治教育总体格局的目标出发，必须改变思政课理论教学和经常性思想政治工作各行其道的"两张皮"现象，积极倡导教学与实践两个环节互通，畅通全员育人渠道，努力形成"大思政"的格局。思政课教师与所任课班级的辅导员应该互相支持，双方互相交流教学情况和学生思想状况；承担思想政治理论课教学组织工作的社科部（思政部）与承担经常性思想政治工作的校学工部和团委结对，思政课教师广泛参与大学生社会实践和社会考察，学工部和团委更多地参与到思政课教学。这两个结对，把思政课理论教学与经常性思想政治工作这两个重要环节有效地整合在一起，把思政课教师和大学生辅导员这两支重要队伍紧密地结合起来，有利于思政课理论教学的"三贴近"，有利于有的放矢展开教学，也对学工系统和辅导员开展经常性思想政治工作大有帮助，从而初步形成了思政课理论教学和经常性思想政治工作的"双赢"格局。

二、切实搞好实践教学，以免流于形式

第一，建立实践教学的保障运行机制。思想政治理论课实践教学的实施涉及校外的政府、社区、企业、爱国主义教育基地等部门，同时涉及学院党委、思政教学部、教务处以及各系部的教学管理部门和团委等众多部门、人员的配合。因此，只有建立起在学校党委统一领导下，各部门齐抓共管、密切配合的教学管理体制和工作机制，才能确保思想政治理论课实践教学的有效推动和顺利实施。组织保障是实践教学体系能够成功的基础，为实践教学的开展和发展提供最坚实的保障。各高校首先应该成立由学院党委书记或者分管思想政治工作的副书记任组长，教学副院长为副组长，党委宣传部、教务处、计财处等部门参与的思想政治理论课实践教学活动领导小组，解决实践教学活动实施过程中所面临的诸如经费、人员、后勤保障、制度设计等问题。同时还应该成立以思想政治理论课教学单位牵头，学校分管领导为组长、思想政治理论课教学单位负责人为副组长、党委宣传部、教务处、学工处、团委等职能部门以及相关教学单位的主要领导共同参加的实践教学指导委员会，负责实践教学的组织实施。思政部主任全面负责实践教学计划、统筹、协调和指导；学工部部长和教务处处长负责实践教学的具体安排、教学检查，管理实践教学的专兼职教师和辅导员；各系党总支书记、副书记负责督促本系辅导员、学生认真开展思想政治理论课实践教学，审核各班辅导员实践教学方案是否符合本系部学生情况，并检查本系学生实践教学的参与情况与效果。

第二，建立实践教学的资源整合机制。思想政治理论课的实践教学资源，是指思想政治理论课实践教学实施过程中，一切可以利用的，有利于实现实践教学目标的人力、物力、财力和信息系统资源。如何整合实践教学资源，做到实践教学有的放矢，是高校思想政治理论课实践教学面临的一大问题。实践教学的资源总体上是有限的，但有限的资源稀缺的同时，也存在着浪费的现象。一方面，要对潜在或者隐性的教育资源加大开发利用的力度，与学校附近的社区、联合办学单位、爱国主义教育基地、灾后重建的示范区等建立起一些固定的思想政治理论课实践教学基地；另一方面，积极构建思想政治理论课教学部门与团委等部门深度合作的机制，搭建思想政治理论课教学部门与专业教学部门互联互通的平台，对学校其他部门现有的思想政治教育资源和教育渠道加以整合，比如与团委等部门的"三下乡"活动、志愿者服务活动、学生的专业技能服务活动、主题辩论、主题演讲等合作，创新性地开展思想政治理论课的实践教学。思想政治理论课教师在实践教学中应该"以教学内容和过程研究带动意识形态功能的实现，进而达到两个统一，即意识形态教育与知识教育统一，理想信仰教育与系统知识的统一"。

第三，建立实践教学的应急处理机制。思想政治理论课实践教学中的安全问题一直是困扰组织者的一块心病。安全问题是否有效解决是影响着思想政治理论课是否真正有效落实的重要瓶颈。因此，在实践教学过程中，特别是到校外的爱国主义教育基地或者校企合作单位等实践教学基地去开展教学活动，必须制定相关安全管理制度和一套行之有效的应急处理机制。学生在外参观考察或者进行调研，总是会有发生诸如交通伤亡、食物中毒、突发事件、火警火灾等意外的可能性，一旦出现意外，学校应该根据问题的严重程度作出不同程度的反应，在最短的时间内启动相关程序，妥善解决问题，努力把伤害程度降到最低，努力把事件的负面影响降到最低。思想政治理论课实践教学的教学组织形式多种多样，每一种教学组织形式对提高大学生的职业素养和思想政治素质都有自己的侧重点和优势。思想政治理论课实践教学的组织形式分为课内实践教学和课外实践教学两种形式，课外实践教学包括校内实践活动和校外实践活动两种形式。校内课内的实践教学是指在思想政治理论课的课堂上，根据教学要求，充分发挥学生主体作用，调动学生积极性而开展的实践教学活动，主要包括课堂讨论、主题辩论、观看影视、聆听报告、主题演讲等多种组织形式。校内课外实践活动是指在校内除课堂实践教学活动外所开展的实践教学活动，主要包括读书活动、社团活动、举办各种沙龙、模拟法庭等第二课堂活动。校外实践活动是指在学校以外进行的思想政治理论课实践教学活动，主要包括社会调查、参观访问、寒暑假"三下乡"活动、志愿者服务等。教师将思想政治理论课教学融入人才培养的全过程，结合各校的人才培养模式，依托自身资源，立足学生实际，开展思想政治理论课校内课内、校内课外和校外课外多形式的实践教学活动。

三、要真正做到以德育人

社会实践在人们的思想道德和价值取向形成过程中具有决定性的作用，实践有利于大学生将书本知识与实际情况紧密结合，自觉把理论和实践结合起来，促进书本知识和感性认识向理性认识的升华和内化，高校高素质创新型人才不仅要学好专业技能和知识，还要更多地塑造社会人的品格。根据学校、专业、年级、所学思想政治理论课的不同，将实践教学体系建设进行多样化的课程设置，根据学生的成长阶段和认知规律分别进行以思想道德教育、能力培养、专业素养形成和社会服务能力为侧重点的分层实践教育，为培养全面发展的高素质创新型人才创造条件。高校思想政治教育要构建全新的思想道德教育理念。各高校应该形成以思想政治理论课教师育人为核心，形成全面以德育人的教育格局。首先，要对大学生加强共产主义理想信念的教育。坚定的理想信念，一直以来是我们的立党之本、立国之本、执政之本。社会主义是共产党员的根本政治信仰。这是任何时候、任何情况下都绝对不能动摇的。曾经有一段时期，一些高校师生意志衰退，思想空虚，对社会主义的前途命运产生种种困惑和疑虑，以至于有一部分人到封建迷信中寻求精神寄托，这归根结底是理想信念发生了动摇，出现了"信仰危机"。所以，我们必须毫不动摇地加强理想信念教育。最根本的是要深入学习毛泽东思想和中国特色社会主义理论，用它们来武装党员、教育干部和群众。否则，理论上懵懵懂懂，似是而非，思想上就模模糊糊，是非不明。其次，近年来，我们的理论武装工作取得了一些成绩，但也存在着一些问题：一是高校师生的理论学习还存在着虚假的成分和形式主义的东西，缺乏系统掌握和准确理解；二是理论联系实际欠缺，理论和实践脱节，解决实际问题，创造性开展工作方面相对薄弱。理论武装关键要做扎实有效的工作，使理论学习不能停留在口头上、会议里、文件中，而应当落实到思想上、行动上，使之转化为各级领导和亿万群众的精神动力和力量源泉。

第八节　教学考评创新的途径

一、考试内容应该多样化、开放化

思想政治理论课的考试改革无疑是一项系统工程，牵一发动全身，操作难度大。不仅需要学校决策层的理解、支持与协调，而且对教师提出了更高的要求。"我国道德教育……普遍存在教育内容落后于学生实际的问题，存在因一味拔高道德标准和以高标准确定道德教育内容而忽略了社会现实需要和基础性道德教育内容的问题"，因此，绝不能满足于做表面文章，搞形式主义。要努力把这项改革落到实处，收到实效。需要我们目的明确、思路清晰、步子稳健、措施得当。对学生成绩的评定要根据每门课程的特点来进行综合考虑，不能实行一刀切。要坚持"四结合"的原则，即考试和考查相结合，平时成绩和期末考试相结合，开卷和闭卷相结合，学习成绩与日常表现相结合。比如《基础》课、《纲要》课的成绩评定可定为考查课，《原理》课、《概论》课可定为考试课。即使都是考查课形式也不完全一样，《基础》课考查学生可以结合思想实际写小论文，《纲要》课考查学生可以以开卷的形式做大作业。考试课可以采取闭卷的形式也可以采取开卷的形式。但无论是考查课还是考试课都要重视平时成绩，加大平时成绩的比重，改变学生考试以分数定高低的现象。

二、考试形式应该多手段化

考试方式死板、单一。考试考评方式应该多样化，尽量少用闭卷考试，多用学生喜闻乐见的开卷考试形式，平时上课成绩也应该多样化，增加学生上课的积极性

教学考评要改变过去一次考试定成绩，一份成绩定品质的观念，克

服过去期末一次考试（闭卷）"平时不学，考试前一次搞定"的弊端，其内涵包括"学前考试与学后考试"相结合，"卷面考试与平时成绩"相结合，要求每个学期对每个学生都考查。高校思想政治理论课的考试，应结合高校自身实际，初步建立起包括闭卷与开卷、笔试与口试、道德评价与实际认知能力、课堂学习与社会实践参与、平时思想状况与关键时期表现相结合的考评体系，真实客观地反映大学生运用马克思主义的立场、观点、方法分析解决问题的能力。除了常规的开卷、闭卷统一考试，也可以增加口试、演讲，写调研报告、案例分析、学术小论文等。除了必要的知识点外，重点考核学生对实际问题的反应能力、分析能力、解决问题的能力，了解其基本态度，期终考试与平时行为相结合，尤其是实践教学的态度和任务的完成，作为重要的考评依据。第一，定量和定性相结合的原则。高校思想政治理论课教师应该考核自己所教的每个同学的平时和期中、期末考试成绩，认真做好记录，到期末时，做定性、定量的综合性评价，做到有的放矢，客观公正。第二，实践性原则。思想政治理论课教师既有必要对自己所教学生进行基本理论知识测试，还应该重视对学生的社会实践参与的考核评价，检验学生理论联系实际的方法和能力。第三，具体成绩的构成。可以由思想政治理论课教师根据学生的综合表现来核定。平时成绩可以占到30%～60%，期末考试成绩占70%～30%，平时成绩包括学生上课的出勤率、课堂笔记、社会实践、作业、课堂提问等。

　　成绩考核是教学体系中的一个重要环节，也是体现教学理念最明显的教学活动。思想政治理论课的成绩考核，应从认识和实践两个层面对学生的思想政治素质进行综合考核，既要考核学生对基本概念、基本观点、基本方法的理解和掌握程度，又要考核他们运用理论分析和解决问题的能力；既要考核学生的理性认识能力，又要考核他们的实践表现。可以采取多种考核方式，比如：开卷考试、调研论文、上机考试、社会实践等形式。

三、考试结果应该具有弹性

高校思想政治教育是我国高等教育的重要组成部分。作为进行思想政治教育的主渠道，高校思想政治理论课的教育教学在思想政治教育过程中具有不可替代的作用。因此，对于思想政治理论课教学效果的测量与评价，就成为我们工作的重中之重。

应当积极创造条件，充分利用网络技术，进一步推进考试改革。一是可以将原有的单一的总结性考试调整为总诊断性与总结性考试并举，使二者相互补充，相互促进。如根据教学大纲要求，需要学生把握的基本原理、基础知识等易于命制客观性试题的教学内容，发布在网站上，由学生解答，由计算机评阅，其成绩作为总成绩的一部分。学生的总成绩由网络答题成绩（客观性试题）、闭卷考试成绩（主观性试题）和平时成绩等三部分组成。二是由任课教师认真总结学生的考试情况，肯定优点，揭示问题，提出解决思路，公布在网上，供学生对照检查及作为教师改进教学的参考依据。形成过程管理导向的考核方式，即实行平时考核与期末考核相结合、卷面考核与课程实践相结合、知识考核与能力考核相结合，把考核的重点放在平时的学习过程上，引导学生有效学习、自主学习。

高校思想政治理论课考试机制，是检验高校思想政治理论课教学效果的主要方法之一。科学的考试机制，对于建立先进的教育理念、设置合理的教学内容等起着非常重要的作用。完善的考试机制，应该是目标要素、内容要素、方法要素以及成绩评定要素这四个方面组成的制度体系，是一个有机的、不可分割的整体。基于这些认识，对当前高校思想政治理论课的考试机制现状做了相关的调查研究，力求通过这些调查研究，最终能够达到完善当前考试机制的目的。以当前高校大学生的思想政治素质状况及高校思想政治教育现状为逻辑起点，以高校思想政治理论课考试机制的基本含义和基本构成为基础，在对这些理论问题进行阐述和分析之后，运用发放调查问卷并详细统计问卷结果的方式获取第一手资料，用以分析当前高校思想政治理论课考试机制的实际状况以及存在的问题，进而深入探索造成这些问题的根本原因，最终提出完善该机制的基本思路、基本原则以及具体途径。在衡量教学水平的标准上，应注重评价教师培养了多少身心健康、适应社会的学生，评价学生是否真心喜爱思想政治理论课，是否终身受益于思想政治理论课。因此，在客观评价思想政治理论课教师时，需要充分考虑评价标准、评价主体、评价范围等方面的特殊性。

对于高校思想政治理论课考试机制的改革，是我们对高校思想政治教育进行改革必须抓好的一个重要环节。当然，在改革的过程中，我们必然会遇到这样或那样的困难需要进一步的克服和解决。

第十讲 文化育人：

以文化为中心全面加强高校校园文化建设

　　大学是优秀文化传承的载体和思想文化创新的高地，在提高国家文化软实力、实现中华民族伟大复兴的征程中大有可为。作为文化自信的践行者、引领者和承载者，高校应始终把文化作为立校传承与发展创新的重要根基。"以文化人、以文育人"不仅是一个时代命题，也是高校落实加强和改进思想政治工作战略任务的重要内容。高校应当做到因事而化、因时而进、因势而新，一方面充分挖掘、传承和弘扬学校的校训、文化传统和学校精神；另一方面也要把"文化引领""文化荣校""文化服务"等作为学校"双一流"建设的重要战略，坚持社会主义办学方向，培育和践行社会主义核心价值观，不断增强师生的责任感、使命意识和担当精神，用独具特色的学校精神和创新文化引领学校发展与社会进步。

第一节　文化育人是加强和改进高校 思想政治工作的应然所需

马克思主义关于人的全面发展的学说对当代教育，特别是我国社会主义教育具有极其重要的指导意义。文化的价值就在于交融感性与理性、信念与实践等诸多因素，保障人的发展，进而形成互生互补的有机生态系统。① 文化育人，即以文化培育、培养人。广而言之是文明的传承与创新，小而言之是指人品、修为、学识的养成。与政治、经济组织等一般社会组织不同，大学作为相对独立的特殊社会组织，其根本任务是"立德树人"。要回答好"培养什么样的人、怎样培养人"这一重大问题，一条行之有效的途径就是以优秀的大学文化涵育修养、培养人才。

一、更深刻地领悟文化育人的本质

1. 文化育人是立德树人的重要实现途径

中国现代著名哲学家、教育家梁漱溟把文化对人的影响概括为："文化并非别的，乃是人类生活的样法"，"生活上抽象的样法是文化"。② 兰德曼在《哲学人类学》中指出："不仅我们创造了文化，文化也创造

---

① 刘克利：《高校文化育人系统的构建》，载《高等教育研究》2007 年第 12 期，第 8—11 页。

② 梁漱溟：《梁漱溟全集》（第一卷），山东人民出版社 1989 年版，第 380—381 页。

了我们。个体永远不能从自身来理解，他只能从支持他并渗透于他的文化的先定性中获得理解。"① 原国家教委高教研究中心主任王冀生认为："大学文化是大学在长期办学实践的基础上经过历史的积淀、自身的努力和受到外部的影响而逐步形成的一种独立的社会文化形态，是大学积淀和创造的大学精神文化、大学物质文化、大学制度文化和大学环境文化的总和，是人类文化中一种高层次的文化，具有传承性、多元性、批判性和前沿性，是大学赖以生存、发展、办学和承担重大社会责任的根本。"② 教育部原部长袁贵仁认为，大学与文化具有天然的联系。文化起源于"人化"，即人的主体性和本质力量的对象化，同时起到教化人、塑造人、熏陶人的"化人"功能。人是文化的创造者，也是文化的创造物。大学就是通过文化来培养人、创造人，通过文化的继承、传播和创造，促进受教育者的社会化、个性化、文明化，从而塑造健全的人，完善的人。③

2. "以文化人、以文育人"的灵魂是坚定文化自信

思想文化是一个国家、一个民族的灵魂。2013 年年底，在主持中央政治局第十二次集体学习时，习近平总书记提出，要加强对中国人民和中华民族的优秀文化和光荣历史的宣传教育，引导我国人民树立和坚持正确的历史观、民族观、国家观、文化观，增强做中国人的骨气和底气。2014 年 2 月，在主持中央政治局第十三次集体学习时，习近平总书记再次提出，要讲清楚中华优秀传统文化的历史渊源、发展脉络、基本走向，讲清楚中华文化的独特创造、价值理念、鲜明特色，增强文化自信和价值观自信。2014 年 3 月，在同人大代表、政协委员的座谈中，习近平总书记指出，体现一个国家综合实力最核心的、最高层的，还是文化软实力，这事关一个民族精气神的凝聚。同年 10 月，在文艺工作座谈会上，他明确将"增强文化自觉和文化自信"概括为"坚定道路

---

① ［德］M. 兰德曼：《哲学人类学》，彭富春译，工人出版社 1988 年版，第 273 页。
② 王冀生：《大学文化的科学内涵》，载《高等教育研究》2005 年第 10 期。
③ 袁贵仁：《加强大学文化研究推进大学文化建设》，载《中国大学教学》2002 年第 10 期。

自信、理论自信、制度自信的题中应有之义"。2016 年 5 月 17 日，在哲学社会科学工作座谈会上的讲话中，习近平总书记指出，我们说要坚定中国特色社会主义道路自信、理论自信、制度自信，说到底是要坚定文化自信。文化自信是更基本、更深沉、更持久的力量。在 2016 年 7 月 1 日召开的纪念建党 95 周年大会上，习近平总书记强调，全党要坚定道路自信、理论自信、制度自信、文化自信。他在访问欧洲时还强调："我们要保持对自身文化的自信、耐力、定力。"

欲信人者，必先自信。中华文化既包括在五千多年文明发展中孕育的中华优秀传统文化，更包括在党和人民伟大斗争中孕育的革命文化和社会主义先进文化，它积淀着中华民族最深层的精神追求，代表着中华民族独特的精神标识①。文化自信是一个民族、一个国家以及一个政党对自身所禀赋和拥有的文化价值的充分肯定和积极践行，并对其文化生命力保持坚定的信心和发展的希望。习近平总书记关于"四个自信"的重要论断，不仅丰富和发展了中国特色社会主义文化理论，也是党中央治国理政新理念新思想新战略的重要体现，为我们进一步推进高校校园文化建设指明了基本方向，注入了强大动力，提供了行动指南。"四个自信"是一个相互联系而又不可分割的整体，文化自信是道路自信、理论自信、制度自信的内在要求，同时也是其他"三个自信"的必然结果和目标所向②。它不仅渗透于道路自信、理论自信、制度自信的方方面面，而且广泛地深入到人的一切活动之中。它既深且厚：深到每个人的内心成为一切活动的"基因"，厚到铸就每个人的抗争耐力和思维定力。有了文化自信，我们方能进一步坚定其他"三个自信"，把中国特色社会主义伟大事业不断推向前进。

近些年，高校校园文化与社会文化的围墙逐渐被打破，高校校园文

---

①　《习近平在庆祝中国共产党成立 95 周年大会上的讲话》，载《人民日报》2016 年 7 月 2 日（002）。

②　郑淑芬：《文化自信与道路自信、理论自信、制度自信的辩证关系》，载《奋斗》2016 年第 9 期，第 57—58 页。

化呈现出"杂糅相陈、良莠并见"的现象。例如,主题教育不接地气,社团文化热闹却不深入,中华传统文化教育重形式不重内涵,等等。这些都导致校园文化建设缺少灵魂,没有筋骨。要切实领悟和做到"以文化人、以文育人",首先必须深刻认识和把握文化自信的主要内涵和精神实质,以此为基础充实校园文化建设的灵魂和筋骨。高校进一步重视和加强以文化人、以文育人,也应当以坚定文化自信为主脉络、主旋律,努力培养德、智、体、美全面发展的建设者和接班人,为实现中华民族伟大复兴中国梦贡献智慧力量。

二、更全面地把握文化育人的目标

文化是大学的血脉和灵魂,是实现大学功能的精神力量和动力源泉。大学文化所蕴含的价值观念通过大学办学理念、大学生活点点滴滴等或显性或隐性地影响着生活在其中的师生,使师生在思想、行为等方面对所在大学的文化产生认同,从而深层次地实现对教师理想与师德修养,以及学生正确世界观、人生观、价值观的塑造。这是大学文化功能的较高层面,也是大学育人功能的体现。大学文化所蕴含的科学精神和人文精神,以及大学校园里开展的科学教育和文化素质教育,为大学提高科学素质、科技创新能力和人文素质提供了支撑。① 以文化人、以文育人同时对大学生培育和践行社会主义核心价值观在内容、途径、效果等多方面都提出了更高要求,是将社会主义核心价值观落细、落小、落实的重要途径。

以文化人、以文育人是一个长周期的战略工程,需要持之以恒、一以贯之、久久为功。高校以文化人、以文育人的根本目标是:围绕"双一流"的发展目标,建设主流价值深入人心、文化传统根基深厚、学术创新氛围浓郁、高雅艺术浸润深刻、文化服务影响深远的特色文化体系,全面提升学校师生的文化素养,凝结文化成果,为一流大学或高

---

① 孙雷:《论大学文化的育人功能及实现途径》,载《中国高等教育》2008 年第 22 期。

水平特色大学建设提供强劲动力和可靠保障。经过一段时间积累后，力争能在三个方面有所凸显。其一在于"厚"：文化传承基础扎实，学校师生对精神文化的认同度高、归属感强，对文化传承的自信心强、自觉度高。其二在于"博"：文化内容兼容并包，随着学科发展、院系调整，学校文化不断丰富并相互催生出更深刻的精神内涵，呈现出很强的包容性。其三在于"润"：文化载体丰富多样，学校文化贯穿于学校工作的方方面面，虚实结合、潜移默化，文化从精神传达到物质表征做到"润"万物而无声。

三、秉持"三个准则"，构建文化育人大格局

全国高校思想政治工作会议之后，高校对于加强文化建设的共识越来越强。校园文化建设离不开学校对文化建设的重视和支持，离不开对全体师生的培育和激发，离不开对文化内涵的挖掘和传播，离不开对软件、硬件环境的投入和维护。在规划、落实和推进以文化人、以文育人过程中，应遵循三个准则：

1. 加强对校园文化建设的统筹、规划和引领

统筹校园文化是实现校园文化引领的关键所在。要让"百花齐放"变成"和谐交响"，需要学校在文化建设中加强顶层设计、系统规划和协同推进。校园文化是全局之举，是人人参与之举。校园文化要激发院系甚至个体的细胞单元活力，才能有更整体的建设成果体现。为此，必须将校园文化建设纳入学校事业发展的整体布局之中，在教学、科研、人事、基建等工作中配套相应的与校园文化建设密切相关的经费，推动全局建设校园文化。从长远来说应纳入学校发展的战略大局，从短期来说应纳入"十四五"规划专项，从路径图和时间表来说应有"行动计划""实施方案"等。

2. 坚持历史传承与发展创新相结合

在推进中华优秀传统文化传承创新、革命传统文化坚守弘扬、社会主义先进文化繁荣发展的过程中，"传承"是生命力，"创新"是推动

力，"弘扬"是影响力。2021年12月14日，在中国文联十一大、中国作协十大开幕式上，习近平总书记强调，要增强文化自觉，坚定文化自信，展示中国文艺新气象。铸就中华文化新辉煌要树立大历史观、大时代观，把握历史进程和时代大势，反映中华民族的千年巨变，揭示百年中国的人间正道，弘扬以爱国主义为核心的民族精神和以改革创新为核心的时代精神，弘扬伟大建党精神，唱响昂扬的时代主旋律。费孝通先生主张"文化的自知之明"。文化传承不是复旧，不是简单的回归，而是在认识自己文化的基础上再定位、再创造、再前进。文化传承不是"穿靴戴帽"，应重在"内化"；文化创新也不是"形式搞怪"，应重在"内涵"。

文化建设具有鲜明的时代特征。必须把培育和践行社会主义核心价值观融入青年学生的日常学习生活中，让青年学生通过参与文化活动，感受到向上向善的力量。必须坚持以人为本，贴近青年学生实际，形成全员共同参与、共创文化精品、共担文化责任、共享文化发展成果的生动局面。要通过大学文化的内涵挖掘、载体培育和品牌打造，弘扬主旋律、汇聚正能量、树立新风尚，让高校成为中华优秀传统文化的思想库和先进文化的辐射源，使高校思想政治工作潜移默化、润物无声。

3. 秉持知行合一的实践特征

以文化人、以文育人，是环境育人、氛围育人的体现，更重要的还是一个载体育人、实践育人的过程。"以文化人"的过程是实现文化自觉、实践报国之行的过程，是实践—认识—再实践—再认识的过程，也是完成中华优秀传统文化传承创新的过程。中国古人早有"知行合一"的文化传统。"太史公行天下，周览四海名山大川，与燕赵间豪俊交游，故其文疏荡，颇有奇气"。[①] 饱览山水形胜与饱读诗书经籍，胸中有丘壑与胸中有经典意义同等重要。所谓读万卷书行万里路，正是中华

① （宋）苏辙：《上枢密韩太尉书》。

传统文化之中治学与修身的完美结合。事实上，文化能够调和人对自我和社会的认知。可通过深度游访祖国名胜古迹、文化圣地等文化实践，感受古老辉煌的中华文明和优秀文化精髓，通过深度参与各类校园文化活动，切实在其中陶冶精神、涵养心灵、接续人文，从而达到文化育人、实践育人的目的。

第二节　科学构建文化育人的长效机制

校园文化作为国家整体文化的重要组成部分，它是一个国家、一个民族整体文化的缩影，是社会文化发展的"晴雨表"，能真实地折射出社会文化的整体发展。同时它更是社会文化发展的"助推器"，在参与社会文化的传承、创新、传播、发展过程中需要扮演更加重要的角色。我们需要在更大的时代背景和历史范畴中审视校园文化的作用和定位，积极面对校园文化发展的挑战和机遇，在文化传承与创新中抢得先机，在民族复兴之路上建功立业。

一、推动"五个进一步"，落实文化育人工程

综观当前国际形势和国内发展态势，校园文化发展中面对的冲击和机遇同在。随着新媒体技术的高速发展，社会意识日趋多元化，我国社会主流价值观念受到了前所未有的冲击，对文化的传承与创新发展带来了诸多挑战。与此同时，随着我国国力的日渐强盛，人们对精神文化的需求愈发迫切，传统文化强势回归，文化创意蓬勃兴起，这为文化发展带来良好的机遇。如何整合资源、兼容并包优秀的世界文明来丰润大学文化，如何去伪存真、理性辨析多元文化里的精华与糟粕，如何主动引领、潜移默化高雅、进步、创新的文化元素等，都是未来大学校园文化建设中的关键性问题。

以文化人、以文育人，学校在制度文化、文化载体、文化符号、

环境文化、文化影响力等方面都必须有所涉足、有所布局、有所推进。具体包括：社会主义核心价值观深入人心，社会主义办学路线进一步明确；学校精神文化表述系统趋于完善，师生员工归属感、认同感进一步提升；扎根中国大地办大学，贯彻与学校战略目标、核心价值相匹配的制度文化，与建设中国特色世界一流大学发展目标相适应的管理体系，整体办学实力显著提升；推动校园景观规划的实施，高水平的校园公共文化服务体系逐步完善，基本实现内涵丰富、特色鲜明的文化环境。

整体来说，要以主流价值融入、传统文化弘扬、创新精神培育、高雅艺术熏陶、文化服务拓展来构建立体多维的校园文化生态系统，同时积极探索文化传播、引领、服务等多元途径，不断树立大学生的价值认同和文化自信。具体包括：

第一，进一步加强主流价值的融入。始终坚定社会主义办学方向，坚定不移地弘扬社会主义核心价值观，进一步挖掘和凝练学校精神和师生品格，增强师生的历史责任感，增强认同感、归属感和自豪感，形成巨大的凝聚力和向心力。

第二，进一步弘扬中华优秀传统文化。挖掘和传承植根中华民族五千年历史的优秀传统文化，不断建设传承与弘扬优秀传统文化的阵地和载体，不断激发学校师生对民族文化和学校传统的感知力和传播力，让校园文化助力民族文化的伟大复兴。

第三，进一步注重创新精神的培育。始终秉持大学"学术为本、学生为本、教师为本、诚信为基、创新为魂"的理想追求，不断营造优良的学术文化氛围，激发团队与个体的创新能力。

第四，进一步发挥高雅艺术的熏陶作用。要将高雅艺术作为大学文化建设的催化剂，以海纳百川的开放胸怀吸收、借鉴世界一流的优秀文化、文明遗产，吸引广大师生走近艺术，品读高雅，感受经典，激发文化艺术灵感，提升个人艺术修养。

第五，进一步拓展文化服务的影响。大学文化是社会文化的一股清泉，要积极探索大学文化的输出机制，为社会创造先进文化，引领社会文化的前进方向，打造文化名片，传播中国形象，构建多元文化融合的纽带。

二、建立文化育人协同建设机制与考核评估机制

面对新形势新要求，高校应立足于自身办学格局，进一步提升文化品牌、载体、设施的品质，建成高水平的校园文化建设体系，并推动文化建设系列标志性成果。以"崇尚科学精神、传播人文情怀"为价值追求，建成校风优良、教风严谨、学风勤勉的学术殿堂；建成展现高等教育风范、社会文化先锋、都市形象标杆的城市名片；建成学生团结、教师融入、校友凝聚的精神家园；建成特色鲜明、环境优美、服务完善的人文生态系统，以文化为引领跻身一流大学行列。

1. 建立校园文化建设的协同工作机制，形成全局总动员

大学首先要充分认识校园文化发展的重要性，加强校园文化建设的组织保障。可成立校园文化建设委员会，发挥其在总体协调、文化规划、项目审批、内容建设、监督管理等方面的作用。进一步完善校园文化建设项目的审批和工作流程、校园文化建设委员会工作细则等制度化文件。同时，成立校园文化建设顾问委员会，邀请社会贤达、热心校友、专业老师参与校园文化建设项目的决策咨询与项目监督。近期来说，学校可在本校校园文化"十四五"规划的基础上进一步细化规划内容，增强可操作性，细化点上执行，配套拟订"行动计划"和"实施方案"，确立校园文化的具体实施工程，由分管校领导牵头，扎实推进校园文化建设项目。对校园文化建设实行"执行与评估"双轨制。通过开展满意度调研、对照规划的可测量性指标，在执行中不断监督、评估、调整行动方案，以期达到更好效果。

根据中宣部、教育部《关于加强和改进高校宣传思想工作队伍建设的意见》中提出的"统筹校园文化建设"的要求，进一步明确宣传部门在校园文化建设中牵头抓总的工作定位。设立校园文化建设的具体

管理部门，并在二级院系设立专兼职校园文化工作团队。建立一套完善的文化建设评估和激励机制，定期表彰优秀文化工作者，及时发现和推广先进典型和先进经验，培育和打造一批文化精品项目，鼓励和扶持一批富有成效的文化建设项目。

2. 建立校园文化建设的评估考核机制，形成中长期目标的过程管理

围绕主流价值融入、传统文化弘扬、创新精神培育、高雅艺术熏陶、文化服务拓展等建设思路，以文化人、以文育人要重点做好四个层次的重点工作。第一层次，构建文化建设的顶层范畴。建设以精神文化建设为领、以组织文化建设为纲的校园文化顶层布局。挖掘学校的文化积淀，梳理学校精神、办学传统、校训、校风、教风、学风等精神文化内涵，传承大学精神，培育科学精神、人文情怀，引领文化风范。围绕大学章程，推进学校的制度文化、民主管理、组织架构建设，形成制度保证、民主监督、组织凝聚的组织文化体系。第二层次，聚焦文化建设的核心要义。校园文化建设的核心是学校师生，广义上包括学生、教师（教职员工）、校友三个方面。学校师生是学校发展最宝贵的因素，校园文化建设要以服务好这三类人群为重点，不断增强师生的价值认同、使命认同，提升师生的人文素养、创新活力，提高校友的身份自豪、感恩意识。第三层次，探索文化建设的方法路径。文化建设是潜移默化、润物无声的，而文化建设的路径、方法、载体必须是有形和可感的。校园文化建设要致力于探索一套更行之有效的"传导系统"。在文化载体上不断探索新平台、新品牌、新形式，以适应日益提升的文化需求；在环境文化上不断建设与大学精神文化相匹配的文化场所、设施、配套体系；在文化符号上凝练出大学精神文化的表述传达系统，提升学校的整体形象。第四层次，拓展文化建设的辐射影响。学校跻身世界一流大学的进程也是校园文化建设国际化的过程，要通过国际形象传播、海外招生、文化交流访问等项目，增强校园文化建设的海外辐射力。同时，校园文化是社会文化的源泉，要积极推动校园文化的输出，开展校地文化

合作、志愿服务，提升校园文化建设与社区、企业、城市、地方文化建设的互动共荣。

在推进文化育人的过程中，也应科学构建、逐步形成校园文化建设关键绩效指标，具体包括：

第一，制度完善、管理有序。要建立健全学校的规章制度，完善民主化管理程序，建成完善的校园文化建设的规章制度、管理流程。完善校园文化建设委员会、校园文化建设顾问委员会、校园文化建设学生委员会等组织体系的体制机制。建成校园文化的规划、决策、执行、监督机制。

第二，师生满意、校友肯定。可开展校园文化建设情况满意度调查，倾听师生、校友意见。吸纳师生、校友参与校园文化建设的决策咨询，激发其主动性，建成师生、校友的参与机制和评价机制。

第三，载体多样、成果丰硕。校园文化建设的载体、品牌、平台多样，要凝练一批高水平的校园文化项目，在评奖评优、文化输出、典型塑造等方面有所作为。组织开展校园文化建设情况的校内评审机制，鼓励相互借鉴、共同促进。

第四，设施完善、服务到位。要建成校园文化服务体系，完善校园硬件及配套设施，营造校园文化触手可及的氛围，打造潜移默化的文化熏陶场景。使师生员工文化素养不断提升，在文化服务领域服务意识、工作能力有显著突破，全面提升学校的软环境建设。

第五，形象统一、传播深远。要建成学校的形象标识系统、文化传播标识系统，打造统一、有特色的学校形象，使精神文化更深入人心。不断提升高校的社会影响力，提高国际传播力，塑造中国高等教育的典型形象。

第六，校地共赢、社会辐射。要显著提高校园文化的输出水平，积极开展校地、校企文化交流合作，打造共建、共赢局面，使校园文化对社会的辐射力有效增强，对文化传承与发展有显著推动。

第三节　大力推进文化育人，让无形之手发挥有形作用

当前高校校园文化建设存在的一些局限和不足，通常表现为格局不够宏观、定位不够清晰、主体不够明确、协同不够顺畅。这些问题中既有过去遗留的历史问题，也有新阶段在发展中遇到的新问题。同时我们也要看到，全国层面、省市层面的文明单位创建，2017 年首次评选全国"文明校园"以来，教育部全国校园文化建设优秀项目推选展示，教育部和《光明日报》联合组织的"礼敬中华"优秀项目评选等，都为高校文化建设提供了有效的工作助推力，也创造了良好的展示和交流平台。总体来说，校园文化建设应紧紧围绕学校建设一流大学的重大命题，不断探索实践与社会主义先进文化相容、与一流大学目标相适应的大学文化建设体系。

创新在基层。近些年，部分高校围绕以文化人、以文育人积累了一些丰富经验，有些是对红色文化、民族文化等深入挖掘、深耕细作，取得了新成果；有些是针对教育对象的思想特点和行为规律，加强教育的针对性和实效性，取得了新进展；有些则是结合技术和内容，在组织形式、活动方式上积极创新，取得了新突破。尊重基层首创，充分挖掘和推广各基层高校近些年在校园文化建设领域的生动和鲜活案例，不仅有助于提炼和总结校园文化建设的规律，同时也是解决高校之间文化建设、文化育人不平衡问题的重要助推力。

一、以精神文化为本质，融入主流价值

在中华民族几千年绵延发展的历史长河中，爱国主义始终是激昂的主旋律，始终是激励我国各族人民自强不息的强大力量。党的十一届三中全会以来，邓小平同志、江泽民同志、胡锦涛同志多次发表讲话号召全国各族人民大力弘扬爱国主义精神。党的十八大以来，习近平总书记

多次强调以爱国主义为核心的民族精神在中华民族发展史上和实现中华民族伟大复兴中国梦过程中的重要作用，号召全体中华儿女弘扬伟大的爱国主义精神。在中央政治局第二十九次集体学习时，习近平总书记指出："伟大的事业需要伟大的精神。实现中华民族伟大复兴的中国梦，是当代中国爱国主义的鲜明主题。"① 在这方面，中南大学国旗班 20 年筑梦路的事例带给我们很多启迪。中南大学国旗班成立于 1996 年，至今已有 26 年历史，共发掘培养队员和优秀骨干 200 余人。国旗班从基础做起，从每一个成员做起，严格训练，率先垂范，打造了一个持续传承爱国志、发扬爱国情的优秀集体。国旗班以升旗为己任、以训练为习惯，坚持"周日辛苦训练、周一按时升旗"的优秀传统，班导师对每次训练进行现场指导，对每次升旗进行现场组织，风雨无阻，从未间断。26 年来，中南大学国旗班已累计完成上千次升旗任务，每年参加国庆节、开学典礼、毕业典礼、校运会等重要节日和大型活动升旗仪式数十场，得到校领导和广大师生一致好评。此外，历届国旗班队员二十年如一日地在广大青年和学子中开展深入、持久、生动的爱国主义宣传教育，让爱国主义精神在广大青少年心中牢牢扎根，使爱国主义精神传承实现以点到面，呈辐射状向周围发展。

中华优秀传统文化里积淀的文化精髓、革命文化中流淌的红色基因、社会主义先进文化中传播的核心价值观，这些经过历史和实践总结凝练出的精神文化具有很强的生命力，是开展大学文化育人工作的重要精神源泉。大学文化育人不能脱离大学本身的精神文化要素，例如，长期办学积累下来的精神文化、办学宗旨、学校校风、大学使命等，这些具有大学自身独特性、历史传承性的精神文化是文化育人中的生动素材。要将精神文化与主流价值融合，结合学校自身文化特征，形成大学自有的精神文化表达，从而进一步增强全校师生的责任感和使命感，也进一步成为社会各界认识学校、了解学校的重要途径，强化学校的社会

---

① 蓝汉林：《新时期弘扬爱国主义精神的思考》，载《思想理论教育导刊》2016 年第 6 期，第 124—126 页。

影响力和文化辐射作用。例如，近年来，哈尔滨工业大学始终牢记习近平总书记来校调研时"要主动将自身发展同国家和民族的命运紧密联系在一起""成就国家和民族的希望"的嘱托，坚持打造独树一帜的航天文化育人体系，融会"两弹一星"精神、航天传统精神、载人航天精神、抗疫精神，凝练学校办学过程中积聚的宝贵精神资源，引领广大师生敢于有梦、勇于追梦、勤于圆梦，孕育了传承哈尔滨工业大学精神的航天人，也形成了一大批追逐航天梦、托举强国梦的"追梦人"群星方阵。

二、以人为本、以文化人，增强学生、教师、校友的凝聚力

1. 始终坚持"以学生为本"的教育理念，营造良好氛围

以文化人、以文育人，必须充分尊重学生的个体差异性，加强学生的主体意识培养，以饱学之师、浩然之气让学生感悟文化，引导青年学子崇尚科学、追求真理、胸怀世界、服务全人类。可在新生开学典礼、入学教育中增加校史校情教育板块，使学生迅速融入学校文化之中，强化学生入校后的荣誉感、认同感和归属感；也可开设校史校情公选课，建立完善的文化标识系统，提升学生对学校文化的理解，激发学生的爱校热情。加强学生的理想信念教育，帮助学生树立正确的世界观、人生观、价值观，坚定社会主义核心价值观，树立"祖国强盛，我的责任"的使命感。在社会实践、志愿服务、择业就业等环节，培养志存高远、服务国家、奉献社会的文化，引导更多毕业生到基层去，到西部去，到祖国需要的重要行业和关键领域中去，把个人价值的实现和国家需要、社会期望有机结合。

2. 培养教师坚持"育人为本、德育为先"的理念，以德施教、以德立身

"师者，人之模范也。"教师的职业特性决定了教师必须是道德高尚的人群。[①] 高校应建立体现优秀办学传统、与世界一流大学和中国特

---

① 习近平：《做党和人民满意的好老师》，载《人民日报》2014 年 9 月 10 日（002）。

色社会主义大学发展目标相适应的教师文化，增强广大教师的归属感、荣誉感以及自豪感，通过加强教育管理和纪律约束，引导教师成为学高为师、身正为范的践行者，推动形成崇尚精品、严谨治学、注重诚信、讲求责任的学术品格和优良学风①。要加强师德师风建设，将师德师风列为教师考核的重要内容，在职务晋升、评奖评优、出国进修、录用新教师等工作中，实行师德师风"一票否决制"；大力宣传教学名师、师德标兵等先进典型事迹，带动教师队伍职业道德水平不断提高。在教师入职教育、理论学习中加强校史校情教育，传承和弘扬学校的办学传统，发挥文化的熏陶和影响作用。要完善青年教师导师制度，遴选一批作风优良、师德高尚、教书育人的典范作为导师，发挥传、帮、带作用，使青年教师迅速融入学校文化，提高文化归属感。要加强对教师的科学精神和人文精神教育，通过理论学习平台、"三会一课"、专题研讨会等形式加强理论学习。加大教师在职培训的力度，丰富和完善学习培训形式，拓宽教师学习途径，不断更新教师的知识体系，提高教师的人文和科学素养。

例如，北京师范大学成立学习贯彻习近平总书记重要讲话精神宣讲团，教育广大师生按照"四有"好老师标准，加强师德建设，提高自身素质。中国石油大学（北京）将社会主义核心价值观教育融入师德师风建设，通过举办形势报告会、开辟党建专题网站、组织研讨会等形式，教育引导教师明确自身肩负的使命和责任。中国地质大学（武汉）健全青年教师政治理论学习制度，通过报告会、座谈会、研讨会、培训班等方式教育广大教师学习和践行社会主义核心价值观，引领教师坚定教育报国的理想信念。同济大学加大在青年教师中发展党员的工作力度，并选择党性观念强、业务水平高、在青年教师中有影响力的党员专家教授，专门联系培养教学科研骨干、学术带头人、优秀留学归国人员，把更多政治素质好、影响力较大的青年教师吸收到党的队伍中来。

---

① 《坚持党对高校的领导加强改进思想政治工作》，载《人民日报》2017 年 2 月 28 日（002）。

这些高校的典型经验和做法，有效地促使教师在政治思想、道德品质、学识教风上率先垂范、言传身教，促进了以德立身、以德立学、以德施教，值得我们借鉴。

3. 增强校友的"文化认同""身份认同"，反哺母校育人工作

学校文化建设也应延伸到各界校友，通过校友会体系的建设完善，使学校校友文化成为学校文化的重要组成部分，不断提升校友文化对学校文化育人的影响，进一步丰富学校文化的内涵。学校可利用节庆、校庆纪念活动，设立校友返校日和校友接待日，邀请广大校友回校，通过赠送校庆纪念章、纪念品，各类校友互动活动，校友杂志简报等形式，增强校友的身份认同，加强校友与母校之间的情感交流，增强校友的母校情结、感恩情怀、母校归属感和荣誉感，使母校成为广大校友的精神家园。不断加强校友总会和各地分会建设，完善校友联系机制和沟通网络，倡导校友之间的相互支持、相互关爱，增加校友群体的向心力和凝聚力。建立校友合作体系，建设分行业校友会，搭建平台，为校友的事业发展创造有利条件。邀请各个行业、各个领域的杰出校友回校汇报交流，通过校友论坛、校友报告会等形式，大力宣传校友在各自领域的模范事迹，为在校师生提供精神动力。培育捐赠文化，鼓励校友为母校发展建言献策、捐资捐物，或是捐课，使校友文化价值不断深化提升。

例如，复旦大学世界校友联谊会（以下简称"世联会"）自1990年至今开展了数十届，引起国内大学的广泛关注，成为全球复旦人的盛大节日和校友会的一个品牌活动。其中，南昌第十届"世联会"创新了校友会工作思路，提升了校友活动层次，如开展才智对话、招商引智、崛起论坛，启动十个科技合作项目，建立科技成果南昌转移中心和网络教育学院南昌学习中心，进而推进了复旦大学与江西的全面科技合作。校友会居中协调、沟通、策划、准备，调动两个方面的积极性，既为联络校友、增进情谊提供了场所，为校友回报母校提供了契机，也为复旦大学服务地方构筑了平台。类似的活动体现了校友会的强大生命力

和先进校友文化的支撑引领作用，也得到校地和校友的广泛支持。①

三、丰富文化育人的载体，让校园文化叫好又叫座

1. 通过文化符号的具象表达，加强校园文化的认知与认同

学校的文化符号可以凝练出很多，如校徽、校旗、校名（字体、书法）、校训、校歌等。这些符号是精神文化的缩影，具有很强的文化传播意义。高校要通过一系列具象化的表达，更好地传播学校的精神文化，形成联结师生和校友的情感纽带，增强学校的社会影响和公众知晓度。为此，应当加强文化符号设计、提炼、编制、挖掘、充实和创新，在宣传、征集、争鸣中确立师生广为认同的基本文化符号，使之符合社会时代发展、学校办学定位调整、国际交流发展需求等。

首先，挖掘校徽校旗、校训校歌的文化内涵。要进一步挖掘、宣传校徽校旗、校训校歌的文化故事，规范校徽校旗、校训校歌的使用。可通过宣传品、报道、标识、校训墙、演讲、书法等文化活动传播校训的文化内涵，通过拍摄校歌 MV、举办新生合唱比赛等活动促进师生及校友对校歌的认知和传唱，使师生加强对学校的认同感和归属感。

其次，形成学校专属的视觉识别系统。制作发布系统的、统一的视觉符号系统来打造学校的品牌识别形象，通过对标志、标准色、专用字体等"基础规范"以及办公事务、宣传识别、户外环境系统等"应用规范"的统一，形成学校固有的视觉形象。

最后，打造文化衍生产品，扩大传播载体。加强多方合作，推出有学校专属文化符号的校园纪念品，丰富学校文化的传播载体。进一步建设校园纪念品文化空间，形成校园的文化新地标。

2. 深入挖掘文化活动的内涵，打造经典校园文化品牌

持续打造学校学术讲座品牌，邀请学术大师、知名学者、杰出校友、社会名流等登上学校讲台，梳理并整合对学术讲座的引导和管理的

---

① 李国强：《感悟校友文化》，载《教育学术月刊》2008 年第 5 期，第 94—95 页。

各类制度，强化讲座品牌的规模效应和集群效应，提高学术讲座的知名度和影响力。同时，规范升旗仪式、开学典礼、毕业典礼、颁奖仪式等庆典仪式的程序及基本礼仪，发挥以史育人、仪式育人功能，传播主流价值理念，增强师生对学校文化的认同感和神圣感；精心设计校庆等重大纪念日活动，赋予丰富的文化内涵，使之成为文化建设的有效载体。大力倡导健康工作、健康生活理念，积极开展师生校运会等各类特色鲜明的群众性文体活动。

例如，"北大读书讲座"是由北京大学图书馆主办，定位于知名学者与青年学生分享阅读经历和人生智慧的校园人文素养活动。该读书讲座以其鲜明的主题定位、不同讲者的特色风格、深厚的文化底蕴、丰富的讲座内容深受读者欢迎，已成为北京大学知名的文化活动品牌。在"北大读书讲座"的策划和组织中，特别注重邀请在历史、文学等领域有影响力的名师大家，围绕某种或某类经典著作，畅谈读书体会和人生感悟。已举办的经典阅读类讲座包括：哲学家周国平的《阅读与精神生活》，北大中文系教授陈平原的《读书是一件好玩的事》，隋唐史专家蒙曼的《读出红妆——唐代宫廷女性的美丽与哀愁》，等等。这些讲座平均每场听众有 220 人左右，通过知名专家学者的精彩演讲，师生们增强了对经典原著的认识和理解，也促进了传统文化在校园中的传播。

3. 融入环境文化建设，使文化育人"润物细无声"

随着高校校园整体建设的布局拓展，校园环境越来越被重视，可以说这是一所学校给社会公众的"第一印象"。将学校文化融入环境建设的方方面面，既能更好地传承一所学校的历史建筑风格、校情风貌，更能通过这种"润物无声"的方式，传递学校的历史文化积淀和校园文化品位，起到以文化人、以文育人的效果。学校应加强文化场馆建设及内涵挖掘，让校园里的历史建筑、博物馆、展览馆、礼堂、音乐厅、读书空间等成为文化育人的重要阵地。围绕人文历史建筑开展学校故事的演绎和传播，撰写出版人文建筑丛书，拍摄专题宣传片，开发人文建筑周边产品，增强师生对学校历史建筑及历史故事的认知。利用博物馆资源，传承学校特有文化，创新文博育人理念，将博物馆作为校史校情、爱国主义和传统文化教育的重要基地，不断构建高校文博育人的新格局。同时，充分利用学校现有文化场馆，不断完善文化场馆功能，通过开展高雅艺术进校园、师生文艺演出、学术论坛等进一步丰富校园生活，提升师生文化艺术修养。此外，打造线上线下的校园阅读泛空间，定期推出书展和世界读书日主题阅读月活动，大力扶持图书室、图书角等阅读场所建设，形成独具特色的书香生态系统。

　　学校可根据不同的文化轴线规划建设文化特色长廊，营造浓郁的校园文化氛围，提升校区的文化艺术品位。同时，依托校园的自然环境（如水系、湖泊、山体）进行自然文化景观规划建设，通过建设文化景观亭、纪念碑、石刻、文化故事墙、休息椅凳等文化设施，将校园文化融入自然景观之中，于潜移默化之中起到文化育人效果。在这一领域，南京大学鼓楼校区文化雕塑群可谓独树一帜。南京大学文化雕塑群承载着学校的悠久历史、文化传统和社会价值，包括人物雕塑、纪念性雕塑以及寓意雕塑、装饰性雕塑。人物雕塑有李四光、竺可桢、陶行知、吴有训、茅以升、吴健雄、匡亚明等著名学者与曾经作出过重要贡献的校长或领导人物。最具标志性的纪念性雕塑是为纪念南京大学百年校庆所铸的"百年大鼎"，由江苏省人民政府所赠。鼎下方铜牌刻有"百年沧桑，名与时迁，呈现代教育之辉煌，开江苏人文之伟观。负民族振兴之重任，育国家建设之栋梁。校风馥郁，学统端庄，千龄弗替，万代永昌。值此百年校庆，特铸斯鼎，世世相传……"凸显了南京大学厚重的历史文化与时代责任。最有名的寓意雕塑则是矗立于田家炳艺术楼前广场中心的孺子牛，独特的艺术造型与两侧建筑形成对比，又将田家炳艺术楼与逸夫管理科学楼两栋建筑进行了巧妙的连接。雕塑上有题词"仁者看见它鞠躬尽瘁的奉献，勇者看见它倔强不屈的奋起，智者看见它低下前蹄让牧童骑上，迈向待耕的大地……"鼓励学子们脚踏实地、蓄势待发、不断进取。艺术楼东侧则安放着众多人物雕塑，包括老子、苏东坡、郑和、徐悲鸿以及军人和劳动人民雕塑等。这些雕塑被自然地放置在绿篱之中，与环境相融、与艺术楼相衬，使师生感受到浓厚的校园文化艺术氛围①。

四、充分运用新媒体平台，使文化育人产生倍增效应

一方面，要加强对各类校园媒体的支持和引导，办好一批师生喜爱的校报、简报以及各类院刊等平面媒体，提升报刊的品位和质量，发挥学校海报栏和橱窗的作用，定期就相关主题进行展示，牢牢确立校园文化的主流和方向。另一方面，要完善网络媒体，重视网络的宣传作用，加强学校主页特别是英文主页建设，利用微信、微博等新媒体沟通师生、引导舆论，扩大传播范围；要积极建设校园媒体队伍，提供各种形式的文化传播途径。持续发挥高校在网络文化建设领域的先发优势和经验优势，高度重视网络文化建设，注重师生网络文明素养提升，充分发挥网络文化育人功能。培养一支优秀的网络文化工作队伍，建成一批优秀的网络文化工作平台，培育一批优秀的网络文化品牌项目。

近些年，优秀文化的内容优势和新媒体平台的传播优势相结合，加上高校不同的学科、文化、人才和底蕴支撑，推动以文化人、以文育人在跨界、跨区域、跨高校传播上出现了一种新现象，并衍生出一种独特的潮流和趋势。近两年中，最典型的当属各种高校版本的《南山南》唱响网络。《南山南》是民谣组织麻油叶创始人马頔作词作曲并演唱的一首原创歌曲，通过网络发布。由于这首歌旋律动听、意境优美，发布后各高校师生不约而同，纷纷创作了各个版本的《南山南》，并进行了录制和网络推送，一时间形成了《南山南》现象。这些高校改编的《南山南》普遍结合学校的历史、文化、景观等文化符号，歌词在各自校友和师生中具有极高的认同度，演唱让广大网友喜听乐听。2016年10月，由赵雷和喜子共同编曲，赵雷作词作曲并演唱的民谣歌曲《成都》作为单曲首发后，目前也已形成了多个高校版本的《成都》。《南

---

① 房元民：《高校老校区校园文化景观研究——以南京大学鼓楼校区为例》，载《城市建筑》2012年第17期，第195页。

山南》《成都》现象也可说是文化跨界、跨区域、跨高校辐射和推送，通过新媒体产生放大效应的两个典型案例。

　　推进中华优秀传统文化传承创新、推进革命文化坚守弘扬、推进社会主义先进文化繁荣发展，高校是最重要的前沿阵地。贯彻落实全国高校思想政治工作会议精神，坚定社会主义文化自信，目标是使大学生树立"民族魂""中国心"和"爱国情"。加强和改进新形势下大学生思想政治工作，校园文化既是"显微镜"，也是"着力点"。高校肩负着教书育人的神圣使命，应当进一步学习贯彻习近平总书记系列重要讲话精神，坚定文化自信，深入推进以文化人、以文育人，努力培养更多德、智、体、美全面发展的社会主义建设者和接班人。

第十一讲 全媒时代：

新媒体、新技术带来的挑战与机遇

　　21世纪是一个信息技术与新媒体快速发展的时代。如何运用互联网等新媒体新技术加强和创新高校思想政治工作，使之富有时代感，更有吸引力，这是高校思想政治工作需要解决的重大课题。我们应当研究和把握新媒体的特点，进一步创新工作理念、内容、载体与话语，利用好、发挥好新媒体的优势，真正使高校思想政治工作活起来，使思想政治工作的效果好起来。

第一节　新媒体新技术的发展与高校思想政治工作

互联网信息技术、移动通信技术和新媒体的快速发展，对经济、政治、社会、文化等产生重大的深刻影响，甚至是划时代的影响。我们正"前所未有地面临着并真实地进入到这个能够一瞬间构造一切又一瞬间摧毁一切的媒介世界"[①]。随着新兴媒体资源不断丰富，信息传播更加快捷和高效，新媒体的迅猛发展，促进了人类传播方式的革命性飞跃，催生了新的文化生产方式和传播方式，引起了人们思想观念、行为规范、价值取向的根本性变化。网络技术飞速发展，已经深入到人们日常学习和生活中的各个方面，对高校师生的思想观念和行为习惯产生了间接或直接的影响。

一、新媒体及其特征

"新媒体"一词最早出自 1967 年美国哥伦比亚广播电视网技术研究所负责人戈尔德马克的有关开发电子录像的项目计划书中。随着互联网信息技术、移动通信技术的发展，一种不同于传统媒体的新媒体快速发展，并对传统媒体格局和信息传播方式产生革命性的影响。

新媒体是相对于报纸、广播以及电视等传统媒体而言的新型媒体形式，是以数字技术、网络技术、移动技术等为支撑，通过电脑、智能手

---

① 郑根成：《媒介载道——传媒伦理研究》，中央编译出版社 2009 年版。

机等终端，向用户提供信息和服务的传播形态和媒体形态。目前，新媒体的类型主要有：互联网新媒体，如门户网站、微博、博客、QQ、MsN、搜索引擎、网上论坛等；电视新媒体，如数字电视、网络电视、户外移动电视、车载媒体、广播等；手机新媒体，如手机通信、手机电视、手机广播、微信、飞信等。

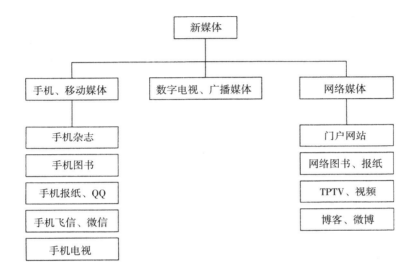

"新媒体"是一个相对的概念，任何"新"都是跟"旧"相对的，正如"新媒体"总是跟"旧媒体"相对的。"旧媒体"曾经也是"新媒体"，而"新媒体"的外延不断扩大，处在不断变化发展过程中。相对于传统媒体而言，新媒体具有以下特点：

1. 数字化

媒体的发展最主要就是依赖传播技术的发展，而数字技术的发展给新媒体的发展带来了翻天覆地的变化。数字技术是随着计算机技术的发展而产生的，信息载体是比特，使用的是数字语言，由此可知，数字技术的飞速发展是新媒体的催生剂，数字化由此成为新媒体最显著的特征之一。新媒体的数字化不仅仅表现在传播方式和接收终端的多样性上，还表现在表达方式的多样性上，融合了多种表达方式，打破媒介之间的阻隔，同一内容可以通过多种介质进行传播。

2. 交互性

与传统媒体不同，由于传播方式的重大变革，每个人都从信息的纯粹接收者，变为既是信息的接收者，又是信息的收集者和发布者。信息的发布者和接收者之间的信息交流不再定向单一，变成了双向互动的过程。在新媒体的传播秩序中，没有传统的等级划分，没有把世界划分为传播者和受众，只有用户的概念。"用户"拥有自主权、控制权、互动性和创造性等特点。每个个体既是传播者又是受众，开创了前所未有的互动新局面，信息不再依赖某一方发出，而是在双方的交流过程中形成，同等的话语权成为新媒体传播过程中独特的风景。在新媒体中，网络媒体和手机媒体的互动性表现得最突出，包括各种论坛、博客、社区、微博、播客、维客等，每个人都可以在上面畅所欲言，表达自己的观点和想法。受众与媒体、受众与受众的互动时时刻刻都存在。

3. 个性化

在传统媒体时代，传播者占据主导地位，决定着传播的内容和形式、信息的数量和质量、信息的流向和渠道，牢牢掌握话语霸权，人的自由意志被忽视、被淹没。而在以数字化为根本特征的新媒体时代，更加注重用户体验。新媒体可以根据个人的兴趣爱好和需求提供满足受众的个性化服务。人们对信息有自主选择权，还可以改变信息传播的形式和内容。个性化的传播方式使得每个人都可以发布信息，影响他人，但是新媒体又是一把"双刃剑"，也可能泄露个人信息和隐私，众多发布的信息鱼龙混杂、良莠不齐，因此加大了管理难度，影响受众的判断力，甚至影响舆论导向。

4. 即时性

信息高速公路的发展，使得信息得以即时传播。受众可以随时随地把自己的所见所闻发布到网络或其他载体上，新闻事件的现场直播、突发事件的追踪报道、个人意见的随时发布，受众也可以通过各种终端在第一时间及时收到信息，并可以在最短的时间内作出反馈或者进行讨论和交流，作出最佳应对措施，极大地缩短了反应时间，克服了传统媒体反应时间慢、应对周期长等缺陷。传统媒体点对点、点对面的单向传播被点对点、点对面、面对面的多重传播方式取代，信息的传播更加快捷，不再受时间的限制。网络上再也没有第一手新闻，因为新闻总在不断更新。

5. 共享性

传统媒体主要依靠地面传播系统，通常局限在一国的范围或地区。而新媒体打破了地理区域的限制，使得各种信息在地域上全球覆盖，信息实现海量储存，超链接技术的应用将网上的信息融合，整个世界形成一个巨大的数据资源库，任何人在任何地方都可以共享信息。世界上任意时间，任意地点发生的任何一件事都有可能成为网络信息被广泛传播，人们可以无拘无束地获取信息、制造信息和传播信息，打破了传统媒体的障碍，网络新媒体已成为人们获取信息最频繁和最有效的途径。

二、新媒体与高校师生群体思想的新变化

高校师生是文化层次较高的群体，新媒体技术与高校师生的学习、工作和生活联系非常密切，对高校师生的影响既全面又深刻。可以说，高校师生是受新媒体影响最大的群体之一。

1. 新媒体"融合"成为高校师生学习生活的重要平台

新媒体以其数字化、多媒体、实时性和交互性传递新闻信息的独特优势而成为信息资源最丰富和相互交流最便捷的媒介，其交互性、即时性、开放性等特点以及其包罗万象的内容恰好满足了高校师生的沟通需求、信息需求、个性需求，新媒体已成为高校师生获取知识和信息的重要平台，深受大学生的欢迎和喜爱。

社交网络、网络学堂、QQ、MSN、微博、微信等新媒体的迅猛发

展及其独特魅力吸引了广大的高校教师特别是大学生群体，成为他们获取信息、实现人际交流沟通、抒发个人感情、服务生活的重要方式。李开复曾说："一种传播媒体普及到 5000 万人，收音机用了 38 年，电视用了 13 年，互联网用了 4 年，而微博只用了 14 个月。"可见，新媒体的传播速度及接受群体的发展速度是何其惊人。随着国家科学技术水平的快速提升，我国进入了新媒体时代，在传媒业应用信息技术进行媒体的融合是传媒业新的发展机遇，同时也面临了较为严峻的形势。在新媒体时代，人人都是传播媒介，如何正视传统媒体人与群众之间的关联是媒体融合时代需要考虑的问题。另外，在媒体融合时代，传统媒体与新媒体之间存在更多的差异，同时关注内容也更加的多元化，因此在信息技术应用下，传媒业需要进行深度的进一步"融合"。"融媒体"是充分利用媒介载体，把广播、电视、报纸等既有共同点，又存在互补性的不同媒体，在人力、内容、宣传等方面进行全面整合，实现"资源通融、内容兼融、宣传互融、利益共融"的新型媒体宣传理念。资源通融，就是合理整合新老媒体的人力物力资源，变各自服务为共同服务。首先将广播与网站合并，将双方原采编人员打通，组建成立了"融媒体采编中心"。中心记者外出采访时，将录音笔和数码相机两种采访设备同时携带，为广播和网络同时供稿，既保证了双方新闻稿源，降低了人力成本，又提升了网站新闻稿件的权威性和原创能力。宣传互融，就是建立一种新型和谐互补互信的媒体关系。打造"融媒体"，就是摆正新老媒体关系，分析新老媒体的利弊，以优势互补、扬优去劣，达到 1 +1 > 2 的效果。比如，广播的迅疾、便捷，电视的直观、立体，互联网的"四个无限"（无限空间、无限时间、无限作者、无限受众）。各媒体对"我无他有"的东西，不妒忌，不害怕，对"他无我有"的，不排异，不拒绝，都把"他"当作自己的一部分，兼收并蓄，追求"水桶定律"。利益共融，就是发展"融媒体"的最终目的，要有利于效益这个根本。而效益主要体现在两个方面，即社会效益和经济效益。新媒体已经渗透到中国的大学校园，深深扎根于当代大学生生活中，时刻影响着他们的生活起居、学习方式、思维模式、行为规范、身心发展、价值观形成等方方面面，成为大学生学习、生活中不可或缺的重要组成部分。

表1 各互联网应用在青少年网民中的普及率

	应用	小学生	中学生	大学生	非学生	总体类别	国民总体	差距
信息获取	搜索	73.8%	79.3%	91.0%	79.9%	80.5%	79.3%	1.2%
	即时通信	73.3%	91.9%	97.7%	93.6%	91.1%	86.2%	4.9%
交流沟通	微博	27.0%	59.7%	76.7%	63.5%	54.3%	45.5%	8.8%
	电子邮件	22.8%	35.0%	68.7%	39.8%	37.6%	42.0%	-4.4%
	论坛和BBS博客	15.3%	19.2%	30.6%	21.2%	21.4%	19.5%	1.9%
	个人空间	58.0%	80.7%	86.5%	83.0%	76.7%	70.7%	6.0%
	社交网站	19.2%	51.4%	60.0%	49.6%	45.7%	45.0%	0.7%
	网络音乐	82.0%	83.3%	91.3%	81.1%	83.7%	73.4%	10.3%
网络娱乐	网络游戏	69.5%	75.2%	63.5%	55.1%	65.7%	54.7%	11.0%
	网络视频	62.6%	76.0%	81.9%	71.1%	72.9%	69.3%	3.6%
	网络文学	25.1%	45.4%	61.2%	43.9%	45.0%	44.4%	0.6%
	网络购物	17.8%	51.2%	77.0%	56.8%	50.0%	48.9%	1.1%
商务交易	团购	3.0%	15.2%	43.0%	15.4%	17.7%	22.8%	-5.1%
	旅行预订	6.8%	14.7%	50.1%	26.4%	20.6%	29.3%	-8.7%
	网上支付	10.6%	39.8%	70.3%	46.4%	39.0%	42.1%	-3.1%
	网上银行	9.1%	35.2%	70.4%	46.5%	37.0%	40.5%	-3.5%

2. 新媒体的积极影响

新媒体为高校学生的交往、学习和思想发展提供了很好的平台，有利于学生的身心健康成长。

一是为大学生提供了交往的新方式。新媒体为高校师生创建了一个在现实生活中无法实现的虚幻世界，为他们提供了自由、平等、隐秘的交往空间。在这里，师生们可以自由地传递情感，根据自身爱好和关注的热点问题自主地表达观点。借助于QQ、博客、微博、微信等新媒体，大学生在人际交往中更觉轻松和便捷，解决问题的方式更趋自由多样。在匿名的网络空间中，由于减少了来自其他个体或社会因素的干扰，交流双方可以在相对私密的空间更为自由地交流，从而更有利于交流思想、传递情感，网络新媒体已成为大学生表达思想观点和倾诉心声的理想选择，成为紧张学习生活的"减压阀"，成为解决各类问题困惑的"百宝箱"。

二是为大学生提供了学习的新平台。新媒体所呈现的高效便捷、开放互动性充分激发了大学生的积极探索精神和主观能动性。大学生可以根据所学课程，下载相关学习材料，转变了以往只靠书本及辅助材料获取知识的被动局面。大学生开始更多地依赖网络搜索功能解决学习中遇到的困难，学习的形式、渠道也因为新媒体的无限拓展性而变得更加灵活、多元。

三是为大学生提供了思想的新园地。在新媒体环境下，大学生能够更加便利地接触到多样的思想与文化，而多媒体平台更是提供给他们前所未有的、多样化的审视视角。当代大学生每天都在接触海量的资讯信息，对思想、言论和权威不再盲从，有利于增强大学生的自我意识和自信心。

3. 新媒体的消极影响

新媒体犹如"双刃剑"，对大学生的健康成长带来了许多负面和消极的影响。

一是带来思想上的混乱。网络世界的虚拟化与信息传播的快捷性、不可控性，使新媒体中充斥着良莠不齐的海量信息，大学生社会敏感度高但又涉世未深、甄别能力不强、自控能力较差，很容易造成政治方向迷失、道德滑坡和理性缺失，甚至会诱发违法犯罪行为。我们要认识到，以互联网为基础的新媒体所传播的内容很多是以简短、快捷的报道或新闻形式呈现的，由于没有长时间深思熟虑的探求和考证，其传递的信息不能充分反映事件所表达的正确内涵。同时，新媒体的信息传递打破了原有的国家、社会制度、意识形态等的约束，实现了全球不同文化、思想观念、价值取向、生活方式等的融汇。在互联网上有95%的信息是英语，中文信息还不到1%。当代大学生很容易受到一些不良信息的影响，进而出现道德意识淡薄、道德观念差、道德责任缺失、道德行为失范等现象。

二是带来身体上的伤害。一些大学生过度沉迷于网络中的虚拟角色，对网络有一种心理上的依赖感，时不能有效控制上网时间，经常无节制地花费大量时间和精力上网，沉迷于网上的虚拟世界，出现"网络成瘾综合征"，导致人格障碍，身心受损；根据 2016 年《时代杂志》的一项调查显示，20% 的人群每 10 分钟就要查看手机 1 次。对于这种行为状态，人们称为"手机依赖综合征""手机成瘾症"等。而在大学生中上课看手机、吃饭看手机、走路看手机、坐车玩手机、睡觉玩手机的现象比比皆是，由于手机携带方便，其产生的影响比"网络成瘾综合征"更大、更隐蔽。

三是带来学习上的障碍。网络所特有的互动性、自主性、便利性等特点使其成为当代大学生获取信息的首选甚至可以说是唯一的选择。一些学生放弃了图书馆、阅览室等而专注于网络，放弃了一种更为健康、对知识的学习和积累更有帮助的学习方式。键盘、鼠标和屏幕代替了纸和笔，电脑代替了人脑，软盘、硬盘和光碟代替了书本，一些大学生不再思考、积累和创新，作业与论文不再是学习成果的展示而是一场复制加粘贴的手工游戏，结果导致一些大学生思维能力、创造能力下降，产生了学习上的障碍。

第二节　新媒体给高校思想政治工作带来的挑战与机遇

当代大学生在年龄结构、知识结构、思想层次以及社会角色上都有鲜明的特点，他们精力充沛、思想活跃，对外界充满了好奇与热情，是整个社会中文化素质较高的群体。大学时期也是大学生世界观、人生观和价值观的形成和定型时期。正因为如此，在新媒体迅猛发展的今天，如何顺应时代发展的需要，创新高校思想政治教育工作方式方法，引导大学生正确选择、接触、甄别、判断新媒体传播的内容并内化，是直接关系到大学生自身健康成长和综合素质全面发展的迫切需要。

一、新媒体给高校思想政治工作带来的挑战

1. 新媒体对高校思想政治工作理念的挑战

在传统思想政治教育的环境中，高校思想政治教育工作者的逻辑思维往往是单向的甚至是封闭的。在社会相对不够开放的年代，尽管这种思维存在诸多弊端，但不容否认它对培养和教育那个年代的年轻人发挥过重要的影响和作用。新媒体技术的广泛运用不仅给人们创造了一个全新的世界——网络世界，而且已经和正在促使人们的思维方式发生深刻的变化。在这种社会背景之下，一些高校思想政治教育工作者仍然固守传统的思维，习惯于用传统思维来分析和解决新媒体环境下所出现的各种思想认识方面的问题，沿用过去单打独斗的办法，尽管费力不少，也很倾注心血，但往往事与愿违、工作效果不佳。

2. 新媒体对高校思想政治工作内容的挑战

新媒体时代高校思想政治教育效果之所以效果不佳，其中一个重要原因就是现行的思想政治教育内容结构不够完善，缺乏与时俱进。它提醒高校思想政治教育工作者应当注意：强调内容的政治主导，但不能与现实生活相脱节，背离大学生的生活实际；强调内容以知识为本，但不能偏离对人的全面发展的终极关怀；强调了内容的统一性和规范性，但不能忽略思想政治教育对象的层次性和差异性，更不能忽视思想政治教育内容的丰富多彩和生动形象。

新媒体时代，信息传播内容的多元化和复杂性、资源的共享性与开放性相互交织在一起，对高校思想政治教育内容结构优化提出了迫切要求。当然，高校思想政治教育内容结构的优化或创新，并不意味着否定过往、标新立异，而是在继承传统的基础上，紧密结合新媒体时代特征，为教育内容注入新的血液，使思想政治教育内容更为大学生所喜爱和接受。

3. 新媒体对高校思想政治工作载体的挑战

思想政治教育要通过一定的载体与手段进行，有效的载体是高校思

想政治教育发挥效应的必要条件之一。随着新媒体的发展和运用，传统高校思想教育载体的有效性受到极大的影响：一方面由于新媒体信息渠道多、覆盖面广的特点，课堂教育中教育者和受教育者在很大程度上处于同一个"信息平台"，大大降低了教育者的权威性和影响力；另一方面，由于新媒体所带来的载体的多样化，对载体选择的空间大大增加，使得单一的以课堂教育为主要载体的形式已显落伍。因此，高校思想政治教育现行载体的整合势在必行，它要求思想政治教育工作者应针对新媒体给大学生思想带来的独立件、选择性、多变性、差异性的实际情况，既要根据思想政治教育诸要素的特点选择合适的载体，更要注重综合运用多种载体，通过优化组合、相互交叉，相互配合，相互补充、协调作用，共同形成全方位的思想政治教育合力与态势。

4. 新媒体对高校思想政治工作话语的挑战

当前，影响高校思想政治工作的一个重要因素就在于话语传播手段严重滞后，不会"网言网语"。这使得高校思想政治教育工作者的话语权受到一定影响，其规范功能不能得到充分体现。究其原因主要有两方面：一是新媒体时代信息的传递过程是双向的，信息的发送者也可以成为接收者，因而大大改变了传统媒体传播信息过程中受众的被动地位，往往受教育者与教育者同时获得信息，甚至比教育者更先获取信息，因而产生了思想政治教育话语传播的不对称；二是在新媒体时代，虚拟空间里每个主体都是平等的，双方都拥有平等的话语权，因而控制式或劝导式的话语传播方式失效。由此可见，在新媒体时代，高校思想政治教育的话语变革已成一种必然。

5. 新媒体对高校思想政治工作管理的挑战

信息传播方式由展示向推送、分享转变，使网络舆论传播主体日趋多元化，舆论表达方式更为多样，舆论传播更为开放，思想政治教育者传递的信息会被其他媒介传递的信息所干扰和覆盖，从而弱化了思想政治教育的主导性。新媒体的即时、海量信息，往往泥沙俱下，尤其是网上"黄毒"信息的存在，更是给高校网络阵地管理带来了巨大困难。

二、新媒体为高校思想政治工作带来的机遇

新媒体先进的数字技术和多样化的传播形式相融合，形成互联网、手机网络与电视网络之间的交融与互动，使信息传播呈现出超地域、跨文化的开放特征。它弥补了传统教育模式相对呆板的缺陷，提供了一个更为方便的高校思想政治教育平台。

1. 新媒体的平等互动性促进了思想政治教育主客体转变

新媒体的使用拉近了大学生与思想政治教育工作者之间的距离。新媒体传播的"去中心化"特征越来越明显，其信息传播与接受的平等与互动性赋予了思想政治教育主客体间平等交流的权利，使思想政治教育主体传统权威逐渐弱化，容易形成平等的师生关系。在这种平等交流的场景中，思想政治教育工作得以在更加自由、更加愉悦、更加宽松的氛围中开展。与传统媒体相比，微博、微信等不仅可以实现在限定时间内向更广大的受众发送信息的需求，还能实现一对一的个性化互动交流，有利于搭建与师生"面对面"交流的新桥梁。

2. 新媒体的即时快捷性提高了思想政治教育活动的时效性

传统沟通大多是面对面的交流，在时空上有所限制。而使用新媒体沟通打破了时空上的局限性，可实现跨越式交流。师生可以通过电子邮件、聊天工具、手机、各种论坛、博客、微信等新媒体感受更加轻松便捷的人际沟通。对高校思想政治教育工作者来说，新媒体的出现促进了思想政治教育工作的顺利开展。传统媒体下，信息的收集、整理、发出、接受、反馈需要一个较长的循环周期，难以对学生的思想问题进行及时同应，互动交流也受到一定限制。而基于数字技术的电脑互联网络、移动通信科技等新媒体在接受和发布信息时不受时间和空间的限制，从发布到反馈的整个过程周期较短，时效性强。利用新媒体，思想政治教育活动的参与者可以随时随地了解发生存世界各地的大事小情，

可以随时了解学生的思想状况，并通过新媒体开展有针对性的思想政治工作，与学生互动交流，及时反馈，极大地提高思想政治教育活动的时效性。

3. 新媒体的灵活多样性丰富了思想政治教育工作的新载体

传统的思想政治教育工作主罗建立在课堂之上，以教材为基础，以教师为教育主体，教育方式基本采用以教材上的内容为主。授教与受教的过程是单一的传输与接受的被动关系，思想政治教育的内容相对单调且缺乏时代性，不够鲜活。新媒体改变了传统思想政治教育工作中存在的内容单调、教育方式单一等问题，而新媒体中的手机短信、微信、飞信、帖吧、微博、论坛等以其灵活多样性为思想政治教育活动提供了新载体和传播平台。在新媒体时代，思想政治教育活动不再局限于特定的地点（教室）和特定的时间（课程表）进行，而是通过上述手机通信网络和电脑互联网络为传播途径，不受地点和时间限制，随时随地、灵活多样地传授和接受思想政治教育内容。

4. 新媒体的综合运用有助于思想政治教育目的的实现

思想政治教育目的的实现程度是检验思想政治教育是否有效的最重要依据。面对新的时代背景和新的国内外形势，如何以新思路、新方法去探索高校大学生思想政治教育与实践的新内涵、新模式、新体制、新观念，从而实现思想政治教育效果的最大化和目标的实现，是摆在思想政治教育工作者乃至整个社会大众面前的重要课题和艰巨任务。而新媒体在高校大学生思想政治教育中的综合运用，为实现为思想政治教育目的的实现提供了新契机。作为现代化的交流平台，新媒体融通了现实生活与虚拟世界的界限，使人们的交往方式产生了革命性的改变，人际交往中的角色虚拟化使交往者在地位、心态上都趋于平等化。高校大学生思想政治教育工作亦是如此，教育者与受教育者在现实的学习生活与虚拟世界的交互中充分实现了师生在人格、权利、地位上的平等化，老师可以迅速、准确地洞察和了解每个学生的思想状态和存在问题等，从而有针对性地开展"点对面"或"点对点"的思想政治教育工作，学生也可以毫无保留地向老师倾诉生活、学习、心理方面遇到的困惑与挫折，寻求切实有效的疏导和帮助。与传统灌输性思想政治教育中师生间信任度低、主动性差、教育教学氛围僵硬相比，新媒体在高校大学生思想政治教育中的综合运用，如播放具有教育意义的歌曲、视频、故事等，让学生在快乐中接受教育，有利于创造一种轻松愉悦的氛围，有助于教育目的的实现。

第三节　近年来高校网络思政新媒体建设的实践探索

近年来，我国高校以网络思想政治教育为主题的新媒体建设不断取得新进展，高校新媒体运营平台数量大大增加，平台发布内容更加丰富完善，社会影响力也有较大提升。更重要的是，为提升高校新媒体运营水平，全国高校主动进行新媒体运营和管理的组织化建设，各级各类的新媒体联盟如雨后春笋般成立起来，学校内部对定位不同、目的一致的新媒体平台进行统一组织管理，形成一定的工作合力，进一步提升了高校新媒体建设的科学化水平。

一、高校网络以思想政治教育为主题的新媒体普遍建立

各高校主动适应互联网发展的新情况新变化，把握网络技术创新发展新趋势，积极推动以新媒体为平台的网络思想政治教育阵地建设，不断取得新进展。截至 2021 年 12 月，由教育部思政司指导成立的全国高校校园网站联盟已有会员高校 800 个。据统计，平均每个高校拥有 300 个以上的各类校园网络平台，包括门户网站、主题教育网站、校园 BBS，也包括许多微博、微信等，其中大部分都是新媒体平台。北京大学未名 BBS 主动向新媒体领域延伸拓展，据新浪发布相关报告，"北大未名 BBS"官方微博在影响力、活跃度、传播力、覆盖度、粉丝数等多

项指标位居高校媒体微博前列。可以说，国内绝大部分高校都已经建立了主题鲜明、分工明确的高校新媒体工作平台。①

二、高校新媒体建设形成一定规模并成立联盟

校际新媒体建设组织化形成规模，各类新媒体联盟层出不穷。2013年1月，由教育部新闻办指导成立的教育系统官微联盟成立，以教育部新闻办官方微博、微信"微言教育"为核心，官微联盟100家成员单位中，已包括14家省级教育部门、12家地市教育部门、54所部属高校、12所省属高校和8个教育部直属单位的官微②。2015年以来，"中国大学生在线"通过组建学生团队运营维护官方微博微信，仅仅一年多时间，"中国大学生在线"新媒体建设就取得重大进展。截至2016年8月，"中国大学生在线"官方微博影响力不断提高，粉丝数突破20万。仅在2016年奥运会期间设计的爱国主义、集体主义等主题教育话题，讨论量达37000余人次，阅读量超6400万人次；2021年，在中国"政务微博影响力排行榜8月月榜"中，"中国大学生在线"官微在传播力、服务力、互动力几个方面综合排名前列，成为一大亮点。教育部启动实施的"大学生网络文化工作室"培育建设项目，就是以积极培育大学生社团和骨干、探索让大学生参与网络文化建设、开展新媒体等产品研发和服务的有效探索。

三、高校新媒体的影响力不断提升

高校新媒体建设不仅在数量上大大增加，形成共同建设新媒体的良好趋势，且由于高校积极顺应网络建设规律，主动把握人学生网络使用特点和需求，所建新媒体平台的影响力电大大增强。例如，上海"易

---

① 北京化工大学全国大学生思想政治教育发展研究中心编：《中国大学生思想政治教育年度质量报告（2015）》，光明日报出版社2016年版。

② 《教育系统官微联盟成员单位增至100家》，载 http：//www. moe. edu. cn/publicfiles/business/htmlfiles/moe/s5987/201401/162416. html，2014 – 01 – 13/2016 – 05 – 12。

班"（E-class），集论坛、社会网络、博客、微博等功能于一体，由师生共建共享学习、工作、生活的一站式服务平台，学生用户已达 450 万人，覆盖全国 16 个省区的 282 所高校，每年展开 4000 多场线上线下相结合的校园网络文化活动，被誉为大学生的网上精神家园，深得高校学生青睐。又如，中国人民大学开设的"别笑我是思修课"微信公众号运行一年多来，累计发布图文信息 200 多条，关注用户 2 万多人，在引领主流思想舆论、开展大学生思想政治教育中发挥了重要作用，取得积极成效，受到广大青年学生的广泛关注。武汉大学新媒体吸引了 100 万粉丝关注（其中官方微信粉丝 40 万、官方微博粉丝 60 万），平均每天产生超过 40 万次的点击阅读量（其中微信 2 万、微博 40 万）。厦门大学官方微博人气爆棚，目前拥有粉丝数高达 38 万，博文平均阅读量达 4 万。电子科技大学遴选在网上网下有影响力的教师担任"网络名师"，首批 26 位名师包括院士、长江学者、教学名师等。目前，多位网络名师博客访问量超百万，其中两位著名教授博客访问量分别达 400 多万、200 多万。①

第四节　运用新媒体新技术创新高校思想政治工作

习近平总书记强调："做好高校思想政治工作，要因事而化、因时而进、因势而新。"新媒体时代的到来给高校的思想政治工作带来了巨大的改变。只有适应形势的发展变化，充分认识并利用好新媒体的优势，大力推进高校思想政治工作与新媒体的融合，构建新媒体时代网络思想政治教育的新格局，才能让马克思主义的主流意识形态抢占高校舆论阵地，才能化"被动"为"主动"。

---

① 张治国：《新媒体视域下高校网络思想政治教育的实践与思考》，载《思想政治工作研究》2016 年第 11 期。

一、创新工作理念，提升网络思想政治工作传播力

新媒体实现了"所有人对所有人的传播"，"无人不网""无日不网""无处不网"成为大学生的日常生活写照。新媒体深刻地改变着大学生的思维方式、思维习惯、心理意识和话语范式，大学生获取信息的方式从定格式的"被动接受"走向了动态式的"主动搜索"。由于获取、选择、使用、发布信息的自主性和能动性得到了释放，大学生在思想政治教育关系中的主体地位空前凸显，在思想政治教育过程中扮演着更为独立、更为主动的角色。近年来，以平等化、柔性化为特征的新型思想政治教育主体间性关系正在快速形成并不断巩固，并日益对高校思想政治教育工作产生着深刻影响。面对环境的新变化、对象的新特点，高校思想政治教育工作的教育方式必须要有所改变，要抓得住人、入得了心、管得到用，必须对传统的单向灌输式的思想政治教育模式进行深刻变革。

一是要尊重学生的主体意识。在教育理念和教育实践上，应从"教师主导"转向"教学相长"，从"知识灌输"转向"能力培养"，突出强调受教育者的主体地位，着力培养受教育者的主体意识，注重提升受教育者的主体能力。在教学方法上，应改变传统的"填鸭式""满堂灌"等教学方法，注重采用专题式、讨论式、案例式教学方法，切实将思想政治教育的工作重点从知识传授转移到培养大学生正确获取、选择、鉴别、使用信息的能力上来。

二是要增强交流互动。要注重运用新媒体的信息即时互动功能，加强教师与学生之间、学校与学生之间的信息共享、沟通交流，建立教师与学生之间、学校与学生之间的信息互通互动良性关系；要注意贴近生活，贴近学生，贴近实际，及时回应学生关注的热点，认真解答学生提出的各种思想问题和困惑。在专题网站上适当增加微博评论与分享等互动功能，引导师生进行网上讨论，献计献策，加强与师生的交流与沟通，把解决思想问题和解决实际问题结合起来，增强思想政治教育的针

对性和感染力。

三是推进"思想政治工作＋互联网"。依托和利用互联网新媒体，推进高校思想政治理论课教学改革，紧密结合当前社会热点难点问题组织课堂教学，找准思想政治教育宣传点和学生关注点的结合点，切实做到课堂教学既有理论深度又有现实针对性；在教学评价上，应改变传统简单地以知识考察为主的评价方法，注重从多个方面综合考察学生思想政治素质，真正变"给课程打分"为"给学生评价"。

二、创新工作内容，提升网络思想政治工作引导力

思想政治工作的内容是否鲜活、是否丰富、是否贴近学生需求，对于高校思想政治工作能否正确发挥引导作用有着直接关系。要适应新媒体的发展，创新思想政治工作内容，既积极主动传播社会主义核心价值观，又充分贴近学生实际，增强网络思想政治工作的引导力。

一是要加强主流意识形态的传播。创新思想政治教育内容，以科学的理论武装人，以正确的舆论引导人，以高尚的精神塑造人，以优秀的作品鼓舞人，切实增强网络思想政治教育工作的针对性、实效性和吸引力、感染力。要选取符合社会主义核心价值观、符合我国社会发展需要的思想和道德观念，摒弃过分娱乐化、恶俗化和虚假性的信息，并在新媒体上将有价值的话题进行有效引导和传播，进而提升思想政治教育传播内容的质量。例如，可以举办网上红色文艺理论作品征文、文明公益作品征集和评选、"校园之星"评选等活动，搭建全方位网络平台，吸引学生眼球，鼓励学生理性思考、自觉传播健康向上的思想观念和网络文化。

二是要寓教于乐。思想政治教育专题网站要在保持权威性的同时，努力提供更多符合学生生活学习需求的内容，真正成为引导大学生关心国家社会发展、关心学校建设、关心自身成长和成才的重要信息平台，变灌输式教育为寓教于乐的渗透式教育。要积极探索在主题网站中渗透思想政治教育的内容。高校网站、校园新闻网、大学生就业服务网站、学习考试网等网站除了提供信息服务、娱乐休闲、学习辅导外，可以将有意义的电影、电视、歌曲引入网站，使思想政治教育从抽象变得具体，从枯燥变得有趣，增强网上思想政治教育的吸引力、感召力和渗透力，在潜移默化中感染大学生，增加思想政治工作内容的引导力。

三、创新工作载体，提升网络思想政治工作吸引力

好的思想政治教育内容需要好的载体来传播。依托新媒体新技术，不断创新丰富高校思想政治工作载体，提升高校网络思想政治工作的吸引力。

一是要建设专门的思想政治教育主题网站。高校要主动占领思想政治教育阵地，建设新媒体相关理论学习和研讨的平台，传播先进文化，引导校园网络正确舆论，发挥思想政治教育主旋律网站作用与功能。要重点培育一批文化内涵深、教育意义大、受大学生欢迎的精品网络思想政治教育项目，打造一批有吸引力、影响力、示范性的校园网络思想政治教育品牌，提升高校校园门户网站、新闻网站和思想政治教育（专题）网站在师生中的知晓度、关注度与参与度。要把网络思想政治教育工作与大学生的网络学习和求知相结合，增强新闻互动性，使思想政治工作真正"活"起来、"动"起来。

二是要创新思想政治工作网络载体。新媒体融合了报刊、广播、电视、杂志等多种媒体的内容和形式于一身，信息传播的方式也多种多样，从简单的文字到文字和图片、图像的整合，从静态的信息传播到动态信息音频、视频的融合，极大地提升了信息传播的效率。要充分把握新媒体的发展趋势，注重采用图片、视频、音频等网络技术手段，创设思想政治教育情景，丰富思想政治教育形式，营造思想政治教育氛围，增强思想政治教育的吸引力、感染力。

四、创新话语体系，提升网络思想政治工作感染力

与传统思想政治教育相比，网络思想政治教育需要更主动地顺应网

络发展规律、适应网民语言特征，只有这样才能赢得学生的更多认同。在新媒体环境下，高校应对思想政治教育话语体系进行重构和再造，构建具有时代气息的话语体系，重点从以下两个方面入手。

一是要学习运用"网言网语"，避免官话套话。新媒体的话语特点是倡导简约思维，强调通过简约的形式、开放的环境、共鸣的话语来达成最佳的传播效果。要对思想政治教育内容进行网络化改造，结合新媒体信息传播特性，将各种思想政治教育信息以符合网络话语范式的语言表达出来，以符合网络呈现方式的形式展现出来，以符合网络传播规律的手段传递出去，逐步完成思想政治教育信息的网络化改造，更新出一套与新媒体环境相适应、相接轨的思想政治教育新媒体工作内容。要适应网络环境，努力突出微博短小、精练和平等、及时、互动的特点，力求用讲故事的方式，传达信息，引导网络舆论，力戒官话套话，剔除自说白话、空洞无物的宣传内容，提高网络思想政治工作的吸引力。要根据现实环境的变化不断完善思想政治教育话语，将理论术语与现实生活话语有机结合，将灌输引导过程中晦涩、抽象的术语表达简单化生活化，用师生可以理解和易于接受的话语表达出来，实现由枯燥无味的"高大上"话语向实效明显的"短、新、实"话语转化。

二是要对网络热点问题进行针对性回应，避免自说白话。加强网络舆情信息收集和分析，紧盯大学生关注的热点问题，强化网络舆论的研判和引导，澄清事实真相，驳斥错误观点，加强正面引导，切实做到正面舆论在网上有声、有理、有据，从而引导大学生正确认识和看待网络热点问题，并在关注网络热点问题、参与网络热点问题讨论中受到教育和提升认识能力。要确保新媒体工作平台所承载的信息符合大学生的所想、所需、所求。只有抓住了大学生的关注点、兴奋点和需求点，才能使思想政治工作真正具有吸引力、感染力、针对性，才能真正将学生吸引到学校官方的"显性舆论场"中来，从而达到传递教育信息、引导学生思想、促进学生成长的效果。

五、创新工作机制，提升网络思想政治工作的整合力

随着新媒体的发展，高校思想政治工作的手段方式呈现综合化、融合化的特点，通过单一的手段和方式，依靠单一的队伍，难以取得预期的效果。必须建立健全工作机制，加强思想政治工作方式、手段、阵地、力量整合，形成更为强大的工作合力。

一是要推进网上教育与网下教育齐动。新媒体时代高校思想政治教育应探索"网上引导"与"网下教育"相配合的机制，推动网上教育与网下教育相结合，将"键对键"与"面对面"相结合，使教育效果聚集放大。

二是要推进主流教育与服务引导互动。高校要不断了解大学生的需求，要把大学生需要什么、喜欢什么、关心什么作为工作的根本点，根据大多数大学生的共同需求，开展主流思想政治教育。同时，根据大学生的不同需求，提供个性化、全面化的服务项目。高校可由团委、宣传部、社科部等联合开办官方微博，在校园官方微博中设计有关学习、生活、心理、交友等方面的服务栏目，允许大学生发表看法、发布信息。高校思想政治教育工作者通过主流教育与服务引导互动，用健康、向上的思想文化占领微博、微信阵地，引导学生树立正确的人生观、价值观、世界观。

三是要推进思想政治教育工作队伍与意见领袖联动。要建立一支思想够硬、水平够高的高素质网络思想政治教育工作队伍，来监管和经营思想政治教育微博。网络思想政治教育工作队伍可由学工部、团委、宣传部相关老师和各院系辅导员、学生党员干部等组成，随时监管、澄清和疏导相关信息，保证校园新媒体阵地的舆论导向正确。同时，高校还应发挥人才优势，依托发挥名家大师的作用培养一批意见领袖，加入相关的热门微群社区，关注微群中成员动态，利用领袖话语的权威性，掌握主动权，形成引导力。

四是要推进疏堵结合与标本治理共动。高校要采用疏堵结合的方

式，对新媒体信息进行甄别，适时引导、监督、约束、规范学生的网络行为，对违反国家法律、方针、政策的信息及时处置，对大学生普遍关注的热点问题及时引导，同时，还要培养大学生自觉自律、慎思慎独的思想境界，提升网络文明素养，学会客观理性地使用新媒体。[①]

第五节　"互联网＋"背景下的高校"微思政"模式

习近平总书记指出，做好高校思想政治工作，要因事而化、因时而进、因势而新。要运用新媒体新技术使工作活起来，推动思想政治工作传统优势同信息技术高度融合，增强时代感和吸引力。互联网的发展为创新高校思想政治教育开启了全新思路。高校思政工作者应通过教育理念的转变与教育路径的拓展，切实发挥"互联网＋"的创新驱动作用，探索"微思政"模式，构建"大思政"格局。

1. "微思政"模式是创新思想政治教育工作的有益探索

"微思政"模式是适应"互联网＋"时代的必然选择。"互联网＋"在成为中国经济转型发展新引擎的同时，也深刻影响着人们的价值取向和思维方式，影响着思想文化领域的发展态势，高校思想政治教育也由此呈现出新特征。一方面，在信息高度开放、资源高度共享的网络舆论场，鱼龙混杂的信息泛滥和掺杂了西方政治意图的有意渗透，使网络意识形态领域的话语权争夺日趋激烈，极大增加了思想政治教育的复杂性和挑战性。另一方面，日新月异的网络信息技术也为丰富思想政治教育资源、创新思想政治教育形式、扩展思想政治教育渠道提供了可能。思想政治教育的重心已逐渐向网络转移，这使得"微思政"成为应运而生的新趋势。

[①]　何碧如、何坚茹、叶柏霜、俞林伟：《微时代高校网络思想政治教育的探索与思考》，载《中国成人教育》2012 年第 20 期。

"微思政"模式是将思想政治教育落细落小落实的现实路径。思想政治教育只有接地气，才能有浸润人心的感染力。"微思政"模式的运用切合实际，因而具有针对性、有效性。一方面，"宽带中国"战略的深化和移动通信网络环境的不断完善，使网络与学生的学习、生活、娱乐密不可分，成为一种融于细微、化于无形的传播载体。另一方面，网络传播的具象化、碎片化特征，为思想政治教育的日常化、具体化、生活化提供了切实可行的着力点。

"微思政"模式是遵循思想政治教育规律的客观要求。截至 2021 年 9 月，中国网民规模达 10.11 亿，其中，学生群体占比最高，为 22.1%。当代大学生可谓是与互联网共同成长的一代，他们熟练运用着五花八门的自媒体和网络社交平台，创造着层出不穷的网络用语和网络技术，有着显著的个性化特征和对世界的独到见解。相较于灌输式为主的传统思想政治教育形式，"微思政"使思想政治教育从以教师为中心转向以学生为中心，通过学生熟悉而乐见的快速、便捷、灵活的传播渠道，充分满足多样化、个性化、自主性需求，从而更加凸显教育以人为本、立德树人的本质要求。

2. "微思政"模式的理念特征

全方位、流动性的思政教育空间。随着 WiFi 覆盖率的提升、4G 技术的成熟和移动终端设备的普及，一方面，思想政治教育工作者的工作时间不再限于 8 小时之内，工作场所也不再囿于课堂、班会或学生宿舍，哪里有网络，哪里就是弘扬主旋律的阵地，就是意识形态的战场；另一方面，人人都可以成为思想政治教育工作者，微博上的每一次有感而发、微信朋友圈的每一次转发，都可以是价值观的引领、正能量的传递和良好舆论环境的塑造。"微思政"的全覆盖、即时性，在网络舆情爆发时，也将成为最及时有效的危机化解渠道。"微思政"对时空界限的超越，在增强思政教育的时度效方面有着无可比拟的巨大优势。

交互式、渗透性的思政教育方式。网络媒介所具有的人性化的交互式体验，使思政教育的主体和客体之间实现了平等自然的良性互动。通过这种互动交流，思想政治教育工作者能够及时掌握大学生的思想变化，加深对大学生的尊重、理解和关心，并为他们提供个性化的服务和指导；大学生则能够通过情感的交流和个性的表达，消除对思想政治教育的抵触感和距离感，从被动接受转变为主动追寻、内化为心。这使得思政教育的亲和力、感染力大大增强。"微思政"还以网络文化的形式，通过图片、漫画、视频、音乐、微电影等丰富形式得以呈现，这种隐蔽化的思政教育形式，有着"随风潜入夜、润物细无声"的感染力，能够在潜移默化中实现思想政治教育效果的最大化。

生活化、时代性的思政教育话语。"微思政"的有效开展，需要灵动、清新、有温度的话语表达。一是要善用"微语言"。通过网络空间惯用的短小精炼、轻松诙谐的语言和符号、字母、表情包等辅助形式，代替冗长晦涩的说教，使教育内容更具形象性和生命力。二是要言之有物，"微言大义"。言语形式虽"微"，但内容和思想不能"微"，要将客观理性分析和对事物本质的阐释用浅显、质朴的话语表达出来，增强解释力和说服力。三是要从实处破题，真情流露。思想政治教育是心灵的沟通，灵魂的碰撞，要体现人文关怀，表达真情实感，用生动故事讲好深刻道理，激发大学生对真善美的感悟和追求。

3. "微思政"模式的实践路径

顺势而为，抢占思政教育"微阵地"。一要强化主流网站建设，在保持其信息内容严谨性的同时，坚持突出大学特色，重点发挥议程设置功能，发挥微博评论与分享等功能，提高网站的引导力、影响力和参与度。二要强化新媒体平台建设，重点打造高质量的官方微博和官方微信平台，层层构建网络新媒体交互的立体网络，使官方微博、微信成为弘扬主旋律、唱响正能量的旗帜标杆。三要积极推进媒体融合，对各类新旧媒体统筹协调，形成横向到边，纵向到底，横纵结合的媒体矩阵，实现各媒体平台队伍的资源成果共享，凝聚合力，同频共振。

因势利导，繁荣思政教育"微产品"。一要打造健康向上的网络文化。建设社会主义核心价值观培育专题网页和网上校史校训展览馆，推出以大学学科特色为主题的系列展览。组织拍摄社会主义核心价值观系列微电影，举办感动大学人物等网络评比活动，开展网上网下有机结合的网络文化节系列活动，通过高品位的网络文化，达到寓教于乐、沁人心脾的教育效果。二要提升网络媒体的服务功能。坚持以学生为本的工作理念，主动推行网上事务公开，全方位提供服务，实现教育教学与网络及新媒体的深度融合。积极运用网络开展各类咨询服务，及时解决师生工作学习生活中的思想和实际问题。建立校领导网络接待日制度，及时听取学生对学校工作及学生学习、生活、成长等方面意见和建议。三要开放网上自主学习资源。围绕学习党的创新理论、重大主题教育，开辟专题专栏，开展专题讲解，建立经典著作文献、通俗理论读物、优秀理论文章、形势教育材料等网上信息数据库。大力推进网络公开课建设、推行网络教学，让学习书本知识与浏览多媒体信息相结合、书本知识点与学生兴趣点相结合。积极探索通过网络搞好两级党校培训，开展网上读书学习和评比竞赛活动，调动学生主动学习的热情，全方位为大学生成长成才服务。

开放互动，引领思政教育"微对话"。一要精心设置网络议题。以重大节日、纪念日等节点为契机，围绕国史党史、理想信念、道德修养等内容，设置话题，引导学生在新媒体平台上各抒己见、充分交流，使网络新媒体成为导引学生向上向善的有效通道。二要构筑师生互动的长效机制。以建制度、搭平台、强督查、重服务为重点，培育师生互动良好局面。强调长效要长、互动留痕、引领有效、育人有方。三要培育网络意见领袖。学校要着力建设一支包括各级政工干部、思想政治理论课教师、网络管理和技术人员、学生党员骨干等在内的专兼职结合相对稳定的"红客"队伍，取长补短，彰显综合优势，在舆情应对、舆论引导中敢于发声、善于胜利。

强化监管，优化思政教育"微环境"。一要明确监管职责。校党委宣传部、党委学生工作部、团委、信息化办等部门要分工协作、齐抓共管，形成做好思想政治工作网站建设的合力。二要健全机制。学校要建立完善网络思想政治教育制度机制、网上有害信息的定期排查处理机制、奖惩激励制度，积极构建和谐的网络教育环境。三要加强自我管理。培养一批优秀可靠的学生党员骨干担任思政专题网站的名编名记、微博微信"主页君"，网络舆情信息员和评论员，组建了网络青年志愿者服务队，当好网络"清洁工"，对网上不健康的信息全天候防控，防止有害信息进入网站侵蚀大学生的思想，守护健康向上的校园网络生态。

第十二讲 百花齐放：

全国高校落实中央精神优秀实践参考

习近平总书记在全国高校思想政治工作会议上的重要讲话高屋建瓴、饱含期望、催人奋进，进一步指明了我国高校所处的历史方位和承担的职责使命，指明了时代发展对高校思想政治工作的新要求，对推进我国高等教育事业健康发展、更好服务党和国家工作大局，意义重大而深远。为深入贯彻落实习近平总书记在全国高校思想政治工作会议上的重要讲话精神，促进高校思想政治工作，更好地把师生凝聚在党的周围，为全面建成小康社会、为实现中华民族伟大复兴提供强有力的智力支持和人才支撑，本书最后特采撷全国部分高校加强党的建设、提升思想政治工作实践经验作为典型案例，供广大高校党建工作者参考。

第一节　北京市："四个坚持"加强高校思政教育

党的十八大以来，北京市着眼于巩固马克思主义在高校的指导地位、办好中国特色社会主义大学，全面加强高校马克思主义理论学习研究宣传，取得了积极进展。

一、坚持首善标准，以高度的政治使命感谋划推动工作

一是抓顶层设计。制定《关于全面加强北京高校马克思主义理论学习研究宣传的实施意见》，就马克思主义学院及学科建设、思政课改革和专职教师激励等制定有利政策。加强宏观指导，大力推动习近平总书记系列重要讲话精神和治国理政新理念新思想新战略进教材、进课堂、进头脑。

二是抓关键少数。组织 60 所北京高校的党委书记、校长专题学习贯彻习近平总书记重要批示精神，进一步统一思想，强化高校主要领导的政治意识、大局意识、核心意识、看齐意识。

三是抓投入保障。市级财政每年投入 2.5 亿元，全面支持马克思主义理论学习研究宣传工作。其中，建立 11 个北京高校中国特色社会主义理论研究协同创新中心，每个中心年均支持 400 万至 500 万元，连续支持 5 年；建设 1 个高校思政课教育教学"高精尖"项目，连续 3 年年均支持 5000 万元。

二、坚持问题导向，以开放的视野深化思政课教育教学改革

一是凝练教学内容。建立定期教学研讨、教学难点问题联合研究、理论与实践交互深化等日常性、基础性机制。

二是破解难点问题。建设 20 个教学改革示范点，创造可学习、可借鉴、可复制的有益经验。

三是集聚优质资源。开展"名家领读经典"活动，设立市级思政课"中国共产党与国家治理体系和治理能力现代化"。

三、坚持党管人才，以有力的举措打造高层次教师队伍

一是注重全员培养。建设开放研修平台，组织教师网上选课、现场听课、课后评课，全面提高学习培训的覆盖面和实效性。

二是注重名师引领。建设 15 个思政课名师工作室培养名师。每年选派 40 名中青年教师到北京大学等高校访学研修。

三是注重激励保障。2016 年起按照人均每月 2000 元标准为全体一线专职思政课教师发放补贴。评聘 100 名特级教授、200 名特级教师并给予专项奖励。

四、坚持主动引领，以强烈的责任担当开展理论创新

一是强化协同创新。发挥中国特色社会主义理论研究协同创新中心的资源集聚优势，联合京津冀地区 50 家高校和科研机构，形成理论创新的强大合力。

二是强化正面发声。联合人民网推出"走进北京高校，感受思政魅力"系列访谈活动；与《光明日报》等合作，及时围绕重大理论、实践问题发出正面强音。

三是强化成果培育。近五年累计设立 1500 余项课题，形成了一系列有价值的科研成果。

第二节　浙江省：强化思想引领 创新方式方法

党的十八大以来，浙江省委紧紧围绕立德树人根本任务，以问题为导向，强化组织领导，创新方式方法，以社会主义核心价值观引领校园思想政治建设，努力为大学生健康成长营造良好环境。

一、突出政治意识，切实加强高校思想政治工作领导

历届省委高度重视高校思想政治工作，省委主要领导一任接着一任亲自抓。2005 年，省委建立了省领导联系高校和定期为师生作形势政策报告制度。11 年来，省领导深入高校开展调查研究 100 余次，为大学生作形势政策报告 60 多场次。

一是抓方向，明责任。2015 年，省委高规格召开全省高校思想政治工作会议，省级四套班子领导参加。省领导通过上讲台对话、进课堂听课、入公寓交流，掌握一手信息，查找问题。地方党委建立完善了高校思想政治工作制度；高校党委明确思想政治工作的重要地位，狠抓落实，提高实效。

二是抓细节，重实践。2012 年，省委主要领导提出要从抓好学生公寓文明环境做起，全面加强大学生的教育引导和管理服务工作。4 年间，全省高校累计投入十多亿元改善学生公寓环境；2300 多名辅导员进驻学生公寓，4.6 万多名干部教师联系学生寝室。

三是抓短板，促改革。制定《浙江省高校思政理论课改革实施方案》，推出以改进课堂教学等为重点的"双十"举措，出台领导干部讲课听课等制度。强化思政理论课教师队伍建设，在全省 17 所高校建立马克思主义学院，每年针对思政理论课骨干教师举办系列专题培训班。

二、着眼实际实效，创新思想政治工作方式方法

中国特色社会主义在浙江的生动实践，本身就是一部鲜活教材。我们探索实施了一系列具有浙江特色的思想政治工作新举措，取得了较好成效。

一是建设思想政治教育辅助教材体系。编写了《中国特色社会主义在浙江的实践》等地方思想政治教育教材，将中央和省委战略部署写进教材，用中国特色社会主义在浙江的实践引导学生感悟理论的力量，初步形成了具有浙江特色的思想政治教育辅助教材体系。

二是创新实践育人工作机制。实施"百校联百镇""双百双进"工程，遴选100个乡镇（街道、社区）作为高校思政理论课教学定点实践基地。百所高校结对100个县（市、区），引导百万大学生大力推进社会实践。建立特聘导师师资库，充实大学生思想政治教育工作队伍。

三是开展文化校园创建活动。广泛开展传承校训、传唱校歌活动，推动建好校史馆、博物馆，创建校园文化标志符号。建设一批集党团活动、学术交流、学业指导、心理辅导、社团文化等为一体的师生交流活动室。

第三节　河北省高校"四大课堂"学习总书记系列重要讲话

党的十八大以来，习近平总书记发表了一系列重要讲话。这些讲话内涵丰富、思想深邃，对于广大青年学生而言，既是认识问题、分析问题、解决问题的"金钥匙"，又是信仰力量、真理力量、知识力量和人格力量的"动力源"。

如何让广大青年学生通过学习总书记系列重要讲话，更好地认识世界和中国，掌握明辨是非的思想武器，坚定跟党走的信念？河北省各高

校创新学习载体，打造"四大课堂"，推动学习系列讲话精神进教材、进课堂、进学生头脑，为河北省大学生成长成才提供强大精神给养和思想动力。

一、把握课堂主渠道，守好学习系列讲话传统阵地

近日，河北省委教育工委、省教育厅在全省五十余所高校开展"铸魂固本、砥砺前行"主题调研活动。在题为"对自己了解马克思主义理论最有效果的途径"调查中，66.7%的在校大学生认为是课堂教学，25.6%的大学生认为是讲座、论坛。

第一课堂必须成为学习总书记系列重要讲话精神的主阵地。全省高校牢牢把握住课堂主渠道，以思想政治理论课教学为重点，开展系列讲话精神"进教材、进课堂、进头脑"活动，推进教学方式方法创新，全力打造学习系列讲话知识链。

——把握高度，坚持理论引领。不断调整教学内容，把系列讲话同贯彻党的十八大和十八届三中、四中、五中、六中全会精神结合起来，同开展"两学一做"学习教育结合起来，引导学生在教材基础上深化对系列讲话精神的领会和把握。

——挖掘深度，坚持导学融合。充分深挖系列讲话中的理论要点与思想政治课程知识点的对接点，并不断推进思想政治理论课课堂模式向体验式教学转变，运用小组合作探究、主题活动、案例教学等方法，充分调动学生学习的主动性、积极性、参与性。

——提升精度，坚持分类推进。在纵向维度上，根据大学生不同阶段的发展需求，侧重分年级进行教育；在横向维度上，结合专业特点开展培育活动。

抓好第一课堂的同时，积极打造第二课堂。各高校不断强化校园文化和社团建设，使之成为深入持久学习系列讲话精神的重要阵地。各高校精心创作符合时代主题和大学生年龄特点的歌曲、舞蹈、话剧等文化精品，彰显系列讲话精神的理论光辉和实践魅力，不断掀起学习系列讲话精神高潮。河北农业大学、燕山大学等省内重点院校成立各类学习社团，以社团活动为平台，大大提高了马克思主义理论研究的覆盖面。

"学习激发了我们的担当意识和爱国情怀。"不少学生表示，通过第一课堂理论学习和第二课堂感知践行，他们领会到系列讲话的丰富内涵、科学体系和实践要求，进一步深化了思想认识、明确了前进方向、凝聚了奋进力量。

二、发展壮大"微平台"，筑牢学习系列讲话网络空间

如今，在新媒体环境中成长起来的新一代大学生，更习惯利用网络学习和交流。如何让网络成为大学生学习系列讲话的新载体？

河北省在重视建设传统课堂的同时，高度重视筑牢网络阵地，通过不断丰富学习载体，创新性地将新媒体发展为学习系列讲话精神的第三课堂。各高校充分运用微博、微信、QQ 群、微视频等新载体，开展微观点、微讨论、微感受、微直播等活动，使总书记系列重要讲话精神入耳、入脑、入心。

针对学校官网学生参与度低的问题，各高校加大改版力度，采用学生喜闻乐见的形式将学生工作、学生社团等模块有效统一起来，对信息进行整合。同时，研发校园手机 APP 平台，扩大学习覆盖面，增强学习的广度和深度，提高学生认同度。

各高校还在创新网络平台活动形式上发力，广泛利用官方"微平台"，创建学习园地，以学生易于接受的方式定期推送系列讲话精神。同时，抓住重大时间节点，开展专题讨论、网络投票等，增加趣味性和互动性，引导大学生主动传播和评论思考，提高学生参与度。

一次次的"网上网下学习"，一次次的"灵魂深处革命"——广大青年学生通过网络阵地，不断增强政治自觉、思想自觉和行动自觉。

三、创新教学相长新载体，拓宽学习系列讲话实践路径

思想是行动的先导，理论是实践的路标。真学、真懂、真信，归根

结底要落实到真用上。各高校创新资源载体，把社会主义核心价值观教育、党员学生"两学一做"学习教育、"奋斗的青春最美丽"活动、"三下乡"社会实践等作为学习系列讲话的第四课堂，引导青年学生培养建功立业的奋斗精神。

结合"体验省情 服务群众"活动，河北大学"美丽中国"实践团充分发挥专业优势，为张家口市蔚县暖泉镇北官堡村绘制近 300 平方米文化墙。燕山大学青年骨干教师实践小分队对宽城 3 个村 900 余户村宅进行实地调研、测绘，针对道路硬化、垃圾污水处理、饮用水安全、新能源的开发和利用等作出专项规划。

结合学习实践李保国精神，河北科技大学、华北电力大学、河北地质大学深入开展扶贫攻坚活动。通过实地走访、座谈、发放调查问卷了解情况，河北经贸大学联合河北大学、河北农业大学为岗底村农家乐旅游住宿项目"富岗山庄"量身制定了一套农业生态旅游策划书。河北工业大学城市学院为岗底村设计了一套美丽乡村新民居屋顶改造方案。

通过学习习近平总书记在全国科技创新大会上的讲话精神，大学生们强烈意识到，要把个人的学习成长同党和国家的事业紧紧联系起来、同社会和人民的需要密切结合起来，以更加饱满的热情投身到创新创业大潮中去。华北电力大学大学生在各项创新创业赛事中，获得省部级以上奖励 300 余项，取得专利、软件著作权 47 项。互联时空·2016 年"创青春"河北省大学生创业大赛自今年 3 月启动以来，共收到全省 71 所高校的 924 件作品，直接参与大学生达 4 万人。

第四节　上海师范大学思政课"真学真懂真信真用"

"为什么要读大学？大学生活如何过？""张涵宇、彭于晏在电影《湄公河行动》扮演的中国警察，出入金三角抓捕的电影片段与真实的历史场景之间，如何进行历史辩证唯物主义的解读？"……这是近日在上海师范大学本科生思想政治课小班讨论课堂上被师生们热议的问题。小班讨论课，一改以往思政课"上课大家听讲座、下课作业抄百度"的陈旧模式，一个小组十多个学生，在专职思政教师、研究生助教和辅导员的引领下，就思政上的教学热点和焦点问题展开辩论。

上海师范大学针对当代大学生的新特点、新情况，不断创新思政课的教学形式，提高教学实效。首先是优化思政理论课的课堂教学结构，实行中班教学、专题报告与小班辅导相结合的教学形式。中班教学突出主要知识点传授和基本原理解读，专题报告围绕课程教学内容、国内外形势政策和社会热点，小班辅导则针对理论热点和难点，结合学生思想实际开展讨论。在小班讨论中，学校搭建了"教师指导—研究生助教—辅导员参与—本科生讨论"的小班讨论模式，马克思主义基本原理、马克思主义发展史、中国近现代史基本问题研究等专业的60多名研究生助教以及二十多名学院辅导员踊跃参与。赵晓芳老师在《马克思主义基本原理》小班讨论的课堂上，根据动画专业学生的专业和兴趣，结合社会热点问题，针对性地设计教学主题。"中国影视动画兴起的原因及其发展历程？""中国影视动画中所体现的世界观、人生观和价值观是什么？""如何将中国精神融入到未来中国影视动画的创作中，实现中国故事与中国影视动画的完美结合？"一个又一个有力的发问，让学生在不断地思考中，将思政课堂上的哲学思辨与专业学习的深刻反思紧密联系起来。

研究生助教赖聪聪在小班讨论中让同学们以小组为单位围坐在一起进行小组讨论。在电影《摩登时代》片段回放中，激发学生思考"主人公查理见到圆形的纽扣就做出习惯性拧动的动作，反映了资本主义的哪些弊端"。她说，小班讨论充分调动了同学们的参与度，在激烈的碰撞中迸发出思想的火花。研究生助教们在讨论课教学中摸索出了"问题导入—有力发问—主题讨论—归纳总结"的"四步教学法"，灵活的教学形式让思政课的授课内容不再枯燥，让课堂的气氛更加活跃，教师由"主演"变成了"导演"，而大学生们则由"观众"变成了"主演"。

今年上半年，上海师范大学成立了思政课改革领导小组，校党委对思政课的根本定位、基本要求、改革内容、关键环节等重要问题均做了明确指示，尤其要求用生动的思政课堂教学对"培养什么人、怎么培养人"这一时代命题作出诠释。为此，学校还开发建设了思政网络教学平台，积极推动以精品课程、教学微视频、辅导报告等为主要内容的思政理论课网络课程研发和建设，鼓励教师运用易班平台和新媒体技术手段，加强师生线上与线下互动。

在如今的上海师范大学，"大呼隆"一个班级、一个年级甚至跨院系听讲座式的思政课授课方式得到了彻底改变。返璞归真的"真学、真懂、真信、真用"，正成为思政课所追求的最高境界。

第五节　陕西省：落实主体责任 传承红色基因

陕西省委、省政府不断创新大学生思想政治教育工作，引导青年学生弘扬延安精神、传承红色基因，收到良好成效。

一、强化党的领导，加强队伍建设

一是构建大思政工作机制。省委常委会定期听取大学生思想政治教育工作汇报，专题研究解决突出问题。省委制定了省领导联系高校制度和领导干部上讲台制度，要求省级领导每年至少到高校做一次报告。省委、省政府还建立了大学生思想政治教育工作协调机制，推动相关部门协同育人。

二是加强党对大学生思想政治教育的组织领导。陕西省委决定单设高教工委，加强对大学生思想政治教育工作的领导。创造性开展高校巡视诊断工作，逐校把脉问诊，一校一策开药方。

三是足额选好配强大学生思想政治教育队伍。按照 1∶200 标准，核定增配高校专职辅导员编制 1763 名，并努力缓解高校思政课教师紧缺问题。党的十八大以来，培训哲学社会科学和思政课教师 3000 多人次，开展课题研究 100 多项。

二、弘扬延安精神，传承红色基因

一是推动延安精神进校园、进课堂。把延安精神教育作为大学生思想政治教育重要内容，大力加强革命传统教育和党的光辉历史教育。

二是开辟社会实践第二课堂。组织大学生到延安、照金、马栏等革命旧址体悟革命传统，在今昔对比中增强对中国特色社会主义的道路自信、理论自信、制度自信、文化自信。组织大学生采访老红军、老八路、老党员，寻访革命英雄。

三是在校园文化创建中凸显红色基因。各高校精心打造红色校园文化精品项目。开展礼敬中华优秀传统文化、经典红歌赏析等活动，邀请国家京剧院、中央民族歌舞团等到高校演出，推动高雅艺术进校园、进课堂。

三、创新教育方法，增强思想政治教育实效

一是发挥延安大学辐射源作用。在我党创办的第一所综合性大学——延安大学建立延安精神教育基地，利用寒暑假组织大学生到枣园、杨家岭、南泥湾等红色教育景点开展现场教学。

二是精心培育典型，彰显延安精神的时代特色。先后推出了全国重大宣传典型西北大学理论物理学家侯伯宇教授、优秀党员专家杨凌职业技术学院小麦育种专家赵瑜研究员等一大批先进典型，通过大学生喜闻乐见的形式广泛宣传。

三是坚持实事求是，回应学生关切。连续 5 年举办 49 场高校毕业生建功立业报告会，设立 5000 万元高校毕业生创业基金；建立健全"奖、贷、助、补、减"相结合的全覆盖资助工作体系，对 13 万名特

困大学生建立全程全部资助制度；建立学校、院系、班级、宿舍四级大学生心理危机预警网络。

第六节 清华大学：打造又红又专的引路人

清华大学党委一贯高度重视教师思想政治工作，引导教师中的先进分子树立共产主义理想信念，团结带领广大师生又红又专、爱国奉献，形成了独具特色的优秀传统和精神文化，确保始终坚持正确办学方向，把党的教育方针切实贯彻到位。

一、打造思想政治工作的坚强堡垒

一是推动教师提升思想政治认识高度。学校定期召开全校思想政治工作会议，2015 年就宣传思想工作、师德建设长效机制专门制定文件，要求全体教师同党中央保持高度一致，将教书育人作为第一责任。

二是延展思想政治工作的频谱广度。成立党委书记、校长任双组长的人才工作领导小组，将政治立场、立德树人表现作为教师聘用考核先置要求。要求教师把社会主义核心价值观作为对学生价值引导的核心内容。

三是拓展思想政治工作的文化深度。坚持用"清华师德"教育全体教师，设立突出贡献奖和良师益友、清韵烛光等奖项，大力宣传先进教师典型。将弘扬中华优秀传统文化、革命文化和社会主义先进文化写入学校文化建设"十三五"规划。以教师为主力组建网络引导队伍，在热点事件中积极发声，旗帜鲜明批驳错误言论。

二、以党建为龙头引领教师思想政治工作

全校 199 个教师党支部全面覆盖教学科研一线，教师党员 2179 人，党员比例达 63.3%。

一是筑牢党支部战斗堡垒。明确规定教师党支部的设置组成、职责要求及组织生活的次数、内容、形式，教师党支部组织生活达到每月一次、理论学习达到平均每学期两次以上。选齐配强党支部书记。每两年对党支部具体工作进行评议。面向教职工党支部设立调研课题和特色活动基金，累计支持 1200 多项。

二是激励教师党员当先锋、做表率。选树身边的优秀典型，先后开展向张光斗、吴良镛、赵家和等优秀共产党员学习活动，举办教师先进事迹展。

三是"不断线"地做好党员发展工作。始终将对优秀教师的政治引领和政治吸纳作为党委工作重点，建立党员发展工作台账。党委班子成员直接联系重点教师发展对象，定期交流思想并参加他们的发展会。

三、重点抓好青年教师思想政治工作

一是注重思想引导。成立青年教师理论学习研究会，设立专项党建研究基金，支持深入研究重大理论与现实问题。

二是完善涵育机制。完善党务部门和院系党委的沟通机制，定期通报研判青年教师思想政治状况，有针对性加强培训引导。

三是强化发展支持。在人事制度改革中，各级党组织开展深入细致的思想工作，改革方案得到 80% 以上教师投票支持。在科研启动经费、研究生名额、周转房等方面制定措施向青年教师倾斜。

第七节　哈尔滨工业大学：扎实做好高校基层党建工作

哈尔滨工业大学党委坚持重心下移、关口前移，抓责任落实、抓方法创新、抓示范引领，让学院党组织强起来、党支部活起来、党员动起来，层层落实全面从严治党主体责任。

一、完善学校党委主导、学院党委主体、党支部主心骨、党员主人翁的基层党建工作责任体系

一是学校党委始终把主体责任放在心上、扛在肩上、抓在手上。党的十八大以来，制定了《党委常委会议事规则》等 21 项党建制度，每年举办党委责任人、党支部书记、基层党务工作者培训班。

二是不断强化院（系）级党组织抓党建工作的主业主责意识。坚持选优配强学院党委书记，严格执行党政联席会议议事规则和实施细则，开展基层党委书记抓党建工作述职评议考核，始终保持"听党话、跟党走"的优良传统。

三是切实保障党支部发挥主心骨作用。制定实施了《党支部考核评价办法》等 7 项工作标准，将全面从严治党要求和主心骨作用发挥情况列为每年党支部分类考核和"三会一课"交叉互审重要内容。四是不断激发党员爱党、忧党、兴党、护党的主人翁意识。

二、坚持创新方法、围绕师生榜样和重大任务建支部

一是施行"大师＋支部"模式，围绕党员专家建支部。航天专家杜善义院士领衔的复合材料研究所党支部注重"传帮带"和专家党员梯队建设，在高难度航天项目攻关中培育出 30 余位高端人才。

二是施行"项目＋支部"模式，围绕重大项目建设支部。卫星研究所党支部带领师生攻关在一线，创造了自主研制小卫星"六战六捷"的纪录。

三是施行"教师＋学生"模式，在教研室、研究所设置师生联合党支部。计算机学院师生联合党支部把"三会一课"与课题攻关融合推进，相关经验在黑龙江省高校党支部"三推两强"工程中展示推广。

四是施行"榜样＋支部"模式，围绕先进典型建支部。藏族学生曲拥措姆入学后连过语言关、生活关、学习关、思想关，光荣加入党组织并被保送研究生，学校党委支持她组建了曲拥措姆工作室，发动一批

党员志愿者"一对一"帮扶少数民族学生。

三、坚持精神引领、品牌带动、典型示范

一是坚持精神引领。持续开展航天精神、铁人精神、马祖光精神等行业、地域和校本特色精神育人活动，面向新生上好入党启蒙第一课。

二是坚持品牌带动。实施基层党建品牌战略，每年开展品牌立项200余项，助推产生了航天魂、学雷锋小组等一批党建与思想政治工作品牌。

三是坚持典型示范。创新设置了校、院（系）、支部三级榜样库，每年在重大时间节点评比表彰2000余人次，并从中按需遴选组合出各类先进事迹报告团。

第八节　华南师范大学:探索"互联网＋思政教育"新路径

华南师范大学积极抢占网络新阵地，按照"知行合一、自主发展、为人师表"的育人理念，探索出一条"互联网＋大学生思想政治教育"的新路径。

一、借助网络大数据，把握学生思想新动态

学校利用网络调查问卷、网络行为数据等技术手段，持续多年对全校学生政治观点、思想动态、心理健康、学习状况、关注热点、生活需求等方面数据进行系统采集、动态观测与综合分析。依托教育部高校辅导员培训基地，建立广东高校大学生思想政治状况滚动调查数据库，与共青团广东省委共建"广东青年大数据与云计算实验室"，对广东147所高校近200万名大学生的思想、学习与生活状况进行追踪分析。

二、打造校园云媒体，拓展思想政治教育新空间

学校发挥教育技术学国家重点学科优势，大力推进智慧校园建设，深入实施"互联网＋创新人才培养"行动计划，构建集资源、教学、学习、实践于一体的思政课网络教育教学平台。精心打造华师新闻网"晚安华师""紫荆青年"等高品质"校媒群"，引导培育优秀教师和学生骨干的博客、微博、微信公众号等自媒体，形成覆盖学生校园生活的"新媒网"。领衔实施"粤教云"广东教育信息化行动计划，牵头组建广东高校新媒体联盟，搭建全省高校网络引领和思政教育云平台。通过一系列举措，整体构建起课内与课外、校内与校外、入学前到毕业后，立体化、跨时空、零距离的网络思政教育互动空间。

三、嵌入生活微时间，开发网络思想政治教育新资源

学校针对大学生日常生活中大量碎片化时间和网络实时传播、无缝衔接的特点，大力推进"互联网＋教学资源"建设，围绕思政课、党的创新理论成果和实践要求，持续开发和建设了一大批精品课程、专业教学案例和基于学习、实习、实践的再生性学习资源。整合学校历史故事、各类仪式典礼、文化艺术活动、优秀师生案例等传统思政教育资源，转换开发为网络视频、卡通动漫等网络文化产品。

四、突出师生双主体，构建网络思想引领新机制

充分发挥教师的主体作用，组建以辅导员、思政课教师和学生工作干部为主体的网络思政工作队伍，通过网络空间研判学生思想动态，借助网络平台主动发声发言。充分发掘大学生自我教育的主体作用，组织学生团队开展大学生思想政治状况调研，指导学生社团、学生骨干建立学生乐于参与、充满正能量的网络互动平台，形成学生在亲身参与和实践中提高认识、砥砺品格、朋辈相携、为人师表的新型育人机制。

第九节 广东高校思政工作新实践：扣好人生第一粒扣子

"我从来没有想到，这些以前只是在我的考试中出现的名词、题目，成为活生生的思想吸引了我，给了我营养。"热爱旅行的汤子珺在海外旅行中发现，在与其他国家一些青年的交往中，自己常常"有理说不出"。一进大学，她就找学长打听如何尽快掌握"思想工具"。

加入"马克思主义研修班"。在中山大学，每一位带着跟汤子珺同样疑惑的新生都会得到这样的答案。

这个听起来很严肃的研修班已经开办 23 年。老师带领学生深读的书单有：《共产党宣言》《资本论》《社会主义从空想到科学的发展》《习近平谈治国理政》等，师生在争辩、碰撞中发现真理所在。从最初的每期 35 人扩大到近 200 人，名额总是供不应求，成为中大校园里最有吸引力和竞争力的研修班。

青春的校园，多彩的生活，给思想政治工作提出新的课题：当前青年学生面临"三多"——思想碰撞多，人生梦想多，社会诱惑多，在此情况下，如何筑牢学生马克思主义思想基础？

高校思想政治工作关系到青年学子"扣好人生第一粒扣子"，广东省委高度重视高校思想政治工作，省委宣传部组织高校专家学者加强重大理论和现实问题研究，结合广东实际生动论证和有力阐释党中央治国理政新理念新思想新战略，创新思想政治工作方式方法，增强高校师生的理论认同、政治认同、情感认同。

广东在全国率先建立高校党委书记、校长每学期上第一堂思想政治理论课制度，到现在，共有 1100 多人次上课。在课上，中山大学党委书记陈春声说，"话语体系的建立是自信来源，建立中国哲学社会科学自己的话语体系是大学的责任。"

在广东高校，无论是思政课老师，还是专业课老师，正形成一种共识——教书与育人、立德与树人融为一体。

带着教学创新的思路，华南师大每门思政课都有社会实践、兴趣小组和主题调研。"一方面要让学生爱听，另一方面不能迁就学生，大学应该通过理性的思考，提高学生的理论修养、思考水准，太娱乐化就庸俗化了。"华南师大马克思主义学院院长陈金龙说。

"大学其实就是要形成一个好的生态。"华南师大校长刘鸣说，思想政治教育实际上就是从课堂上、组织上和体制上形成一种生态体系，如春风化雨般滋润学生们的成长。

"你要在他们玩儿的地方跟他们玩。"华南师范大学计算机学院副院长赵淦森说得更通俗。

在华南师大，官微"晚安华师""紫荆青年"拥有 2 万多粉丝，天天刷爆朋友圈。赵淦森负责的华南师大"青网计划"工作坊，用年轻人的表达方式，将传统枯燥乏味的"说教"变成时尚亲近的"微产品"，与全校 80 多个公号形成强大的"微矩阵"，是学校"互联网＋思想政治教育"的主阵地。

华南师大有档校园网络电视访谈节目叫"青春演播厅"，青年教师在这里和学生们探讨人生与梦想。每一期主题都由全校学生海选产生，最近一期选出的主题是："扣好人生第一粒扣子"。这也是千千万万高校学子的心声。

第十节　广东探索"互联网＋思政教育"新路径：推动中国特色社会主义理论体系进教材进课堂进头脑

"粤易班"是广东高校"互联网＋思政教育"的新探索。广东地处改革开放前沿，高校对外交流频繁，思想意识多元活跃。近年来，广东高度重视高校思想政治教育工作，创新方式方法，推动中国特色社会主义理论体系进教材进课堂进头脑。

省教育厅有关负责人介绍，广东春季学期在全国率先建立并坚持实施高校党委书记、校长每学期上第一堂思想政治理论课制度，强化学校领导的标杆作用，书记、校长上每学期第一堂思想政治理论课共计1100多人次。同时，率先引导高校独立设置思想政治理论课教学部，建立生均20元的专项经费投入机制，从机制上确保高校思想政治理论课建设统筹发展。目前我省大部分高校已经独立设置了思想政治理论课教学科研单位。

广东高校创新工作理念，采用"课内＋课外""线上＋线下"的方式，着力推进思想政治教育，主动抢占网络育人新阵地，多途径发挥育人功能。

中山大学2015级工学院学生区静怡今年参加了该校第二十一期学生马克思主义理论研修班（简称"马研班"），在深入阅读《马克思传》后说："17岁的马克思已心怀世界心怀社会心怀整个人类的发展。反观自身，早已过了17岁的我们，理想在何方？学习马克思，最应当学习的应该是其信仰、坚持、胸怀与抱负。"像区静怡这样，中山大学已有1300多名具有较高政治觉悟、理论水平和实践能力的学生骨干参加了马研班，许多早期学员已成长为各行各业的中坚力量。

华南师范大学近年来成立"青网工作坊"，针对大学生日常生活中大量"碎片化"时间，围绕思政课、党的创新理论成果和实践要求，探索"互联网＋"思政教育模式，主动融入学生的学习、生活，达到"育人细无声"的效果。该校经济与管理学院研究生黄梓阳就是"青网工作坊"的网络文明志愿者。他和小伙伴利用空余时间自主开发的吉祥物、表情包、主题漫画、微视频等互联网产品，频频刷爆"朋友圈"，传播主流价值观。他说："我的职责就是用青年语言发出青年好声音。"

广东还加强高校马克思主义学院的建设，在马克思主义中国化、时代化、大众化方面发挥了重要作用。目前，我省已有33所高校成立了马克思主义学院，并建立广东省马克思主义学院协同创新联盟，举办论坛，推进省哲学社会科学研究数据库建设，努力打造南方地区马克思主义研究高地。